Keine Panik vor Thermodynamik!

Dirk Labuhn · Oliver Romberg

Keine Panik vor Thermodynamik!

Erfolg und Spaß im klassischen "Dickbrettbohrerfach" des Ingenieurstudiums

6. Auflage

Dirk Labuhn
Bremen, Deutschland

www.keine-panik-vor-mechanik.de
www.dont-panic-with-mechanics.com

Oliver Romberg
Bremen, Deutschland

ISBN 978-3-8348-1936-9
DOI 10.1007/978-3-8348-2328-1

ISBN 978-3-8348-2328-1 (eBook)

Die Deutsche Nationalbibliothek verzeichnet diese Publikation in der Deutschen Nationalbibliografie; detaillierte bibliografische Daten sind im Internet über http://dnb.d-nb.de abrufbar.

Springer Vieweg
© Springer Fachmedien Wiesbaden 2005, 2006, 2007, 2009, 2011, 2012

Gedruckt auf säurefreiem und chlorfrei gebleichtem Papier.

Springer Vieweg ist eine Marke von Springer DE. Springer DE ist Teil der Fachverlagsgruppe Springer Science+Business Media www.springer-vieweg.de

Vorwort zur 1. bis 6. Auflage

Hurra! Hier ist es nun, das 1-millionste Buch zur „Thermodynamik". Aber reichen denn die anderen 999999 nicht? Uns jedenfalls haben sie nicht gereicht, denn wir kennen die Probleme, die beim Aufeinandertreffen von Studenten und Thermodynamik auf Seiten der Studenten (und nur auf Seiten der Studenten!) entstehen. Wir kennen das sowohl aus eigener Erfahrung als Leid Tragende im dritten und vierten Semester, als auch von der anderen Seite aus gesehen.

Daher haben wir das vorliegende Buch geschrieben, weil es bei der herkömmlichen Beschäftigung mit Thermo unnötigerweise oft zu Frust unter den Studenten kommt[1,2]. Der Hauptgrund für den Studenten-Frust ist der Gleiche, wie bei fast allen Fächern: Der Stoff wird mit $L \to \infty$ staubtrocken dargeboten, wobei L einen Faktor auf der nach oben offenen Langeweile-Skala darstellt. Auch wenn Einige mit dem Stoff in der dargereichten Form erstaunlicherweise ohne Probleme zurechtkommen[3], ist es für die meisten eine große Hilfe, wenn die Materie etwas aufbereitet wird ($L \to 0$).

Und genau da setzt dieses Buch an: Unser Ziel ist es, unter bewusstem Verzicht auf die wissenschaftliche Strenge (gähn!), den Stoff etwas bekömmlicher darzustellen. Dabei sind einige Dinge, vor allem lange Herleitungen und mathematische Beweise (schnarrrrrch!), unter den Tisch gefallen. Stattdessen sind viele anschauliche Beispiele hineingekommen, die jeder aus dem eigenen Leben kennt. Oder zumindest kennen sollte, nicht wahr?

Wir können und wollen die anderen Bücher über Thermo, die schon auf dem Markt sind, nicht ersetzen und wir haben für dieses Buch das Rad ganz sicher nicht neu erfunden. Kein Zusammenhang, der hier drin steht, ist von uns hergeleitet oder gar entdeckt worden. Zur Erstellung des Buches dienten die Vorlesungsunterlagen von Herrn Prof. Dr.-Ing. P. Stephan, TU Darmstadt [23], unsere eigenen Mitschriften als Studenten, aber auch zahlreiche andere Bücher

---

[1] Herr Dr. Romberg möchte betonen, dass er in erster Linie deswegen bei dem Buch mitgewirkt hat, um seine ~~katastrophale finanz~~ Villen auf Hawaii verwalten zu lassen.

[2] Herr Dr. Labuhn möchte hingegen betonen, dass es ihm ausschließlich darum geht, Not leidenden Studenten und Studentinnen moralisch unter die Arme zu greifen. Schließlich haben sich diese armen Seelen freiwillig für dieses wunderschöne Fach entschieden, oft sogar gegen den elterlichen Rat „Mach was Ordentliches mit Marketing oder Jura!".

[3] Oder auch nur so tun!

[1], [2], [9], Manuskripte, Aufgabensammlungen, Vorlesungsmitschriften [3], [12], [16], [22] und Online-Quellen [8], [27]. Der Vollständigkeit halber erwähnen wir auch noch, dass die hier verwendeten Grundrechenarten erstmals durch den Churfürstlich Sächsischen Hofarithmeticus, Herrn Adam Ries(e) [20], dargestellt wurden.

Das vorliegende Buch ist also ein Einstieg in die Grundlagen der Thermodynamik und soll eine Brücke zwischen dem Anfänger und den „Experten" sein und kann auch dazu dienen, sich auf die „richtigen" Lehrbücher vorzubereiten. Neu ist in diesem Buch die Darstellungsweise, die Thermodynamik und Alltag endlich unter einen Hut bringt. Das Werk soll Erfolg und Spaß im klassischen „Dickbrettbohrerfach" des Ingenieurstudiums bringen und außerdem helfen, auf lustvolle Art und Weise die Gültigkeit der althergebrachten Formel „Thermo ist, wenn nach der Klausur 50% durchgefallen sind" in Frage zu stellen. Diese Regel hat zu einigen *so* nicht geplanten Karrieren in Copy-Shops, Studentenkneipen oder als Netzwerk-Administrator[4] geführt und das muss nun wirklich nicht sein!

In der 2. Auflage wurde das Buch überarbeitet und noch ein paar fiese Abschnitte über Gemische und über die Fundamentalgleichungen hinzugefügt. Außerdem ist der Aufgabenteil erweitert worden.

In der 3. Auflage wurden auch der Joule-Thomson Effekt und die Luftverflüssigung nach Linde behandelt. Außerdem sind die einige Kapitel überarbeitet und erweitert worden.

In der 4. Auflage mussten nur noch ein paar Kleinigkeiten verbessert werden, da in den Auflagen zuvor schon viele Bugs durch zahlreiche Hinweise aus der Leserschaft entfernt wurden (vielen Dank dafür!)

In der 5. Auflage wurden wieder einige didaktische Feinheiten verändert, wobei wir vor allem Hinweisen unserer Leser gefolgt sind, wenn z. B. eine Erläuterung (angeblich) nicht eindeutig genug war.

In der 6. Auflage wurde lediglich eine Handvoll Tippfehler ausgemerzt.

Bremen im Juli 2012   Dirk Labuhn und Oliver Romberg

---

[4] ...aber auch der braucht Thermo. Zumindest dann, wenn er verstehen will, wie er seine Gemächer zu Gunsten der Rechnerlebensdauer konstant kühl halten kann.

Inhaltsverzeichnis

1 Grundlagen

Aaaaalso... erst mal herzlichen Glückwunsch zum Erwerb dieses Buches. Jetzt die Füße hoch legen und langsam (ganz langsam) in das gefürchtete Hammerfach „Thermo" einsteigen. Vorher vielleicht noch mal aufs Klo? Nein? Gut, es geht also los, ihr werdet sehen, es ist gar nicht so schlimm.

Ein Großteil der mit dem Fach Thermodynamik verbundenen Verwirrung wird durch die Vielzahl von Begriffen[5] gestiftet, die im Alltag entweder gar nicht, oder ganz anders als in den Veranstaltungen und Werken der ehrwürdigen Wissenschaftler verwendet werden. Bevor es richtig los geht, muss da noch ein bisschen was klargestellt werden.

1.1 Mathe für Thermodynamiker und -innen

Vorab schon mal die gute Nachricht: Auch der Loser, der seine erste Mathe-Prüfung nicht von einem Kryptologie-Kurs für Fortgeschrittene unterscheiden

---

[5] ...etwa der Art „massenspezifisch-isenthalpe Entropieproduktionsratenänderung"

konnte, erhält in der Thermo-Klausur eine faire Chance. Die mathematischen Anforderungen sind *eigentlich* nicht allzu hoch. Der gemeine Mathematiker sieht das zwar vollkommen anders, für Thermo aber gilt:

- „Punktrechung geht vor Strichrechnung"
- „Wer Integrale malt, ist ein Angeber"

Wer dann trotzdem panisch wird, angesichts einiger Formeln, die in der Vorlesung gelegentlich auftauchen, kann sich wieder beruhigen. Einige Professoren haben schlicht und einfach Spaß an solchen Sachen[6]. Die Fähigkeit, komplexe Gleichungen mit mehreren Ableitungen und Integralen aufzustellen und zu lösen, ist zum Bestehen einer Thermo-Klausur vielleicht hilfreich, aber nicht zwingend erforderlich.

Die allermeisten Aufgaben können mit Hilfe der Grundrechenarten erledigt werden! Manchmal ist es zwar ganz nützlich, eine Ableitung oder ein Integral berechnen zu können, erforderlich ist es aber nur dann, wenn man als anerkannter Streber unbedingt in den vorderen Rängen auf der Notenskala landen möchte.

1.2 Deutsch für Thermodynamiker (m/w)

Nicht als einziges Fach neigt die Thermodynamik dazu, sich selbst vollkommen zu überschätzen und für den Nabel der Welt zu halten, denn ganz ähnlich treiben es die Mechanik und die Werkstoffkunde und allen voran natürlich die Physik und die Mathematik. Darüber hinaus halten sich die beiden Letztgenannten auch noch für die Grundlage aller anderen Disziplinen.

Vollkommen Recht haben sie - jeder für sich in seiner Ecke, wo sich sonst niemand daran stört. Die Probleme fangen immer erst dann an, wenn zum Beispiel Physiker, Mathematiker und Ingenieure abends zusammen sitzen und über einem[7] Bier oder mehreren ins Plaudern kommen. Das Mathe-Ass be-

---

[6] ...den man ihnen angesichts anderer, möglicherweise altersbedingter Defizite auch nicht nehmen sollte.

[7] Bei Ingenieuren liegt die Betonung natürlich auf „einem".

hauptet, die theoretische Grundlage für überhaupt alles zu vertreten[8] und der Physiker ist sich ganz sicher, alles zumindest beschreiben zu können[9]. *Theoretisch* stimmt das für beide auch, wenn ihnen da nicht in der *Praxis* das Detailwissen der „Spezialisten" fehlen würde. Hier kommen dann die Ingenieure auf den Plan. Der Mechaniker und der Thermodynamiker haben sich in angrenzende Gebiete[10] begeben und jeder hat in seiner eigenen Ecke seine eigenen Vokabeln eingeführt.

Die Vokabeln aus dem Reich der Thermodynamik muss man einfach mal gehört haben, wenn man aus der Klausur mit deutlich mehr als 0 Punkten rauskommen will. Deswegen werden in den nächsten Abschnitten die grundlegendsten Begriffe erläutert und weitere folgen dann zwecks besserer Verdaulichkeit wohldosiert an passender Stelle in diesem Buch.

---

[8] Ausgenommen Nachmittags-Talkshows, deren Existenz auch er sich nicht erklären kann.

[9] Auch Nachmittags-Talkshows.

[10] Der Physiker würde hier einwerfen: „Sind eh' beides nur Teilgebiete der Physik", bevor er erst mal Bier holen geschickt wird. Der Mathematiker nimmt jetzt einfach an, er hätte was zu trinken.

1.2.1 Hier geht nix verloren - die Sache mit der Energie

Vorweg schon mal ein Hinweis: Der Begriff der Energie ist der allerwichtigste überhaupt[11]. Die Thermodynamik wird daher gerne auch mal als die „allgemeine Energielehre" bezeichnet.

Die Bezeichnung „Energie" eignet sich übrigens hervorragend zum Rumphilosophieren. Mit Fragen wie „Was ist überhaupt Energie und warum nicht?" oder „Wo kommt die Energie her und wo geht sie manchmal hin?" kann man in der Kneipe „Leute" beeindrucken, was allerdings nur dann Erfolg verspricht, wenn das Gegenüber irgendwas mit Ingenieurwesen studiert - oder vielleicht als Philosoph Taxi fährt.

UNTERWEGS MIT ZWO INGENIEUREN

---

[11] Natürlich.....denn einer der Autoren ist Thermodynamiker.

So ziemlich alles um einen rum ist entweder oder enthält Energie[12]. Schwer gemacht wird einem das Erkennen der Energie dadurch, dass sie erstens in verschiedenen Formen vorkommt und sie zweitens die Angewohnheit hat, sich irgendwo in der Umgebung zu verstecken.

Zu den Formen der Energie kommen jetzt ein paar Beispiele. Stellt euch vor, es ist Samstag, der nächste Prüfungszeitraum ist weit weg und ihr wollt das vorlesungsfreie Wochenende gebührend nutzen. Im Laufe der Nacht fallen dem aufmerksamen Betrachter die verschiedensten Energieformen auf.

Um dorthin zu gelangen, wo was los ist, bewegen wir uns mit dem Auto, per Fahrrad oder zu Fuß. In dem Augenblick, wo wir uns in Bewegung gesetzt haben, sind unsere Astral-Körper voller Bewegungsenergie[13]. Wer schon mal in der Vorlesungsmitschrift Mechanik geblättert hat weiß, dass die Bewegungslehre dort auch Kinematik[14] genannt wird. Daher kommt auch der Name „kinetische Energie".

Wenn wir dabei über einen Berg fahren müssen, dann können wir oben kurz anhalten und uns über die potentielle Energie freuen, die nun in uns wohnt. Von dieser Energie merken wir, wenn wir mit dem Auto den Berg hoch gefahren sind erst mal nichts. Der Kollege auf dem Fahrrad wird den Weg nach oben deutlich bemerkt haben, weil Energie (und Kondition!) zum Erreichen der Bergkuppe erforderlich war. Diese Energie hat sich der Radfahrer aus seinen Fettreserven entliehen. Nach dem Besuch der Gipfelhütte und einem deftigen Mahl ist dieser Energiespeicher wieder voll und er setzt die potentielle Energie des Aufstiegs beim Herabrollen ins Tal als Bewegungsenergie wieder frei. Der Energiespeicher auf den Hüften bleibt dabei unangetastet. Man sieht also, die Sache mit der Energie läuft irgendwie immer auf einen Tauschhandel hinaus.

Die bekannteren Formen der Energie begegnen uns dann, nachdem wir endlich an unserem Ziel, zum Beispiel einem rauschenden Fest, angekommen sind. Wärme (eine Energieform) schlägt uns aus der Tür in Form von feuchtwarmer Luft entgegen. Eine schwitzende Menschenmenge, die Beleuchtung

---

[12] Bis auf Mitarbeiter gewisser Behörden.

[13] Diese Bewegungsenergie kommt zum Ausdruck, wenn der Opel mit 200 Sachen an die Wand gesteuert wird, dann wird die Bewegungsenergie nämlich in Deformationsenergie umgewandelt. Das Ergebnis ist ein Haufen Schrott.

[14] Das Fremdwort kann man sich gut mit Hilfe seines nahen englischen Verwandten „cinema", zu deutsch „Kino" merken , denn dort gibt es bewegte(!) Bilder zu sehen.

und Musik (beides ermöglicht durch elektrische Energie, also einer weiteren Energieform) tun ihr übriges. Also, schnell ab an die Theke und einen Drink (chemische Energie) geordert. Wenn die Nacht dann gelaufen ist und man alles Revue passieren lässt, kann man in Bezug auf die Energie Folgendes festhalten:

- Energie ist überall um uns rum, wir erkennen sie nur oft nicht, weil sie sich gerne in der Umgebung versteckt.
- Die Caipirinha vom gestrigen Abend beispielsweise löst sich mitnichten in nichts auf, sie wird lediglich (vom Standpunkt der Energiebetrachtung aus gesehen) in ekstatisches Zappeln auf der Tanzfläche (kinetische Energie und letztlich Wärme), warmes Wasser (hoffentlich auf der Toilette) und Speckröllchen um die Hüften (nennen wir es schon mal „innere Energie", kommt aber später noch) umgewandelt. Entscheidend ist, dass Energie nicht erzeugt oder vernichtet werden kann, sie kann nur umgewandelt werden von einer Erscheinungsform in eine Andere.[15]

1.2.2 Erst mal Bilanz ziehen

Um in der Thermodynamik irgendeine Aufgabe rechnen zu können, muss man sich als Erstes von dem „Wunsch" verabschieden, gleich die ganze Weltformel zu entdecken. Man kann mit erträglichem Aufwand immer nur einen Teil betrachten. Deswegen wird tief in die Trick-Kiste gegriffen und (in Gedanken) eine Grenzlinie gezogen und zwar zwischen dem, was man betrachten möchte einerseits und dem ganzen Rest andererseits.

Dazu werden zwei neue Begriffe verwendet: Das Objekt unserer Begierde nennen wir ab jetzt **System** und der ganze Rest ist dessen **Umgebung**. Und die Schnittstelle zwischen den beiden heißt wohl wie? Logisch: **Systemgrenze**.

Will man noch mehr Verwirrung stiften, dann nennt man das System hin und wieder auch **Bilanzraum**. Die Systemgrenze kann alternativ auch als **Bilanzraumgrenze** bezeichnet werden. Da beides letztlich das Gleiche meint, sollte man sich durch die verschiedenen Namen nicht verwirren lassen.

---

[15] ...und das kostet Geld!

SCHNITTSTELLE

Wie der Name Bilanz*raum* schon sagt, handelt es sich dabei um ein Gebiet (mathematisch korrekt: um ein Volumen), für das bestimmte Dinge bilanziert werden können. Das Prinzip ist sowohl auf die Menge an Wasser in einer Kartoffel[16] anwendbar, als auch auf die Anzahl der Gäste in einer Kneipe.

Ein Biologe, zwei Physiker (einmal theoretische, einmal angewandte Physik), ein Theologe und ein Mathematiker stehen vor einer Kneipe und sehen den Leuten an der Eingangstür zu. Zuerst gehen zehn Leute in die Kneipe rein, kurz danach kommen elf Leute durch die Tür raus.

Der Biologe: „Das liegt an der natürlichen Vermehrung der Menschen. Deswegen kommt Einer mehr raus."

Der theoretische Physiker: „Da ist wohl Einer reingetunnelt."

Der angewandte Physiker: „Das Ganze liegt innerhalb der Messgenauigkeit von zehn Prozent, also kein Grund zur Beunruhigung."

Der Theologe jubelt: „Ein Wunder! Ein Wunder!"

Der Mathematiker: „Wenn jetzt noch Einer rein geht, dann ist die Kneipe leer!"

---

[16] Dabei stellen sich dann auch Fragen der Art: „Warum ist der Erfolg der Dimensionsmaximierung dieser subterralen Knollenfrucht immer umgekehrt proportional zum Intelligenzquotienten des Agrarökonoms?

Bei einer Bilanz stellt man sich die folgenden drei Fragen: „Was geht in das System *hinein*, was geht *hinaus* und was ändert sich *im* System?" Wenn man diese Fragen beantworten kann, dann ist die Bilanz im Prinzip schon aufgestellt und man muss das Ganze nur noch in die Form einer mathematischen Gleichung bringen. Das ist aber nur halb so wild und kommt in den späteren Kapiteln nach und nach dran.

In diesem Buch werden natürlich vor allem die Dinge bilanziert, die für die Thermodynamik interessant sind, also Energie, Entropie und Materie. Man kann zum Beispiel die Energie und die Materie beim Kaffeekochen mit einer Kaffeemaschine bilanzieren. Wichtig ist, dass man sich über den Verlauf der Bilanzraumgrenze schnell klar werden muss und dass man diese sofort in eine gegebene Aufgabenskizze einzeichnet, am besten noch bevor man irgendetwas anderes zu Papier bringt. Meistens werden das dann die von den Experten als „Thermo-Kartoffeln" bezeichneten Gebilde, die den mit <u>freier Hand</u> gezeichneten Verlauf einer Bilanzraumgrenze darstellen. Komischerweise werden meistens gestrichelte Linien gezogen, wie hier für das Beispiel der Kaffeemaschine zu sehen ist.

Unser erster eigener Bilanzraum

Die Thermodynamik hat mit so einem System zwei Dinge vor. Als Erstes muss der Zustand im Inneren des Systems beschrieben werden. Dazu haben wir Stoffgesetze in der Form von Zustandsgleichungen (also Gleichungen, die einen Zustand mathematisch beschreiben, siehe Abschnitt 1.2.3).

Zweitens soll der Energieaustausch zwischen dem System und seiner Umgebung beschrieben werden. Dazu werden alle realen Größen durch Pfeile ersetzt, die durch die Bilanzraumgrenze weg geschnitten werden. In dem Beispiel mit der Kaffeemaschine sind das die elektrische Leistung, der abgehende Wasserdampf und die aufsteigende Wärme. Das Einzeichnen der Pfeile läuft genauso wie beim Freischneiden in der Mechanik, wo reale Kräfte durch Pfeile ersetzt werden, ohne dass es das System „merkt". Welche Richtung die Pfeile dabei haben, ob sie also in das System hinein zeigen oder aus ihm heraus ist dabei ziemlich egal, denn das richtet die Mathematik. Mehr zum Thema „Vorzeichen" und warum das alles eigentlich überhaupt kein Problem ist, kommt in Abschnitt 4.1.

1.2.3 Zustandsgrößen und Prozessgrößen

Einem zukünftigen Thermo-Experten sollte sich an dieser Stelle eigentlich die Frage stellen, wie man das Innere des Systems und dessen Änderungen beschreiben kann. Wie es im Inneren eines Systems aussieht, wird durch dessen momentanen Zustand beschrieben und dessen Änderungen durch so genannte Prozesse, die *am* System (oder *im* System) ablaufen.

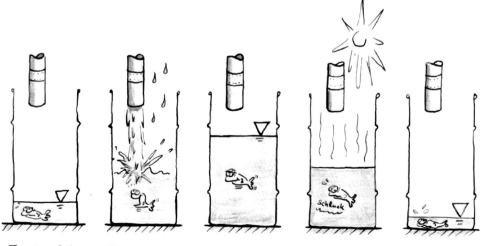

Zustand 1 → **Prozess 1** → **Zustand 2** → **Prozess 2** → **Zustand 3**

Was ist überhaupt „der Zustand" eines Systems? Dazu ein Beispiel: Wasser in einer Regentonne. Egal was man mit dem Wasser in der Tonne macht, währenddessen und auch wenn man damit fertig ist, befindet es sich in einem (thermodynamischen) Zustand. Dieser wird durch eine Reihe von Größen (Druck, Temperatur, Volumen, Masse, Anzahl der Mückenlarven im Wasser,...) beschrieben, die man logischerweise Zustandsgrößen nennt.

Lässt man den moosigen Wassereimer eine Weile in Ruhe, beobachtet ihn also nur und es tut sich rein gar nichts mehr (der Wasserstand bleibt konstant, die Temperatur des Wassers ändert sich nicht, usw.), dann befindet sich das System in einem ganz besonderen Zustand, dem **Gleichgewichtszustand**. Will man, zum Beispiel in der mündlichen Nachprüfung beeindrucken, dann sagt man dazu: „Das System befindet sich im thermodynamischen Gleichgewichtszustand". (←den Satz am besten schon mal auswendig lernen, man kann ja nie wissen...)

Um es kurz zu machen: Ein Zustand ist eine Momentaufnahme eines Systems. Er beschreibt also, wie ein System *jetzt gerade* aussieht. Und ein Gleichgewicht ist eine besondere Art von Zustand unter allen möglichen Zuständen. Gleichgewicht herrscht im System immer dann, wenn *mit* dem System und *in* dem System nichts passiert[17].

Wenn irgendwas passiert (zum Beispiel, wenn Wasser in die Regentonne hinein läuft), dann nennt man das einen Prozess. Eine Prozessgröße ist zum Beispiel die in die Regentonne während eines Regenschauers (Prozess 1) eingeleitete Menge Wasser oder die anschließend durch Sonneneinstrahlung aufgenommene Wärme (Prozess 2). Jetzt kommen noch zwei kluge Merksätze zu dem Thema:

1. „So wie ein *Zustand* durch *Zustands*größen beschrieben wird, so wird ein *Prozess* durch *Prozess*größen beschrieben."

2. „So wie zwischen zwei Punkten ein Satz steht, so steht ein thermodynamischer Prozess zwischen zwei Zuständen." (Einfach, nicht wahr?)

---

[17] Das thermodynamische Gleichgewicht kann man sich Zen-artig vorstellen: Ein System im Gleichgewicht hat seinen inneren Frieden gefunden und befindet sich mit dem Universum (oder zumindest mit seiner unmittelbaren Umgebung) im Einklang. Es hat überhaupt keinen Anlass, sich ohne Einfluss von außen zu ändern. Ommmmmmmmm!

In den folgenden Abschnitten geht es jetzt erst mal um Zustandsgrößen. Diese sollen noch etwas genauer beleuchtet werden als in diesem Abschnitt, damit man damit auch was anfangen kann. Angefangen wird mit einfachen Zustandsgrößen, wie Masse und Stoffmenge, die fast jeder kennt, danach kommen thermische Zustandsgrößen dran, wie Volumen, Druck und Temperatur.

1.2.4 Masse und Stoffmenge

Es geht ganz einfach los: Die **Masse** *m* eines Systems wird in Kilogramm (kg) gemessen. Ein System kann also zum Beispiel eine Masse von 1 kg Wasser enthalten oder von 1 kg Luft. Die Masse ist in beiden Fällen die Gleiche, nur die Art der Teilchen ist verschieden.

Die **Stoffmenge** *n* gibt die Anzahl[18] der Moleküle (in einem System) in der Einheit Mol an. Die Einheit Mol wird deswegen verwendet, da die Anzahl der Teilchen im System im Allgemeinen eben sehr groß und das ständige Hantieren mit Zahlen der Größenordnung 10^{25} nervig ist. Außerdem ist es einfacher und kürzer zu sagen, man habe mal eben 30 Mol Bier getrunken, als mit

---

[18] Das sollte man nur dann nachzählen, wenn man die nächsten 10^{20} Jahre wirklich nichts Besseres zu tun hat.

$1{,}807 \cdot 10^{25}$ Bier-Atomen[19] anzugeben. 1 Mol entspricht $6{,}022 \cdot 10^{23}$ Teilchen. Diese Zahl ist auch bekannt als die **Avogadro-Konstante N_A**.

Die Umrechnung zwischen der Masse m und der Teilchenmenge n erfolgt mit Hilfe der **Molmasse** oder **molaren Masse M**. Die molare Masse M (meistens in kg/kmol gegeben) ist die Masse m (in kg) einer Stoffmenge n gleich 1 kmol. Zur Umrechnung der Stoffmenge n in die Masse m wird die Gleichung

$$m = M \cdot n$$

verwendet.

Wenn man die molare Masse M braucht, ist sie im Text einer Prüfungsaufgabe hoffentlich mit angegeben. Wenn nicht, dann a) den Text noch mal und gründlich durchlesen, und wenn das nicht weiter führt b) schauen, ob sich für den betrachteten Stoff eine chemische Formel (zum Beispiel H_2O für Wasser) und die molaren Massen der chemischen Elemente (hier H und O) findet. Dann kann man sich die molare Masse nämlich mit guter Genauigkeit selber zusammenaddieren. (Für das Beispiel Wasser: $M_{H2O} = 2 \cdot M_H + M_O = 2 \cdot 1$ kg/kmol + 16 kg/kmol = 18 kg/kmol). Und auch hier gilt: Immer auf die Einheiten achten[20].

Damit haben wir die zwei Maßeinheiten, m und n, mit denen wir die Masse oder die Menge an Stoff in einem System beschreiben können. Was auch noch wichtig ist, das sind die Maßeinheiten dafür, wenn der Stoff über die Systemgrenze geht, denn dann kommt die Geschwindigkeit ins Spiel. Um diese Geschwindigkeit beschreiben zu können, werden der **Massenstrom $\dot{m}$** und der **Molstrom $\dot{n}$** eingeführt. Dabei wird die jeweilige Größe, mathematisch gesprochen, nach der Zeit abgeleitet. Keine Panik, die Ableitung ist ganz leicht zu erklären: Es geht jetzt nicht mehr um die Masse in einem System, sondern

---

[19] Dieser Ausdruck hat natürlich sofort einen entsetzten Aufschrei eines jeden Chemikers zur Folge, denn das ist ja schließlich ein Gemisch aus HaZweiOh, Ethanol und ein paar anderen Dingen (unter Beachtung des Reinheitsgebotes von 1516). Dem Thermodynamiker kann das aber erst mal egal sein, er redet ganz allgemein von Teilchen, und alles wird gut.

[20] Ein beliebtes Verwirrspiel in Thermo-Klausuren und Übungsaufgaben besteht darin, die Masse nicht in Kilogramm sondern in Gramm oder die Stoffmenge nicht in Kilomol sondern in Mol anzugeben. Hier muss man höllisch aufpassen, um am Ende mit seinem Ergebnis nicht um 3 bis 6 Zehnerpotenzen daneben zu liegen!

darum, wie viel pro Sekunde dazukommt oder weggeht, also die Änderung der Masse im System. Und genau diese Änderung wird durch eine Ableitung nach der Zeit[21,22]

$$\dot{m} = \frac{dm}{d\tau}$$

oder

$$\dot{n} = \frac{dn}{d\tau}$$

ausgedrückt. Die Einheit des Massenstroms ist dann „Kilogramm pro Sekunde" und die eines Molstroms ist natürlich „Mol pro Sekunde".

1.2.5 Spezifische, intensive und extensive Größen

Thermo-Profis sprechen ständig von *intensiven*, *extensiven* oder *spezifischen* Zustandsgrößen und verwirren den Anfänger damit *exzessiv*. Der Begriff der **spezifischen** Größe ist dabei verhältnismäßig leicht zu erklären. Sehr viele Größen, die in der Thermodynamik vorkommen (Volumen, Arbeit, Leistung, Wärmeströme, Energie,... Entropie[23]), können entweder als absolute Größen angegeben werden, oder sie werden zu spezifischen Größen gemacht, indem man sie durch die Masse oder durch die Stoffmenge teilt. Wenn der jeweilige Buchstabe im Alphabet noch nicht anderweitig belegt ist, dann wird die absolute Größe mit dem entsprechenden Großbuchstaben bezeichnet und die spezifische Größe mit dem Kleinbuchstaben. Wird die spezifische Größe auf die Stoffmenge bezogen, dann bekommt der Kleinbuchstabe noch einen Querstrich drüber. Für das Volumen nimmt man also das V, für das spezifische Volumen, also alles pro Kilogramm, wird das v verwendet und für das molare Volumen,

---

[21] Da in der Thermodynamik die Temperaturen sämtliche Ts belegen, wird die Zeit mit τ (sprich: tau) bezeichnet.

[22] Wenn eine Größe nach der Zeit abgeleitet wird, dann wird das durch einen kleinen Punkt oben drauf gekennzeichnet.

[23] Gaaaanz ruhig bleiben, da werdet ihr ganz vorsichtig rangeführt.

also alles pro Stoffmenge, wird das $\bar{v}$ verwendet. Für eine Wärme wird der Buchstabe Q verwendet und für eine spezifische Wärme, also Wärme geteilt durch Masse, der Buchstabe q und so weiter...

Der Kaffeetassentrick

Die Bedeutungen der Begriffe **intensiv** und **extensiv** sind einfach zu verstehen und zu merken, wenn man das folgende Gedanken-Experiment macht: Man stelle zuerst vor dem geistigen Auge eine kleine Kaffeetasse auf den Tisch.

Jetzt kommt der Trick, der zumindest den Kaffeetrinkern große Freude machen wird: Wir klonen Kraft unserer Gedanken die erste Tasse und stellen die identische Kopie neben die erste. Dann schütten wir die beiden kleinen Damentässchen klammheimlich in einen richtigen (Männer-)Becher und vergleichen, als echte oder zukünftige Thermodynamiker, die Zustandsgrößen vorher und nachher miteinander:

- Die Masse an Kaffee vergrößert (um genau zu sein: verdoppelt) sich.
- Die Anzahl der Moleküle im System verdoppelt sich ebenfalls.
- Auch das Volumen des Kaffees vergrößert sich. Um auch hier genau zu sein: auch hier verdoppelt es sich.
- Die Temperatur T wird sich aber nicht ändern. Anschaulich: Wenn ihr zu einem heißen Kaffee einen zweiten heißen Kaffee kippt, dann habt ihr am Ende halt die doppelte Menge genauso heißen Kaffees.

- Der vor dem Umschütten herrschende Druck p bleibt ebenfalls unverändert, wir haben ja nichts gemacht, außer umzuschütten. Das würde genauso gelten, wenn Tassen und Becher mit einem Deckel verschlossen wären[24].

Es gibt also (Zustands-)Größen, die sich beim Verdoppeln des Systems „Kaffee" geändert haben und andere, die das ziemlich kalt gelassen hat. Die Größen, die sich ändern, nennt man „extensive[25] Zustandsgrößen", die unveränderten Größen heißen „intensive Zustandsgrößen". So, jetzt empfehlen wir erst mal einen Schluck Kaffee und dann geht es weiter.

Die intensiven Zustandsgrößen sind von der Größe des betrachteten Systems unabhängig, weswegen man sie zum Rechnen gerne verwendet. Das Schöne an den Zustandsgrößen ist: Man kann extensive Größen auch intensiv machen. Sowohl die Masse als auch das Volumen hat sich beim Kaffee-Experiment verdoppelt. Wenn man beide Größen durcheinander teilt, dann kommt man ziemlich schnell darauf, dass die neue Größe auch unverändert bleibt. Voilà, schon haben wir eine intensive und gleichzeitig auch spezifische Größe.

Indem man eine extensive Zustandsgröße, beispielsweise das Volumen V durch die Masse m teilt, so wie hier

$$v = \frac{V}{m}$$

erhält man das **spezifische Volumen** v mit der Einheit m³/kg und erzeugt noch ganz nebenbei eine intensive Zustandsgröße. Der Kehrwert des spezifischen Volumens

$$\rho = \frac{1}{v}$$

[24] Herr Dr. Romberg hätte an dieser Stelle ein Beispiel bevorzugt, bei dem zwei „kleine" und geschlossene Bierdosen (0,5 l) in eine große, natürlich ebenfalls geschlossene Dose (1 l) umgefüllt werden. Auch hier bleibt der Druck gleich, wenn er nicht durch zufällige „Streuverluste" beim Umfüllen sinkt.

[25] Man merkt sich das am besten so: „Der alte Zustand ist bei <u>ex</u>tensiven Größen <u>ex</u> und hopp".

tauch auch im Alltag des Öfteren unter dem Namen **Dichte** auf. Benannt wird sie mit dem griechischen Buchstaben ρ, sprich roh (wie nicht gekocht). Wir wissen ja: Öl schwimmt auf Wasser, weil es eine geringere Dichte ρ, also ein größeres spezifisches Volumen v hat.

Man erhält *auch* eine spezifische Zustandsgröße, wenn man das Volumen V durch die Stoffmenge, also die Anzahl von Mol n teilt. Dabei berechnet man mit

$$\bar{v} = \frac{V}{n}$$

das **molare Volumen** $\bar{v}$ mit der Einheit m³/mol. Der Kehrwert des molaren Volumens ist die **molare Dichte** $\bar{\rho}$, die aber nur selten verwendet wird.

1.2.6 Zwei alte Bekannte

Im Beispiel der Kaffeeverdopplung kamen noch zwei weitere Zustandsgrößen vor und zwar der Druck und die Temperatur, die sich beide nicht geändert haben, also nach unserer Definition intensive Größen sind.

1.2.6.1 Druck

In der Thermodynamik können wir die meisten der theoretischen Definitionen, die es über den Druck gibt, getrost vergessen. In unserer kleinen Nische der Ingenieurskünste reicht es vollkommen aus zu sagen, dass er eine intensive Größe ist[26]. Was man aber wirklich beherrschen sollte ist die Umrechnung der verschiedenen mehr oder minder gebräuchlichen Einheiten für den Druck:

Der beste Weg, den Druck in einem System anzugeben, ist der, eine Einheit zu verwenden, in der ausschließlich SI-Einheiten[27] vorkommen. Der Druck ist als Kraft pro Fläche definiert und hat im SI-System die Einheit Newton ge-

---

[26] Man kann sich das merken, indem man daran denkt, wie *intensiv* man den *Druck* beim Landen eines Flugzeugs in den Ohren spürt.

[27] Das steht für „Système International d'Unités" und wird *auch* in anständigen Sprachen mit SI abgekürzt.

teilt durch Quadratmeter. Das Ganze wird dann ein Pascal genannt und mit Pa abgekürzt: 1 Pa = 1N/m². Die Einheit Pascal ist zwar von bestechender wissenschaftlicher Eleganz (gähn), zugleich aber auch reichlich unhandlich[28], denn der mittlere Luftdruck am Erdboden von 1,013 bar entspricht etwas über einhunderttausend Pascal.

Die Kraft 1 N entspricht der, die man auf der Erde braucht um etwa 100 Gramm (eine Tafel Schokolade) in die Höhe zu halten. Für die ~~Streber~~, die es interessiert, ein Mini-Exkurs in die Mechanik-Vorlesung: Kraft ist Masse mal Beschleunigung. Auf der Erde ist also die aufzubringende Schoko-Haltekraft gleich der Masse $m = 0,1$ kg mal der Erdbeschleunigung g. Für g muss also noch ein Zahlenwert her. Oft wird die Norm-Erdbeschleunigung $g = 9,80665$ m/s² verwendet. Genau genommen ist die Norm-Erdbeschleunigung definiert als die mittlere Erdbeschleunigung auf dem 45. Breitengrad auf Meereshöhe. Ganz exakt wäre ohnehin nur eine Betrachtung, die auch die Unrundheit der

---

[28] Wieder einmal ist es hier fast wie im richtigen Leben, also außerhalb der Uni: Schön und klug zugleich? Das gibt es nicht, außer in Hollywood.

Erde und die Fliehkräfte durch die Erdrotation mit einbezieht. Für eine ingenieurmäßige Betrachtung wäre das aber reichlich übertrieben und daher wird meistens einfach auf $g = 9,81$ m/s² gerundet. Um eine Kraft von einem Newton zu erzeugen, müsste die Tafel, wenn man genau rechnet, eine Masse von 101,9 Gramm haben.

Für alle anderen ist 1 N eine Kraft, die der menschlichen Erfahrung (beispielsweise durch Hochhalten der besagten Tafel Schokolade, egal welcher Sorte) durchaus zugänglich ist. Nimmt man jetzt diese Schokoladentafel, haut sie in kleine Stücke und verteilt diese gleichmäßig auf eine Fläche von 1m² dann hat man die Schokolade dazu gebracht, einen Druck von 1 Pa auf die Fläche auszuüben.

Anmerkung 1: Das mit der Schokolade gilt aber nur, wenn die Fläche auch genau waagerecht liegt, denn sonst wirkt nur ein Teil der Kraft senkrecht zur Fläche.

Anmerkung 2: Und was ist mit dem Luftdruck? Das ist eine extrem wichtige Sache, denn man unterscheidet bei Druckangaben immer zwischen absoluten und relativen Drücken. Relative Drücke geben einen Druckunterschied zwischen zwei Orten an, zum Beispiel zwischen dem Inneren einer Wasserleitung und dessen Umgebung. Absolute Drücke tun fast das Gleiche, nur ist der Druck der Umgebung dann per Definition gleich Null (Vakuum). Wenn wir bei unserem Schokobeispiel einen Umgebungsdruck von 1 bar haben und unsere Krümel jetzt 1 Pa zusätzlich erzeugen, dann ist der absolute Druck auf unsere Fläche gleich 1,00001 bar (die 1 am Ende ist das eine Pascal). Die meisten Einheiten für den Druck können sowohl für absolute als auch relative Drücke stehen, was sich oft nur aus dem Zusammenhang oder durch einzelne Schlüsselworte wie „Druckunterschied" oder „Differenzdruck" ergibt. Anders ist das bei den Einheiten *Atmosphäre* (absoluter Druck, siehe Tabelle) und *Atmosphäre Überdruck* (relativer Druck).

In der nächsten Tabelle stehen noch ein paar weitere beliebte Einheiten für den Druck und ein paar Tipps zur Umrechnung zwischen den Einheiten. Besonders wichtig ist dabei, in Pascal umrechnen zu können, denn in den meisten (nicht allen) Gleichungen der Thermodynamik muss der Druck in Pascal verwendet werden.

Name	Umrechnung	Hinweis
Bar	1 bar = 10^5 Pa 1 Pa = 10^{-5} bar	Extrem wichtige, zum Glück aber auch relativ einfache Umrechnung.
Millibar	1 mbar = 100 Pa	In Worten: 1 Milli (also ein Tausendstel) bar sind 100 Pascal.
Hektopascal	1 hPa = 10^{-3} bar 1 hPa = 1 mbar	In Worten: 1 hekto (also einhundert) Pascal sind 10^{-3} bar, also ein Tausendstel bar, also ein Millibar.
Atmosphäre	1 Atm = 1,01325 bar	Wird nicht mehr verwendet und entspricht dem mittleren, durch die Erdatmosphäre verursachten Luftdruck.
Atmosphäre Überdruck	1 Atü = 1 bar	Wird auch nicht mehr verwendet und entspricht einem Druckunterschied zur Umgebung von 1 bar.
Torr	1 Torr = 133,322 Pa	1 Torr ist die Druckkraft einer Quecksilbersäule mit einer Höhe von 1 mm.

Verschiedene Druckeinheiten und deren Umrechnung

1.2.6.2 Temperatur

Über die Temperatur als intensive Zustandsgröße[29] gibt es auch was zu sagen. Wenn zwei Systeme die gleiche Temperatur haben, dann sagt man, sie befinden sich im thermischen Gleichgewicht (mechanisches Gleichgewicht haben wir, wenn die Drücke gleich sind). Um jetzt überhaupt sagen zu können, ob Temperaturen gleich sind, muss man sich erst mal einigen, wovon man überhaupt redet, denn wie beim Druck auch existieren verschiedene Einheiten[30] für

---

[29] Merke: „Wenn man sich bei hoher *Temperatur* verbrennt, dann spürt man *intensive* Schmerzen."

[30] Bei Temperaturen nennt man das dann ganz anspruchsvoll „Temperaturskala".

die Temperatur. Von den auf der Welt existierenden Temperaturskalen sind aber zum Glück nur zwei für uns wichtig: Die Celsius-Skala mit der Temperatur t und die Kelvin-Skala mit der Temperatur T. Die Umrechnung ist mit Hilfe von Strichrechnungen (plus und minus) leicht möglich durch

$$T = t\,\frac{\mathrm{K}}{{}^\circ\mathrm{C}} + 273{,}15\,\mathrm{K} \qquad \text{oder} \qquad t = T\,\frac{{}^\circ\mathrm{C}}{\mathrm{K}} - 273{,}15\,{}^\circ\mathrm{C}\,.$$

In Worten: „Die Temperatur in Kelvin ist gleich der Temperatur in Grad Celsius plus 273,15" (umgekehrt genauso, bloß mit „minus 273,15"). Die beiden Temperaturskalen sind lediglich gegeneinander um 273,15 Kelvin verschoben[31]. Wenn man Temperaturunterschiede ausdrücken möchte, ist es zwar eigentlich egal, ob man von 20 °C oder von 20 K Differenz spricht, solange man genug betont, dass es sich um eine Differenz handelt. Man ist aber auf jeden Fall auf der sicheren Seite, wenn man auch hier die Einheit Kelvin verwendet.

Die Kelvin-Temperatur ist, zumindest der Meinung der meisten Thermodynamiker nach, die einzig „wahre" Temperaturskala, denn sie beginnt im absoluten Nullpunkt bei 0 K. Deswegen kommt hier noch ein Hinweis: Wenn bei einer Rechnung eine Temperatur als Ergebnis steht, dann ist es sinnvoll kurz zu überprüfen, ob diese *über* 0 K (und damit auch über –273,15 °C) liegt, denn Temperaturen unter dem absoluten Nullpunkt von 0 K gibt es nicht, wie das Wort *absolut* ja schon sagt. Also, immer auf die Einheiten achten.

Im angelsächsischen Sprachraum findet man häufig noch die Einheit „Fahrenheit", deren Umrechnung man sich sowieso nie merken kann. Fahrenheit kann man zusammen mit „Füßen", „Ellen" und „Gallonen" als 100% Abgefahrenheit verbuchen und einfach vergessen. Damit kann man dann sogar dazu beitragen, dass in Zukunft weniger Raumsonden wegen Umrechnungsfehlern an Planeten vorbeifliegen oder auf ihnen einschlagen.

Also am besten am Anfang und am Ende jeder Rechnung die Einheiten kontrollieren, besser auch zwischendurch mal! Noch besser ist natürlich, wenn man das nicht nur für die Temperatur macht, sondern für alle Einheiten.

---

[31] In der Vorlesung wird an dieser Stelle garantiert noch die Tripelpunkttemperatur von Wasser (kommt später noch) eingeworfen. Diese beträgt 273,16 K oder 0,01 °C und dient hier nur der Verwirrung, da sie leicht mit der Zahl 273,15 zur Umrechnung von Kelvin in Grad Celsius verwechselt wird.

1.2.7 Kurze Prozesse!

An dieser Stelle wird das Prinzip verdeutlicht, wie in der Thermodynamik Prozesse benannt werden. Bei einem thermodynamischen Prozess kann sich in einem System grundsätzlich erst mal alles ändern und zwar gleichzeitig. Wenn sich nun aber irgendeine Zustandsgröße nicht ändert, dann ist das etwas Besonderes und der Prozess wird dementsprechend benannt.

Zuerst wird die Tatsache, dass sich etwas nicht ändert, ganz wissenschaftlich durch die Vorsilbe „iso-"[32] ausgedrückt. Wer auf der nächsten Uni-Party einen Germanisten oder wahlweise eine Germanistin beeindrucken möchte, die oder der darf sich noch merken, dass das „o" weg gelassen wird, wenn das nachfolgende Wort mit einem Vokal beginnt. Danach folgt die Bezeichnung dessen, was sich bei dem Prozess nicht ändert.

- *Isobar* bedeutet: „Die bars bleiben gleich", der Druck ändert sich also nicht.
- *Isotherm* bedeutet: „Thermisch bleibt alles gleich", die Temperatur ändert sich also nicht.
- *Isochor* bedeutet, dass sich das Volumen[33] nicht ändert.
- *Isentrop*[34] bedeutet, dass sich die Entropie nicht ändert.
- *Isenthalp* bedeutet, dass sich die Enthalpie nicht ändert.
- *Isoliert* beschreibt das Gefühl, das die meisten Studenten während einer Thermo-Klausur empfinden.
- *Isoklug*[35] bleibt jemand, der dieses Buch nicht liest.

Wenn man jetzt an eines der Wörter hier noch ein „e" dranhängt, dann bezeichnet das neue Wort in einem Diagramm eine Linie auf der die jeweilige Zustandsgröße konstant ist. Eine „*Isotherme*" ist zum Beispiel eine Linie mit konstanter Temperatur.

---

[32] Das merkt man sich am besten als „bleibt so" oder „ist so" oder „is'so" oder eben „iso-".

[33] Ehrlich, das ist wirklich so! „Choros" ist das griechische Wort für einen Tanzplatz (das mittlerweile eingedeutschte Wort „Chor" kommt auch daher), also auch für einen bestimmten *Raum* oder, etwas abstrakter, für ein *Volumen*.

[34] Bitte nicht mit „*isotrop*" verwechseln. Das bedeutet „von der Richtung unabhängig".

[35] Oder *isodumm*, das kommt auf die Sichtweise an.

2 Thermische Zustandsgleichungen

Bislang haben wir die Zustandsgrößen Druck, spezifisches Volumen und Temperatur kennen gelernt. Was aber noch gar keine Rolle gespielt hat, das sind die Abhängigkeiten zwischen den drei Größen. Diese Abhängigkeiten existieren und wir müssen sie beschreiben können. Was wir jetzt also brauchen sind Gleichungen und zwar *Gleichungen*, die den *Zustand* unseres Systems beschreiben können, ergo *Zustandsgleichungen*. In diesen Gleichungen werden intensive Zustandsgrößen verwendet. Wir erinnern uns, das sind Größen, die nicht von der Anzahl und Größe der Kaffeetassen abhängen, oder so ähnlich (siehe unser Experiment in Abschnitt 1.2.4). Damit hängt das Aussehen einer Zustandsgleichung dann nur noch von den typischen Eigenarten des Stoffs ab, den sie beschreibt. Man muss also schon eine andere Gleichung verwenden, wenn man statt mit Luft, mit Wasser hantiert.

Eine Zustandsgleichung in der nur das spezifische Volumen v, der Druck p und die Temperatur T als Zustandsgrößen vorkommen, wird als **thermische Zustandsgleichung** bezeichnet. Die zwei einfachsten thermischen Zustandsgleichungen werden in den beiden folgenden Abschnitten vorgestellt und zwei etwas aufwändigere Exemplare kommen später dran, in Abschnitt 2.5.

2.1 Ideal einfach - Das ideale Gasgesetz

Eine besonders einfach aufgebaute thermische Zustandsgleichung ist das ideale Gasgesetz. Wie der Name schon nahe legt, gilt dieses erst mal nur für Gase und dann auch noch nicht mal in allen Fällen. Was wir hier haben, ist leider nur ein Modell der Wirklichkeit und je einfacher das Modell und damit dessen Gleichung ist, desto enger sind die Grenzen, innerhalb derer man das Modell anwenden darf.

Man kann sich ein ideales Gas als einen Haufen Tischtennisbälle vorstellen, die in einer Kiste, völlig losgelöst, durch das All fliegen, also ohne den Einfluss der Schwerkraft. Irgendwann stößt unsere Kiste dann vielleicht mit einem Meteoriten zusammen[36] und die Tischtennisbälle fliegen kreuz und quer durcheinander. Das Verhalten der Bälle entspricht dem der Atome (oder der

Moleküle) unseres idealen Gases. Die einzelnen Bälle ignorieren sich gegenseitig nämlich komplett, es sei denn, sie stoßen zusammen. Wenn jetzt immer mehr und mehr Bälle in die Kiste hinein getan werden, dann wird der Platz für jeden einzelnen Ball immer weniger und die Bewegungsfreiheit nimmt ab. Irgendwann behindern sich die Bälle gegenseitig, zum Beispiel durch ständige Reibung aneinander, so dass sie nicht mehr frei fliegen

können. Das Verhalten des Systems „eine Menge Bälle in einer Kiste" ist komplett anders geworden und die Modellvorstellung des idealen Gases passt hier nicht mehr. Das ist auch die Grenze für dieses Modell, sprich die Antwort auf die Frage, wann man es anwenden darf und wann nicht.

---

[36] Wenn sie nicht vorher in ein Wurmloch gerät.

- Das **ideale Gasgesetz gilt nur für Gase** (sagt der Name ja schon).
- Es gilt nur dann, wenn das Gas „dünn" genug ist, also bei nicht zu hohen Drücken und nicht zu tiefen Temperaturen. Faustregel: Bei Drücken **bis 5 bar funktioniert das ideale Gasgesetz prima, bis 10 bar ist es meistens akzeptabel.**
- Eine Warnung: In Prüfungen wird dann gelegentlich noch ein idealer Stolperstein eingebaut, indem das betrachtete System zwar noch komplett gasförmig ist, es sich **in der Nähe eines Kondensationszustandes** befindet. Obwohl der Druck niedrig ist kann das ideale Gasgesetz nur mit großen Fehlern eingesetzt werden, weil zwischen den Tischtennisbällen in diesem Zustand bereits große Kräfte wirken.

Nach dem einigermaßen langen Vorspiel kommen wir jetzt zur Sache. Hier ist die allererste und (bis auf weiteres) auch allerwichtigste Zustandsgleichung für das ideale Gas:

$$pV = mRT \qquad \text{hier in der Fassung mit dem Volumen } V,$$

$$pv = RT \qquad \text{hier mit dem spezifischen Volumen } v = V/m,$$

$$p\bar{v} = \bar{R}T \qquad \text{hier mit dem molaren Volumen } \bar{v} = V/n.$$

Das ist derselbe Sachverhalt, nur unterschiedlich ausgedrückt. Welche der drei Versionen man anwendet, hängt davon ab, welche Größen man schon kennt, wenn man los legt. Da die Temperatur T (in Kelvin, gaaaaanz wichtig!) und der Druck p (in Pascal, auch ganz wichtig) in jeder Fassung gleich drin stehen, unterscheiden sich die drei Gleichungen eigentlich nur noch durch die Darstellung des Volumens und durch die Größe R, mR oder $\bar{R}$. Man sieht sich die Größe für das Volumen an, die man in die Gleichung reinstecken oder die man mit deren Hilfe berechnen möchte und wählt dann die passende Version der Gleichung aus. Die Größe $\bar{R}$ ist die **universelle Gaskonstante** mit dem Wert

$$\bar{R} = 8{,}314 \, \frac{\text{J}}{\text{mol K}} = 8314 \, \frac{\text{J}}{\text{kmol K}}.$$

Sie heißt so, da sie universell für alle idealen Gase gilt. Der Zahlenwert dieser Konstanten sollte am besten sofort auswendig[37,38] gelernt werden.

Das *R ohne* Querstrich ist die **individuelle Gaskonstante**. Sie kann aus dem $\overline{R}$ *mit* Querstrich mit Hilfe der molaren Masse *M* (was das ist und woher man Zahlenwerte bekommt: siehe Abschnitt 1.2.4) berechnet werden:

$$R = \frac{\overline{R}}{M} \quad .$$

Und jetzt kommt ein kleiner Tipp für eventuell anstehende Prüfungen, also aufgepasst! Stellt euch bitte einmal in einer mündlichen Prüfung folgende Aufgabe vor: „Es ist gefordert, ein ideales Gas in einem starren Behälter mit der Temperatur $t = 21\,°C$ so lange zu erwärmen, bis sich der Druck von $p = 1,5$ bar verdoppelt hat. Welche Temperatur muss das Gas dazu annehmen?"

Das ideale Gasgesetz sagt uns sofort, dass bei konstantem Volumen eine Verdopplung des Druckes auch eine Verdopplung der Temperatur erfordert. Also

---

[37] So merken: „Achtung, nach dem Komma kommt Pi (3,14)"

[38] Das „J" steht für Joule und ist die Einheit der Energie. Diese Tatsache kann aber erst mal ignoriert werden.

währt der Thermo-Loser sich schon am Ziel und holt gerade Luft, um das Ergebnis „42" zu verkünden[39], als ihm/ihr ein Zucken im Gesicht des Prüfers auffällt. Kurzes Nachdenken führt hoffentlich zu der Erinnerung, dass die Temperatur in dieser Gleichung immer(!) in der Einheit Kelvin verwendet wird. Daher wird der Gedankengang „21 °C sind 294,15 K. Also ist das Doppelte davon 588,3 K. Davon wieder 273,15 abgezogen und wir haben als Ergebnis 315,15 °C" das Herz des Prüfers deutlich mehr erfreuen! Vielleicht gibt es dann sogar einen Extrapunkt für richtiges Kopfrechnen...[40]

2.2   Noch einfacher - Das inkompressible Fluid

Beim idealen Gas hängt das Volumen eines Stoffes sowohl vom Druck als auch von der Temperatur ab. Wenn man jetzt eine der beiden Abhängigkeiten vergessen darf, dann wird es noch einfacher. Wenn ein Körper durch Aufbringen eines äußeren Druckes seine Gestalt nicht ändert, dann heißt dieser Körper in der Mechanik „starr" (weil er sich nicht verformt) und in der Thermodynamik heißt er „inkompressibel" (weil sich sein Volumen nicht ändert).

Die Modellvorstellung des inkompressiblen Fluids[41] besagt, dass eine Flüssigkeit ihr Volumen durch den Druck allein nicht ändert. Unabhängig davon kann sich das Volumen durch Wärmedehnung verändern, wenn man die Temperatur ändert. Wenn man die Wärmedehnung auch vernachlässigt, dann nimmt die thermische Zustandsgleichung für das inkompressible Fluid eine vergleichsweise einfache Gestalt an:

$$v = v_0 = \text{konst.}$$

Was die beiden Modelle „ideales Gas" und „inkompressibles Fluid" gemeinsam haben, ist der eingeschränkte Gültigkeitsbereich. Während das ideale Gasgesetz nur für Gase unter moderatem Druck gilt, so kann das Modell des inkompressiblen Fluids nur bei Flüssigkeiten angewendet werden.

---

[39] Was für gebildete Sci-Fi-Leser DIE Antwort überhaupt ist!

[40] ...wahrscheinlich nicht.

[41] Das Wort „Fluid" ist ein Sammelbegriff für Gase und Flüssigkeiten.

2.3 Malen nach Zahlen - Zustandsdiagramme

Nachdem jetzt schon eine ganze Weile mit Vokabeln und Begriffen hantiert wurde, ist es jetzt an der Zeit einmal einen etwas genaueren Blick auf das zu werfen, was bislang immer als „der Zustand eines Stoffes" bezeichnet worden ist. Grundsätzlich kann Materie in drei Zuständen auftreten: fest, flüssig oder gasförmig. Meistens befindet sich die gesamte Materie in einem System in einem der drei Zustände, es gibt aber auch Situationen, wo zwei oder drei Formen zusammen auftreten. Auf einer Wasserpfütze schwimmendes Eis ist so ein Fall, bei dem die Aggregatzustände fest und flüssig zugleich auftreten. Bei einer anderen Mischung von Aggregatzuständen tritt ein Stoff zugleich als Flüssigkeit und als Gas auf. Weil dieses Verhalten vom Menschen zuerst bei Wasser beobachtet wurde, nennt man das Gas in diesem Zusammenhang gerne auch Dampf. Tritt zugleich Wasser als Flüssigkeit auf, dann wird der Dampf nass und das Ganze zusammen heißt dann „Nassdampfgebiet". Als Alternative kann man auch noch die allgemeine Bezeichnung „Zweiphasengebiet" verwenden. Eine **Phase** ist nämlich laut Thermo-Wörterbuch ein Gebiet, in dem alle Zustandsgrößen überall gleich sind, also wissenschaftlich korrekter ausgedrückt, nicht vom Ort abhängen. Zwischen den beiden Phasen (hier ist die Flüssigkeit die eine Phase und das Gas die andere) liegt die **Phasengrenze**. Wenn eine Phase den Aggregatzustand ändert, dann nennt man das Ganze einen **Phasenwechsel**.

Der Zusammenhang zwischen den Zustandsgrößen Druck p, spezifisches Volumen v und Temperatur T war am Anfang dieses Kapitels schon dran. Wenn man zwei der drei Größen vorgibt, die in einer thermischen Zustandsgleichung vorkommen, dann liegt die Dritte schon fest und kann nicht mehr frei gewählt werden. Das ist eine mathematische Funktion in die zwei Größen hinein gehen und daraus dann eine dritte Größe berechnet wird. Wir haben hier einen Zusammenhang zwischen drei Größen, welcher nur in einem 3D-Diagramm gemalt[42] werden kann. Das Ergebnis ist dann ein Diagramm, das jeweils für einen bestimmten Stoff gilt. Das folgende Bild gilt zum Beispiel für Wasser.

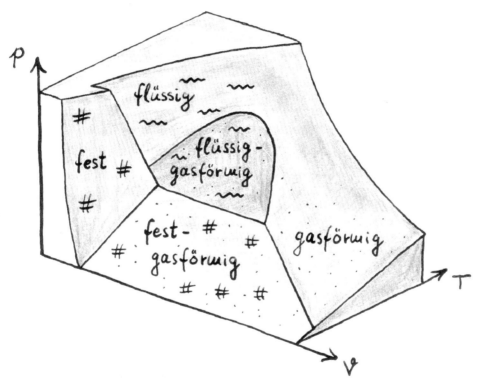

Das Zustandsdiagramm von Wasser

Die Meisten werden sich schon in der Schule mit solchen 3D-Diagrammen nicht gerade gerne beschäftigt haben. Es ist schlicht und einfach viel übersichtlicher, wenn man das „gute" alte x,y-Diagramm verwenden kann. Um aus dem dreidimensionalen Gebirge das Gewünschte zu erzeugen, bringt man in Ge-

---

[42] Dr. Romberg als leidenschaftlicher 2D-Cartoonist und Illustrator stöhnt hier leise.

danken den ganzen Apparat zum Metzger und lässt ihn an der Wursttheke[43] in dünne Scheiben schneiden. Was man den Wurstfachverkäufern allerdings vorher sagen sollte ist, in welche Richtung sie zu schneiden haben, sonst bekommt man nämlich eine zufällige Auswahl aus allen möglichen Schnittrichtungen.

Es ist übersichtlicher, immer parallel zu zwei der Koordinatenachsen zu schneiden, dann ist für jeden Schnitt die dritte der Koordinaten konstant. Was uns jetzt interessiert, ist die Oberfläche unseres Gebirges. Aus dieser Ober*fläche* wird beim Schneiden eine Linie. Das Schneiden liefert uns entweder Linien mit konstanter Temperatur (Isothermen, wenn parallel zur p,v-Ebene geschnitten wurde), Linien konstanten Drucks (Isobaren, wenn parallel zur T,v-Ebene geschnitten wurde) oder Linien konstanten spezifischen Volumens (Isochoren, wenn parallel zur p,T-Ebene geschnitten wurde). Es gibt also genau drei vernünftige Möglichkeiten zu schneiden, um Iso-Linien zu erzeugen!

Die gewünschten 2D-Bilder entstehen dann durch eine Projektion parallel zu einer der Koordinatenachsen. In den Bildern sieht man die Grenzlinien zwischen allen Phasen. Besonders interessant für die Thermodynamik ist aber vor allem das Gebiet, wo Gas und Flüssigkeit zugleich vorhanden sind. Dieses Gebiet heißt **Nassdampfgebiet** und oft werden in den Diagrammen alle anderen Grenzlinien einfach weg gelassen. Wie schon erwähnt, kann das dreidimensionale Zustandsgebirge sinnvollerweise nur in drei Richtungen projiziert werden, so dass wir dann drei neue 2D-Diagramme erhalten. Diese werden jetzt der Reihe nach vorgestellt.

2.3.1 Das p,v-Diagramm

Wenn man jetzt zum Beispiel in Richtung der *T*-Achse guckt, dann sieht man die Projektion des Gebirges auf die *p,v*-Ebene und kann dort beliebig viele der Isothermen einzeichnen. Anders ausgedrückt: Wir erhalten ein p,v-Diagramm mit *T* (oder *t*) als Parameter. Der asymmetrische Buckel mit dem Punkt K oben drauf ist das Nassdampfgebiet, in dem Flüssigkeit und Dampf zusammen auftreten. Die Linie, welche das Nassdampfgebiet von den angrenzenden Gebieten trennt, sind eigentlich zwei Linien. Links vom Punkt K liegt die **Siedelinie**, die

---

[43] Als Vegetarier stellt man sich hier lieber ein ordentliches und saftiges Stück Wassermelone vor.

das Nassdampfgebiet vom Gebiet der Flüssigkeit trennt. Rechts vom Punkt K liegt die **Taulinie**, welche die Grenze zum Gebiet des überhitzten Dampfes markiert. Zum Merken: „An der Siedelinie fängt die Flüssigkeit an zu kochen (=sieden), die erste Dampfblase entsteht. Wenn morgens der Nebel auf der Wiese *taut*, dann entsteht der erste Flüssigkeitstropfen."

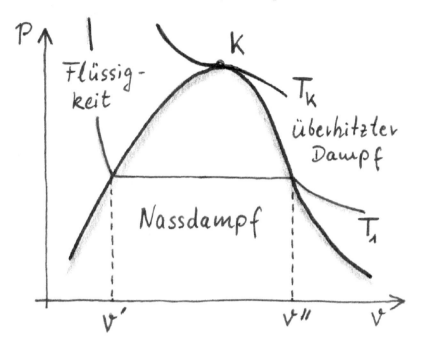

Das p,v-Diagramm mit Nassdampfgebiet

Außerdem sind noch zwei Isothermen eingezeichnet, also Linien mit konstanter Temperatur. Wenn man jetzt von links nach rechts auf der Isothermen T_1 wandert, dann bewegt man sich von Orten mit kleinem spezifischem Volumen v hin zu Orten mit großem spezifischem Volumen, wobei der Druck entweder sinkt (außerhalb des Nassdampfgebietes) oder konstant bleibt (im Nassdampfgebiet). Wichtig ist auch, die Bedeutung der kleinen Striche zu kennen, die an den beiden spezifischen Volumen v' und v'' stehen. Im Nassdampfgebiet bekommen nämlich alle Größen einen Strich ('), die für die Phase der siedenden Flüssigkeit gelten und zwei Striche ('') bekommen die Größen für die Gas- oder Dampfphase.[44] Dieses einfache Prinzip gilt für alle Größen im Nass-

---

[44] So merken: „Ein Strich auf dem Bierdeckel kennzeichnet unser erstes *flüssiges* Bier. Ab dem zweiten Strich *verflüchtigen* sich Konzentrationsvermögen und der Inhalt unserer Geldbörse."

dampfgebiet, beispielsweise ist m' die Masse der Flüssigkeit und m'' ist die Masse der Gasphase in einem System in dem diese beiden Phasen vorkommen.

Die zweite in das Bild eingezeichnete Isotherme läuft durch den Punkt K. Dieses K steht für *kritisch* und kennzeichnet den **kritischen Punkt**[45] und die Isotherme T_K heißt demzufolge kritische Isotherme. Der kritische Punkt ist eine Zustandsgröße für jeden Stoff. An diesem Punkt treffen sich die Siedelinie und die Taulinie, die Dichten der Flüssigkeit und des Dampfes sind gleich und damit hört der Unterschied zwischen den beiden Phasen auf zu existieren. Oberhalb des kritischen Punktes kann man die beiden Phasen deshalb nicht mehr unterscheiden. Um dem Dilemma zu entgehen, wird dann nur noch von einem **überkritischen Zustand** gesprochen.

Wenn man eine Weile über den kritischen Punkt nachdenkt, dann fragt man sich vielleicht, ob denn ein Stoff jenseits des kritischen Punktes nicht mehr verdampfen und kondensieren kann und, wenn das so ist, ob dann in diesem Bereich die Begriffe Flüssigkeit und Gas überhaupt noch sinnvoll sind. Die Antwort lautet: „Nein, sind sie nicht." Der Grund dafür ist im p,v-Diagramm leicht zu erkennen. Die Unterschiede der spezifischen Volumen von Flüssigkeit v' und Dampf v'' werden bei der Annäherung an den kritischen Punkt immer geringer und verschwinden schließlich am kritischen Punkt. Weil es keinen Unterschied zwischen den beiden Phasen mehr gibt, kann man auch nicht mehr von Flüssigkeit *oder* von Dampf sprechen.

Dieser Umstand ist auch der Grund für ein Phänomen, das man bei der Annäherung an den kritischen Punkt beobachten kann, wenn man ein System beheizt. Wenn die beiden Phasen schon fast dieselbe Dichte haben, dann kann man mit bloßem Auge die Bildung von Schlieren beobachten. Die kommen daher, dass ein Teil des Stoffes ständig zwischen den Aggregatzuständen hin und her pendelt, weil durch die Beheizung minimale Temperaturunterschiede vorhanden sind und diese ausreichen, um einen ständigen Wechsel zwischen Verdampfen und Kondensieren zu verursachen. Das Phänomen wird dann ganz wissenschaftlich als **kritische Opaleszenz**[46] bezeichnet.

---

[45] Dass der Punkt *kritisch* ist, liegt vermutlich daran, dass das für viele Studenten ein kritisches Thema ist und sie dann stattdessen lieber den Rest der Vorlesung in der Cafeteria verbringen.

[46] Das Wort „Opal" steckt hier drin. Das ist ein Mineral, welches häufig schöne Schlieren zeigt und völlig unkritisch als Schmuck verschenkt werden kann.

Wenn der Stoff dann überkritisch ist, also entweder der Druck höher ist als der kritische Druck oder die Temperatur höher ist als die kritische Temperatur, dann nennen wir das Ganze erst mal Fluid, um zu verbergen, dass wir keine Ahnung mehr haben, ob es flüssig oder gasförmig ist. Außerdem können wir uns von der Vorstellung verabschieden, dass es irgendwann anfangen muss zu sieden, wenn wir dieses Fluid nur genug erwärmen. Das tut es nämlich nicht! Die Dichte wird beim Erwärmen nur nach und nach geringer, es wird aber nirgendwo eine Phasengrenze auftauchen. Dieser Sachverhalt wäre eigentlich ganz einfach nachzuvollziehen, wenn für die meisten aus dem Alltag bekannten Stoffe der kritische Druck nicht weit jenseits von dem Druck liegen würde, den der Mensch aus eigener Erfahrung kennt. Für Wasser zum Beispiel ist der kritische Druck $p_k = 221,20$ bar und die kritische Temperatur ist $t_k = 374,15\ °C$. Es wird daher in der Vorstellung einfach von der Existenz eines Zweiphasengebietes während eines Phasenwechsels ausgegangen. Alles, was davon abweicht, weigert sich der menschliche Geist erst mal zu verstehen.

Die Gültigkeitsbereiche des idealen Gases und des inkompressiblen Fluids findet man in p,v-Diagramm natürlich auch wieder. Dabei immer daran denken: Ein Modellfluid existiert in der Realität nicht. Unter bestimmten Bedingungen verhält sich die Realität aber so, dass man mit den Annahmen des Modellfluids arbeiten darf, ohne allzu große Fehler zu machen.

Das ideale Gasgesetz gilt im Bereich hoher Temperaturen und niedriger Drücke, im Diagramm also rechts vom Nassdampfgebiet in einer gewissen Entfernung von der Taulinie und in der Nähe der v-Achse. Der Verlauf der Isothermen ähnelt in diesem Gebiet einer Hyperbel und genau das sagt das ideale Gasgesetz

$$p = RT\frac{1}{v}$$

ja auch voraus, wenn man diese Gleichung nach p auflöst und als Funktion von v auffasst. Das inkompressible Fluid findet sich im p,v-Diagramm in dem Bereich, wo die Isothermen nahezu senkrecht verlaufen, also bei hohen Drücken im Flüssigkeitsgebiet, wo das spezifische Volumen klein ist. Für das Modellfluid sind die Isothermen dann tatsächlich senkrechte Linien, weil das Volumen tatsächlich konstant bleibt.

2.3.2 Das T,v-Diagramm

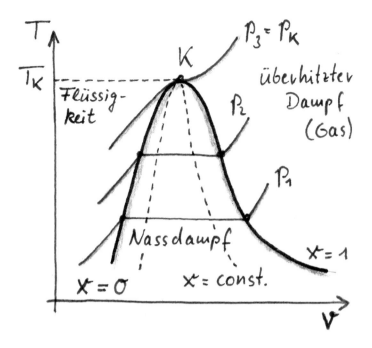

Das T,v-Diagramm, ebenfalls mit Nassdampfgebiet

Nein, ein T,v-Diagramm ist *keine* Übersicht für alle Fernsehprogramme in dieser Woche[47], sondern die zweite Möglichkeit, ein Diagramm zu erzeugen. Das passiert in diesem Fall durch eine Projektion auf die Ebene, die durch die *T*- und die *v*-Achse gebildet wird. Anders ausgedrückt: Wir erhalten dann das T,v-Diagramm mit *p* als Parameter.

In das T,v-Diagramm sind **Isobaren** eingezeichnet, also Linien konstanten Drucks. Der kritische Punkt K ist ebenso zu erkennen, wie die Siedelinie mit $x = 0$ links davon und die Taulinie mit $x = 1$ rechts davon. In diesem Diagramm wird ein ideales Gas, wenn man die thermische Zustandsgleichung

$$T = \frac{p}{R} v$$

---

[47] Herr Dr. Romberg gibt hier den hochqualifizierten Hinweis, dass seine TV-Zeitschriften stets zwei Wochen im Überblick liefern!

nach T umstellt, als eine Gerade mit der Steigung p/R dargestellt. Eine Gerade haben wir natürlich nur dann, wenn der Druck p konstant bleibt. Um die Gaskonstante R brauchen wir uns nicht zu kümmern, die ist ja schon vom Namen her eine konstante Größe. Wir haben also Geraden im T,v-Diagramm, wenn wir Isobaren im Gültigkeitsbereich des idealen Gasgesetzes zeichnen. Das ist zum Beispiel für die Isobaren p_1 und p_2, deren Drücke nicht zu hoch sind, rechts vom Nassdampfgebiet der Fall.

2.3.3 Das p,T-Diagramm und die Antoine-Gleichung

Die dritte Möglichkeit, ein zweidimensionales Diagramm zu erzeugen, ist die Projektion auf die Ebene, die durch die p- und die T-Achse gebildet wird. Anders ausgedrückt: Wir erhalten ein p,T-Diagramm mit v als Parameter. Dieses Diagramm wurde hier zur Abwechslung einmal nicht nur mit der Grenzlinie zwischen Flüssigkeit und Gas gezeichnet, sondern mit *allen* Grenzlinien zwischen *allen* drei Phasengebieten. Im p,v- und im T,v-Diagramm sind diese Gebiete Flächen, hier im p,T-Diagramm wegen der Projektion aber nur Linien.

Außer dem als „Verdampfen" bezeichneten Phasenwechsel vom flüssigen zum dampfförmigen (gasförmigen) Zustand (ist in umgekehrter Richtung als „Kondensieren" bekannt) gibt es natürlich noch eine Reihe anderer Wechsel zwischen Aggregatzuständen, die möglich sind.

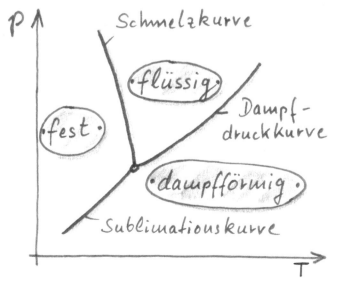

Das erste p,T-Diagramm für Wasser

37

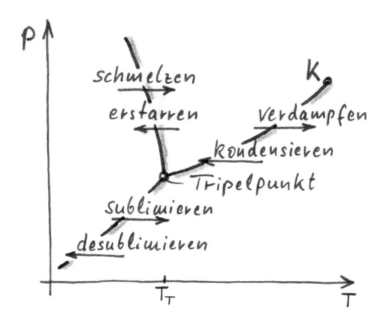

Das zweite p,T-Diagramm für Wasser

Was genau ist denn in diesen beiden Skizzen zu erkennen? Zuerst einmal ist dort ein Zusammenhang zwischen Druck und Temperatur dargestellt, die Beschriftung der Achsen deutet zumindest darauf hin. Die eingezeichneten Linien geben einen noch näher zu betrachtenden Druck (als Funktion der Temperatur) an und sie trennen ganz offensichtlich in diesem Diagramm Bereiche verschiedener Aggregatzustände voneinander.[48] Eine Linie trennt dabei immer zwei Aggregatzustände voneinander. Zum Beispiel liegt die Schmelzkurve zwischen den Bereichen „fest" und „flüssig". Wenn der Zustand eines Systems also genau auf einer der Linie liegt, dann macht das System gerade einen Phasenwechsel durch und dort liegen zwei Phasen zugleich vor. Wie viel von welcher Phase vorhanden ist, kann dieser Art von Diagramm nicht entnommen werden, nur welche Phasen es sind und welche Temperatur und welcher Druck gerade herrschen.

---

[48] Achtung: Dieses Diagramm, so wie hier gezeichnet, gilt nur für Wasser. Zu erkennen ist das am leichtesten am Verlauf der Schmelzkurve, die nur für Wasser von links oben nach rechts unten verläuft. Dieser Verlauf, die so genannte „Anomalie des Wassers", ist übrigens nicht dafür verantwortlich, dass unter einem Schlittschuh das Eis schmilzt und man dann prima darauf (aus-) rutschen kann. Das macht die Reibungswärme beim Gleiten!

Es gibt einen Punkt, an dem sich die drei Linien treffen. Da dieser Punkt an der Grenze zu allen drei Aggregatzuständen liegt, kommen dort auch drei Phasen zugleich vor. Der Punkt wird deswegen **Tripelpunkt** genannt. Der Tripelpunkt von Wasser liegt bei der Temperatur $T_T = 273,16$ K ($t_T = 0,01$ °C) und einem Druck von $p_T = 611,73$ Pa. Nur unter diesen Bedingungen kann Wasser zugleich als Eis, Flüssigkeit und Wasserdampf auftreten.

Besonders wichtig für technische Anwendungen ist der Übergang zwischen der flüssigen Phase und der gasförmigen Dampf-Phase. Die zugehörige Kurve in den Diagrammen heißt **Dampfdruckkurve**. Ihr Verlauf gibt an, bei welchem Druck als Funktion der Temperatur der betrachtete Stoff (hier Wasser!) siedet[49]. Dieser spezielle Druck wird dann gerne Siededruck oder Dampfdruck genannt, die Temperatur heißt dann meistens Siedetemperatur. Bei $p = 1,013$ bar liegt die Siedetemperatur von Wasser, wie jeder weiß, bei 100 °C.

Die Dampfdruckkurve ist im nächsten Bild einzeln dargestellt. Sie existiert nur in dem Bereich zwischen dem Tripelpunkt und dem kritischen Punkt.

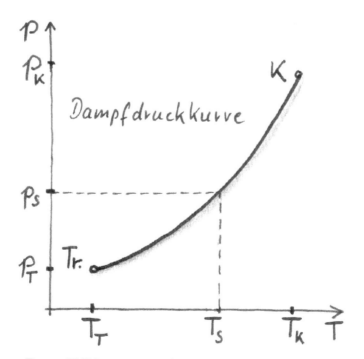

Das p,T-Diagramm mit der Dampfdruckkurve

---

[49] Sieden? Verdampfen? Zwei Worte, eine Sache. In der Gastronomiewissenschaft manchmal auch „Kochen" genannt!

Zur Berechnung des Dampfdruckes p_S (in bar) als Funktion der Siedetemperatur t_S (in Grad Celsius) wird fast immer die so genannte **Antoine-Gleichung**

$$\log_{10}\left[\frac{p_S}{\text{bar}}\right] = A - \frac{B}{C + \frac{t_S}{°\text{C}}}$$

verwendet. Achtung, der Dampfdruck kommt in der Einheit „bar" raus und die Temperatur wird hier in „Grad Celsius" verwendet! Der Aufbau der Gleichung ist dabei immer gleich, nur die Werte der Parameter A, B und C sind von Stoff zu Stoff verschieden. Die drei Parameter werden durch Anpassen an Messwerte gewonnen. Verschiedene Quellen verwenden daher oft auch verschiedene Parametersätze in der Antoine-Gleichung, da jeder Autor natürlich seine eigenen Messwerte für die Besten hält. Die Güte der Vorhersage ist meistens trotzdem erstaunlich gut. Für zwei aus dem Alltag bekannte Stoffe sind die Parameter der Antoine-Gleichung in der nächsten Tabelle zu finden:

Parameter Stoff	A	B	C
Ethanol (Alk)	5,2879	1623,22	228,98
Wasser	5,19625	1730,63	233,426

2.4 Das Nassdampfgebiet aus der Nähe betrachtet

In der Thermodynamik interessiert vor allem ein ganz bestimmter Phasenwechsel und zwar der zwischen Flüssigkeit und Dampf. Das Gebiet zwischen diesen beiden Zuständen ist das Nassdampfgebiet (von Profis auch gerne mal als NDG abgekürzt), mit dessen Einzelheiten einen der werte Herr[50] Professor irgendwann in der Vorlesung überfällt.

---

[50] Ist in den meisten Fällen wohl korrekt formuliert so, es sind leider fast nur Herren. Also, die Damen, seht mal zu!

Im letzten Abschnitt ist schon viel über die *Grenzen* des Nassdampfgebietes gesagt worden, jetzt kommt noch was über die Verhältnisse mitten in dem Gebiet dazu. Das in der Thermodynamik an allen Ecken und Enden verwendete Beispiel „Kochtopf" versagt an dieser Stelle leider, da wir im Topf kein reines Wasser haben, sondern ein Gemisch aus Wasser und Luft. Diese Verhältnisse sind dafür aber schön im Kapitel 11 über feuchte Luft nachzulesen. Dafür kommt jetzt ein gutes Beispiel: Das Feuerzeug. Ein ordinäres Einwegfeuerzeug, um genau zu sein. Gegen das Licht gehalten zeigt es eine wunderschöne Phasengrenze, sofern es noch nicht völlig leer ist[51]. Davon ausgehend, dass das Feuerzeug vor dem Befüllen ordentlich evakuiert worden ist, haben wir hier ein System, in welchem sich ein Reinstoff befindet.

Um die Zustände in unserem Feuerzeug mit dem gebührenden Respekt beschreiben zu können, muss unser Wortschatz erst noch etwas erweitert werden. Die Sache mit den Strichen ist ja schon in Abschnitt 2.3.1 geklärt worden. Es fehlt jetzt nur noch eine Größe, mit der wir die Anteile angeben können, die jeweils als Dampf und als Flüssigkeit vorliegen. Diese Größe ist der **Dampfmassengehalt** x. Wie der Name schon sagt, steht x für den Anteil der Masse an der Gesamtmasse, die als „Dampf" (= Gasphase) vorliegt:

$$x = \frac{m''}{m} = \frac{m''}{m' + m''} \ .$$

Mit ein wenig Kopfrechnen kommt man jetzt auch darauf, wie die Massen der beiden Phasen mit Hilfe von x ausgedrückt werden können:

$$m'' = x \cdot m \qquad \text{für die Dampfmasse und}$$
$$m' = (1 - x) \cdot m \qquad \text{für die Masse der Flüssigkeit.}$$

Es ist wichtig, sich vor Augen zu führen, dass wir zwei Phasen im Feuerzeug haben, deren Eigenschaften zum Teil gleich sind, zum Teil aber auch unterschiedlich. Was gleich ist, sind der Druck und die Temperatur der Gasphase

---

[51] Für die, die bei der Erwähnung eines Feuerzeuges gleich aufgeregt an ihrem Zippo-Edelflammenwerfer [4] in der Hosentasche rumspielen: Ein Zippo ist ein denkbar schlechtes Beispiel, denn es wird zum Befüllen in Anwesenheit der Umgebungsluft ein Wattebausch mit Benzin getränkt, und außerdem ist ein Zippo meist aus Metall und somit undurchsichtig!

und der Flüssigkeitsphase. Unterschiedlich sind dagegen die Dichten der beiden Phasen und damit auch deren Kehrwerte, die spezifischen Volumina v' und v''. Der Nachteil im Nassdampfgebiet ist also, dass man eine Zustandsgröße mehr beachten muss. Die gute Nachricht ist allerdings, dass man auch eine Gleichung mehr zur Verfügung hat, um diese Größen zu berechnen, denn sie hängen zusammen.

Eine thermische Zustandsgleichung liefert einen eindeutigen Zusammenhang zwischen den drei Größen Druck, Temperatur und spezifisches Volumen. Anders ausgedrückt: Wenn man zwei der drei Größen vorgibt, dann ist die dritte Größe festgelegt. Das gilt für ein Einphasensystem genauso wie für das Nassdampfgebiet. Im Feuerzeug ist eine Masse m vorhanden. Wenn davon jetzt der Anteil x als Dampf vorliegt, dann liegt der Anteil $(1-x)$ als Flüssigkeit vor. Für das spezifische Volumen insgesamt gilt unverändert

$$v = \frac{V}{m} = \frac{V' + V''}{m} \quad .$$

Das Gesamtvolumen V kann auch als die Summe des Volumens der Flüssigkeit V' und des Volumens des Dampfes V'' ausgedrückt werden, so wie in der Gleichung oben schon geschehen. Die beiden Volumen kann man jetzt wieder ersetzen und bekommt für das spezifische Volumen des Systems insgesamt:

$$v = \frac{m' \cdot v' + m'' \cdot v''}{m} = (1 - x) \cdot v' + x \cdot v'' \quad .$$

Damit haben wir die gesuchte zusätzliche Gleichung gefunden, die uns neben der thermischen Zustandsgleichung noch gefehlt hat, um die thermischen Zustandsgrößen auch im Nassdampfgebiet berechnen zu können.

Wenn man jetzt in der Vorlesung mit dem Feuerzeug vor Langeweile die Bank ankokelt, nimmt die Masse im Feuerzeug ab und das spezifische Volumen (Volumen geteilt durch Masse) nimmt zu.[52]

Man kann den Vorgang des Bankankokelns gut in einem Zustandsdiagramm darstellen, allerdings nur aus der Sicht des Fluids im Feuerzeug. Dazu ein paar

---

[52] Manchmal nimmt dann auch die flüssige Phase im Hörsaal zu, wenn durch die Kokelei die automatische Berieselungsanlage aktiviert wurde.

Überlegungen, um das Ganze richtig zu verstehen: Egal wie voll oder leer das Feuerzeug ist, das Volumen V, das für dessen Inhalt zur Verfügung steht, bleibt unverändert.[53] Man kann sehen, dass der Anteil der Flüssigkeit im Feuerzeug nach und nach weniger wird, denn der Pegel sinkt. Damit steigt während der Entnahme das spezifische Volumen $v = V/m$ kontinuierlich an.

Wir haben außerdem angenommen, dass sich die Temperatur im Inneren des Feuerzeugs nicht ändert. Thermodynamisch gesehen handelt es sich hier also um eine *isotherme* Zustandsänderung, die im Nassdampfgebiet auch bei konstantem Druck passiert. Wegen der im Nassdampfgebiet konstanten Druckdifferenz zwischen dem Feuerzeuginneren und der Umgebung ist auch die Menge an Gas konstant, die beim Verbrennen durch das Ventil ausströmt. Deswegen wird die Flamme erst dann kleiner, wenn das Feuerzeug fast leer ist. Dann liegt der Zustand des Brennstoffes außerhalb des Nassdampfgebietes auf der Gasseite und der Innendruck nimmt ab. Der ganze Vorgang sieht dann so aus, wie hier im p,v-Diagramm dargestellt.

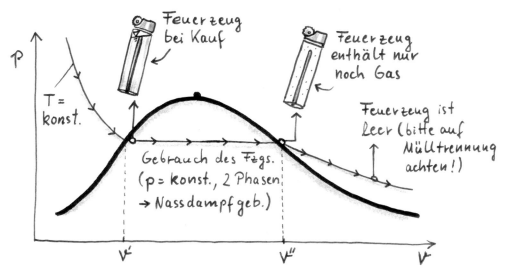

Feuerzeug im p,v-Diagramm

---

[53] Das ist eine kühne Behauptung (=Annahme). Das Volumen des Feuerzeugs kann sich ja zum Beispiel durch eine Änderung der Temperatur verändern oder wenn man mit dem Lastwagen drüber fährt, aber das interessiert hier nicht.

2.5 Weniger einfach – Kubische Zustandsgleichungen

Bislang sind uns die thermischen Zustandsgleichungen des inkompressiblen Fluids und vor allem die des idealen Gases bekannt. Das Modell des idealen Gases gilt ja nicht immer, sondern nur für Gase bei nicht zu hohen Drücken und nicht in der Nähe eines Kondensationszustandes. Durch Einführen von ein paar weiteren Variablen kann der Bereich aber erweitert werden, in dem das Gesetz angewendet werden darf.

Allgemein gilt, je größer der Anwendungsbereich einer Zustandsgleichung, desto komplizierter ist der mathematische Aufbau und umgekehrt. Eine thermische Zustandsgleichung, die für alle Aggregatzustände gilt, die also sowohl für die feste Phase, als auch für die flüssige Phase, als auch für die gasförmige Phase halbwegs korrekte Ergebnisse liefert, die ist so kompliziert, dass eine Thermo-Klausur schon vorbei wäre, bevor man überhaupt den mathematischen Aufbau der Gleichung verstanden hat.[54] Außerdem ist die Anwendung dieser Gleichungen mit einem nicht programmierbaren Taschenrechner nahezu unmöglich.

Wenn man sich bei der Gültigkeit auf die Bereiche der Flüssigkeit und des Gases beschränkt, dann stehen eine Reihe nur minder schwerer Gleichungen zur Auswahl. Diese Gleichungen sind dann komplizierter aufgebaut als zum Beispiel das ideale Gasgesetz, haben dafür aber auch einen größeren Anwendungsbereich. Für viele thermodynamische Prozesse reicht das aus und außerdem sind die schweren Fälle in der Literatur [1], [5] und [24] zu finden.

Alle diese Gleichungen tragen die Namen des- oder derjenigen, die deren mathematischen Aufbau festgelegt haben. Zum Dank dafür werden ihre Namen seit Generationen von Studenten nur mit Ehrfurcht und im Flüsterton erwähnt. Also Leute, haltet euch ran.[55]

Die beiden bekanntesten Exemplare werden in diesem Abschnitt vorgestellt. Beide haben einen ganz ähnlichen mathematischen Aufbau und deswegen gehören sie auch derselben Klasse von thermischen Zustandsgleichungen an. In beiden Zustandsgleichungen steht das spezifische Volumen v einmal mit einem Quadrat um Nenner und ein zweites mal steht das v in der anderen

---

[54] Ging zumindest dem Thermodynamiker der beiden Autoren damals so. Manche sind da vielleicht schneller.

[55] Die Labuhn-Gleichung für Kuchenteig und Milchschaum ist seit Jahren in Arbeit.

Klammer. Wenn man diese Gleichung mit v^2 multipliziert und dann nach Potenzen von v sortiert, dann ist zu erkennen, dass für das spezifische Volumen die dritte Potenz die Höchste ist, die hier auftritt. Deswegen heißen diese Zustandsgleichungen auch **kubische Zustandsgleichungen**.

Als Erstes kommt die thermische Zustandsgleichung des Herrn van der Waals dran. Die van der Waals-Gleichung

$$\left(p + \frac{a}{v^2} \right)(v - b) = RT$$

ist eine Erweiterung des idealen Gasgesetzes, welches man auch wieder erhält, wenn man a und b beide zu Null setzt. Die beiden neuen Größen haben sehr anspruchsvoll klingende Namen, denn a ist der „Kohäsionsdruck" und b ist das „Eigenvolumen" des Fluids. Beide sollten entweder in einer Aufgabenstellung gegeben sein, oder man muss sich die Werte aus der Literatur [1], [5], [17], [24] oder [26] besorgen. Die van der Waals-Gleichung gilt für Gase und Flüssigkeiten. Sie wird aber in der Praxis selten verwendet, da sie ziemlich ungenau ist[56]. Im Bezug auf das Ergebnis etwas redlicher ist die thermische Zustandsgleichung nach Redlich-Kwong[57]:

$$\left(p + \frac{a}{T^{0,5} v(v + b)} \right)(v - b) = RT \ .$$

Die Redlich-Kwong-Gleichung ist ähnlich aufgebaut, wie die van der Waals-Gleichung, sie liefert aber *etwas* genauere Ergebnisse[58]. Da die Anzahl der verwendeten Parameter (a und b) aber nicht gestiegen ist, hat die Genauigkeit auch nicht gerade einen Quantensprung vollführt. Wenn man das will, muss man zusätzliche Parameter in die Gleichung einführen. Genau das hat zum Beispiel der Herr Soave gemacht und dadurch die Redlich-Kwong-Gleichung erweitert. Dem Gesetz der wissenschaftlichen Namensgebung folgend, heißt die neue Gleichung dann Redlich-Kwong-Soave-Gleichung.

---

[56] Bitte entschuldigen Sie, Herr Kollege van der Waals!

[57] Der Name ist ja auch viel cooler. Bitte entschuldigen Sie, Herr Kollege van der Waals.

[58] „...ja, ja, ist ja gut!" (Zitat: van der Waals)

Zu den hier vorgestellten thermischen Zustandsgleichungen müssen dringend noch ein paar mahnende Worte gesagt werden. Und zwar:

„Nicht einfach so im Nassdampfgebiet anwenden!"

Im Nassdampfgebiet wird der Verlauf von Isothermen und Isobaren falsch wiedergegeben. Das ist in dem im nächsten Bild dargestellten p,v-Diagramm zu erkennen, bei dem, wie wir ja bereits wissen, im Nassdampfgebiet die Isothermen waagerechte Linien sind.

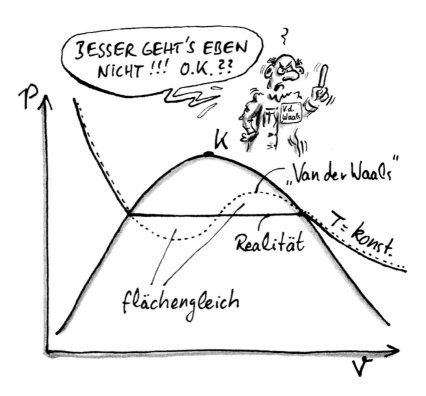

Verlauf der Isothermen kubischer Zustandsgleichungen

Die kubischen Zustandsgleichungen ergeben aber auch im Nassdampfgebiet einen gekrümmten Verlauf. Zum Glück liefern die Gleichungen wenigstens an den Grenzen des Nassdampfgebietes, also auf der Siede- und auf der Taulinie, richtige[59] Ergebnisse. Wenn man also die Punkte kennt an denen die Isotherme

---

[59] ...zumindest im Rahmen ihrer Genauigkeit, Herr van der Waals.

das Nassdampfgebiet erreicht bzw. verlässt, dann hat man schon fast gewonnen, denn man muss nur den Dampfdruck an dieser Stelle kennen (die Antoine-Gleichung kann auch hier helfen!) und man kann dann in Gedanken den krummen Verlauf der mit einer Zustandsgleichung berechneten Isothermen durch die erforderliche waagerechte Linie ersetzen.

Wenn man sich nicht auf die Ergebnisse der Antoine-Gleichung verlassen will, um die Grenzen des Nassdampfgebietes zu bestimmen, dann liefern Thermodynamik und Mathematik gemeinsam eine weitere Möglichkeit, diese zu bestimmen. Mit Hilfe des Maxwell-Prinzips kann man das nämlich auch tun! Dieses Prinzip wurde von klugen Thermodynamikern hergeleitet und zwar mit Hilfe der Entropie, dem Darling dieser Wissenschaft. Da das Ganze nicht gerade einfach zu verstehen ist, begegnet dieses Prinzip einem in Grundlagenklausuren normalerweise noch nicht, später aber schon. Es besagt, dass in dem Diagramm die unterhalb und oberhalb der waagerechten Linie gekennzeichneten Flächen gleich groß sein müssen. Damit hat man dann eine Möglichkeit, für eine bestimmte Temperatur T die Lage der Grenzen des Nassdampfgebietes fest zu legen.

2.6 Die lineare Interpolation

Wenn alle Zustandsgleichungen nicht helfen, dann gibt es immer noch die Möglichkeit, die gesuchten Stoffdaten aus einer Tabelle abzulesen. Diese Tabellenwerke heißen dann gerne auch **Dampftafeln.** Wenn man zwei Größen kennt, zum Beispiel Druck und Temperatur, kann man das spezifische Volumen an entsprechender Stelle in der Tabelle für den jeweiligen Stoff ablesen. Diese Tabellen sind meistens sehr umfänglich und so aufgebaut, dass auf jeder Seite die Stoffwerte (zum Beispiel das spezifische Volumen) eines bestimmten Stoffes für einen bestimmten Druck steht. In den Zeilen auf der Seite der Tabellen stehen dann die Werte für verschiedene Temperaturen, meistens in Schritten von 10 °C.

In Thermo-Übungsaufgaben und auch in Prüfungen ist es grundsätzlich so, dass in einer mit der Aufgabe gegebenen Tabelle die Werte (beispielsweise für einen Druck $p = 1$ bar) angegeben sind und zwar für die Temperaturen 10 °C, 20 °C, 30 °C und so weiter. Was dann gefragt wird, ist natürlich mitnichten das Volumen bei 1 bar und exakt 10 °C oder 20 °C, was man ja direkt ablesen könnte, sondern bei 13,75 °C oder einem ähnlich krummen Wert. Hier hilft elementares Schulwissen weiter, und zwar in Form der **linearen Interpolation**, die im Grunde nichts anderes ist als die Anwendung des aus der Geometrie bekannten Strahlensatzes. Die Berechnung der gesuchten Größe erfolgt mit der Gleichung

$$v_{\text{gesucht}} = v_1 + \frac{t_{\text{gegeben}} - t_1}{t_2 - t_1} \cdot (v_2 - v_1) .$$

Dabei sind die Größen mit dem Index 1 und 2 die, die in dem Tabellenwerk stehen, die gegebene Größe stammt aus der Aufgabenstellung und links in der Gleichung steht natürlich die gesuchte Größe.

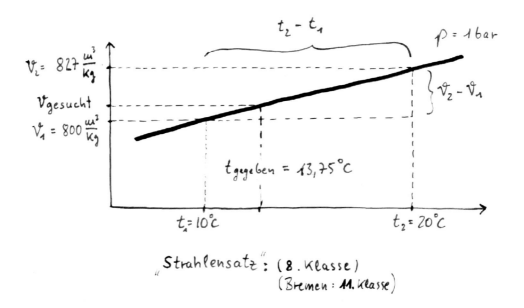

Beispiel zur Anwendung der linearen Interpolation

Natürlich kann man nicht nur das spezifische Volumen berechnen, wenn der Druck und die Temperatur gegeben sind. Mit derselben Tabelle ist es auch möglich, zum Beispiel aus gegebenem spezifischem Volumen und gegebenem Druck die Temperatur zu berechnen.

3 Unsere erste Bilanz, die Massenbilanz

Für jeden Prozess, bei dem Materie über die Systemgrenze fließt, gibt es einen Zusammenhang, der uns das Arbeiten mit diesen Massenströmen enorm erleichtert. Der Super-Trick dabei ist, dass für die Masse ein <u>Erhaltungssatz</u> gilt, genauso wie für die Energie. Deswegen ist die Massenbilanz ziemlich einfach zu handhaben, so dass auch die Kollegen aus der Strömungsmechanik [14] und [25] sie gerne anwenden. Ob man allerdings unbedingt immer alles über ein System wissen muss, sei mal dahin gestellt.

Die Gültigkeit des Erhaltungssatzes der Masse beweist uns der reuevolle Blick auf die Waage nach Weihnachten, denn die Anzeige verrät uns, dass Masse offensichtlich nicht verschwinden kann. Andererseits entsteht sie auch nicht aus dem Nichts[60], sondern sie versammelt sich unter dem Motto „vom Six-Pack zum Mono-Pack" mit Hilfe von durchschnittlich zwölf Kilo Gebäck, di-

---

[60] Physiker werfen hier gerne die Äquivalenz von Masse und Energie ein, bekommen leuchtende Augen und reden von $E=mc^2$. Uns Thermodynamikern ist das vollkommen egal, denn wir bilanzieren Energie und Masse getrennt.

verser Gänsebraten und dazu womöglich noch Alkohol zu Sylvester in Speckröllchen am Bauch und an den Hüften.

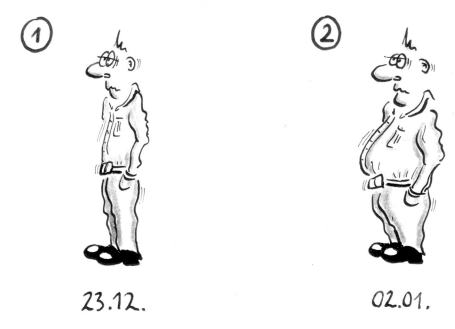

Die Massenbilanz in Worten:

Änderung der Masse im System = (aus der Umgebung zugeführte Masse)

- (an die Umgebung abgegebene Masse)

Die Massenbilanz in anderen Worten:

Änderung der Masse im System   =   („schmatz") - („rülps")

Die Massenbilanz als Gleichung:

$$\frac{dm_{Sys}}{d\tau} = \sum \dot{m}$$

Bei den Massenströmen werden alle Größen, die in das System hinein gehen,
positiv (+) gezählt und alle die hinausgehen sind negativ (-).

Jetzt, wo wir Massenbilanzen (zumindest in der Theorie) aufstellen können, haben wir auch die Voraussetzung, uns mit der Energiebilanz zu befassen,
denn um diese richtig aufstellen zu können, muss man über die Massenströme
und damit über die Massenbilanz Bescheid wissen.

4 Hauptsache Hauptsätze - Der 1. Hauptsatz

Bei Thermo gibt es eine ganze Menge an Hauptsätzen. Einer handelt von Temperaturen, ein anderer von der Energie und einer auch von der Entropie.[61] Bevor wir mit dem ersten Hauptsatz anfangen, brauchen wir aber noch etwas „Rüstzeug".

Der nullte Hauptsatz ist in Abschnitt 1.2.6 bei der Vorstellung der Temperatur als Zustandsgröße eleganter weise ausgelassen worden. Er besagt nur, dass zwei Systeme, die jeweils mit einem dritten System im thermodynamischen Gleichgewicht stehen, auch untereinander im Gleichgewicht stehen. Das ist wie in der Logik (von Mr. Spock): Wenn $A = B$ ist und $B = C$, dann folgt daraus, dass auch $A = C$ ist.[62]

Mit Hilfe des ersten Hauptsatzes wird die Energie eines Systems bilanziert. Das läuft im Prinzip genauso, wie wir es schon mit der Masse eines Systems gemacht haben.

Jeder kennt das: Gestern hat man gerade Geld aus dem Bankautomaten gezogen und heute findet sich nur noch ein lumpiger 10er im Portemonnaie. Hektisches Suchen in Hosen- und Jackentaschen fördert dann noch die eine oder andere Münze und einen zerknüllten 5er zu Tage. Der Rest ist zum Teil in Form des gestrigen Kinobesuchs und dem Absacker in der Stammkneipe nachzuvollziehen, aber irgendwie fehlt da noch was. Die Tatsache, dass Energie nicht vernichtet wird, erspart uns beim Aufstellen der Energiebilanz im übertragenen Sinn das Wühlen in diversen Taschen und das Nachgrübeln über den letzten Abend, denn alles, was an Energie in ein System reingeht, das geht entweder auch raus oder ändert die Energie im System.

Der erste Hauptsatz in Worten:

Änderung der Systemenergie   =   (aus der Umgebung zugeführte Energie)
  - (an die Umgebung abgegebene Energie)

---

[61] Der Begriff der Entropie kann hier noch ignoriert werden. Einfach entspannt zurück lehnen und sich die Entropie als einen schäbigen kleinen Wurm im Staub der Erde vorstellen, der einem nichts, aber auch gar nichts tun kann. Entropie ist nur eine Zustandsgröße, wie Millionen anderer auch.

[62] Faszinierend, diese Eleganz der mathematischen Vorgehensweise.

Die Einheit der Energie, vollkommen egal in welcher Form, ist das Joule[63]. Es ist immer gut, sich über die Bedeutung der Einheit der Energie klar zu werden, vor allem, wenn man in langen Gleichungen irgendwann die Einheiten kürzen will. Für das Joule gilt

$$[J] = [N \cdot m] = \left[\frac{kg \cdot m^2}{s^2} \right],$$

wenn man sich daran erinnert, dass Energie gleich Kraft mal Weg ist. Das war garantiert auch schon in die Mechanik-Vorlesung dran.

Früher war die Einheit der Energie die Kalorie, aber die ist dann im Rahmen der Verwendung von SI-Einheiten umbenannt worden, genauso wie ein Schokoriegel aus den 80ern. Daran merkt man mal wieder, wie kurz doch die Halbwertszeit unseres Wissens ist: Wer sein Auto verkaufen will, der sagt jetzt Kilowatt statt PS und Karl Marx wurde auch in Chemnitz umbenannt.

Jetzt kommt eine Übersicht über die verschiedenen Energieformen und wie wir diese nennen wollen. Das ist wichtig, damit alle, die von der Energie reden, auch wirklich dasselbe meinen. Leider wird es dadurch etwas mathematischer, wir führen nämlich verschiedene Variablen für die einzelnen Formen der Energie ein.

Die Systemenergie

Die Energie des Systems E_{Sys} setzt sich aus der inneren Energie U, der kinetischen Energie E_{kin} und der potentiellen Energie E_{pot} zusammen:

$$E_{Sys} = U + E_{kin} + E_{pot} \; .$$

Die Systemenergie ist die Größe, um die es bei der Bilanzierung der Energie eigentlich geht. In vielen Fällen werden bei der Bilanzierung der Systemenergie aber gar nicht alle drei Energieformen betrachtet, sondern man konzentriert sich auf die innere Energie und vernachlässigt die kinetische und die potentielle Energie.

---

[63] Gesprochen: „Dschuhl"

Die innere Energie

Die innere Energie U ist eine Größe, die den Zustand des System-Inneren beschreibt. Sie ist die Bewegungsenergie der Atome und Moleküle des Systems. Je nachdem, welche Art von Teilchen man hat, kann dieses stur geradeaus fliegen (Translationsenergie), sich drehen (Rotationsenergie) oder hin und her wackeln, wie ein Gewicht an einer Feder (Schwingungsenergie). Wie stark diese Bewegungsformen ausgeprägt sind, hängt neben der Art des Moleküls vom Druck p und der Temperatur T im System ab. Um den Zusammenhang zwischen U einerseits und p und T andererseits zu beschreiben, werden Zustandsgleichungen verwendet, die dann kalorische[64] Zustandsgleichungen genannt werden. Die innere Energie U des Systems kann durch die Masse geteilt werden und man erhält dann mit der spezifischen inneren Energie u eine intensive Zustandsgröße.

Die kinetische Energie

Das ist eine Leihgabe der Mechanik. Berechnet wird sie mit

$$E_{kin} = m \frac{c^2}{2} \;.$$

In Worten ist die kinetische Energie gleich der Masse m mal der Geschwindigkeit c zum Quadrat geteilt durch zwo. Hier steht die Vorstellung dahinter, dass sich ein System mit der Masse m wie ein Ziegelstein bewegt. Genauso gut kann aber auch ein Massen*strom* $\dot{m}$ einer Flüssigkeit oder eines Gases (mit der Geschwindigkeit c) betrachtet werden. Dann ist das Ergebnis der Gleichung allerdings nicht die kinetische Energie, sondern ein Energiestrom. Die kinetische Energie kann man sowohl als einen Teil der Systemenergie verstehen, (zum Beispiel bei einem durch die Luft fliegenden Ziegelstein), aber auch als die Energie eines Massenstroms, der in ein System hinein oder aus ihm hinaus geht (zum Beispiel Wasser, welches aus einem Gartenschlauch fließt). Hier darf man sich vor allen Dingen nicht verwirren lassen!

---

[64] Die „Kalorie" ist, wie schon erwähnt, eine früher gebräuchliche Einheit der Energie. In einigen unwissenschaftlichen Boulevardmagazinen und bei einigen Diätgruppen ist sie es heute noch. Letztlich heißt „kalorisch" also nichts anderes als „die Energie betreffend".

Die potentielle Energie

Die Berechnung dieser Energie erfolgt mit der Gleichung

$$E_{\text{pot}} = mgz \ .$$

In der Gleichung zur Berechnung der potentiellen Energie steht: „Masse m mal Erdbeschleunigung g mal Höhe z". Die Höhe z braucht einen Bezugspunkt. Dieser kann frei gewählt werden (Hinweis: Null, also komplett ignorieren, bietet sich da an!) da er bei Rechnungen mit der Energiebilanz ohnehin wieder raus fällt. Anders ausgedrückt, wenn eine Masse um 5 Meter angehoben wird, dann sind für die Erhöhung der potentiellen Energie alleine die 5 Meter verantwortlich, es ist aber vollkommen egal, ob dieser Kraftakt in Kiel auf der Höhe des Meeresspiegels oder auf der Zugspitze vollbracht wird.[65]

---

[65] Zumindest dann, wenn man die Abhängigkeit der Erdbeschleunigung g von der Entfernung vom Erdmittelpunkt vernachlässigt, was aber meistens gefahrlos machbar ist.

Die Arbeit

Arbeit ist, mathematisch korrekt gesprochen, das Integral der Leistung über der Zeit[66]. Daraus folgt: Wenn eine Leistung eine gewisse Zeit $\Delta\tau$ fließt, dann ist insgesamt eine gewisse Energie in Form von Arbeit geflossen. Etwas einfacher schreibt man

$$W = P\Delta\tau$$

für zeitlich konstante Leistungen. Andersherum ausgedrückt ist die Leistung die zeitliche Ableitung der Arbeit und hat die Einheit Watt [W]. Das sind Joule pro Sekunde. Die Leistung kann eine mechanische Leistung sein (Wellenleistung) oder eine elektrische Leistung (Strom mal Spannung). Aber was wissen wir gemeine Ingenieure schon von mathematischer Korrektheit oder der Schönheit eines Integralzeichens...

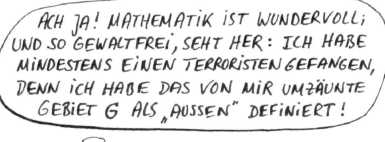

---

[66] Leistung ist Arbeit durch Zeit. Wenn man in den Semesterferien jobbt und in einem Lager 8 Stunden am Tag Kisten schleppt, dann arbeitet man landläufiger Meinung nach. Wenn man in 8 Stunden 10 Kisten stapelt, dann hat man zwar 8 Stunden lang gearbeitet, aber nicht viel geleistet, wie einem dann der Chef gerne bestätigen wird. Schafft man es, dieselbe Arbeit in 4 Stunden zu erledigen, hat man zwar immer noch Ärger mit dem Chef, kann diesem aber zumindest entgegen halten, doppelt soviel geleistet zu haben.

Die Wärme

Wärme ist *die* typische Energieform in der Thermodynamik. Was Wärme genau ist, steht in Abschnitt 4.3. Der Zusammenhang zwischen Arbeit und Leistung gilt genauso zwischen Wärme und Wärmestrom

$$Q = \dot{Q} \cdot \Delta\tau \ .$$

Ein Wärmestrom $\dot{Q}$ unterscheidet sich von der Wärme Q erst mal durch einen kleinen Punkt und außerdem in der Einheit, die für den Wärmestrom Watt und für die Wärme Joule heißt. Ein Wärmestrom $\dot{Q}$ fließt nur zu einem bestimmten Zeitpunkt in ein System hinein. Wenn das eine gewisse Zeit $\Delta\tau$ passiert, dann ist die Wärme Q in das System geflossen. Merksatz: „Die Wärme Q ist das Integral des Wärmestroms $\dot{Q}$ über der Zeit und der Wärmestrom $\dot{Q}$ ist die Zeitableitung der Wärme Q."

Die spezifische Energie eines Massenstroms

Weil jede Masse in einem System Energie hat (wir erinnern uns: innere Energie, kinetische Energie, potentielle Energie), besitzt auch jeder Massen*strom* diese Energieformen und bringt diese quasi als Gastgeschenk mit, wenn er ein System betritt. Die spezifische Energie bekommt den Buchstaben *e* und muss mit dem Massen*strom* multipliziert werden, wenn man dessen Energie*strom* berechnen will.

Nachdem der erste Hauptsatz *in Worten* jetzt klar sein dürfte, kann das Ganze nun auch in der Form einer mathematischen Gleichung geschrieben werden. Das ist jetzt auch gar nicht mehr schlimm, denn alle Variablen sind schon eingeführt worden.

Der erste Hauptsatz als Gleichung:

$$\frac{dE_{\text{Sys}}}{d\tau} = \sum \dot{Q} + \sum P + \sum (\dot{m}e)$$

Links des Gleichheitszeichens steht die zeitliche Änderung[67] der Gesamtenergie des Systems E_{Sys}. Rechts stehen alle ein- oder ausgehenden Energieströme. Zuerst die Wärmeströme, dann die Leistungen und als Letztes die spezifischen Energien e, die mit den Massenströmen $\dot{m}$ kommen (oder gehen). Die Größe e bitte erst mal einfach nur zur Kenntnis nehmen. Wie sie berechnet werden kann, kommt später dran. Viel wichtiger ist, dass diese Form der Gleichung nur für eine Momentaufnahme unseres Systems gilt. Will man das System aber nicht ständig beobachten, sondern es interessiert nur der Unterschied, der durch einen Prozess *insgesamt*[68] hervorgerufen wird, dann kann man den ersten Hauptsatz noch etwas umstricken. Dazu wird das System eine Zeit $\Delta\tau$ lang beobachtet und alles, was in dieser Zeit passiert, wird aufaddiert, mathematisch gesprochen also integriert. Man kann das Ergebnis der Integration direkt hinschreiben und erhält dann

$$E_{Sys,2} - E_{Sys,1} = \sum Q_{12} + \sum W_{12} + \sum (me)$$

als Ergebnis. Das ist die in der Thermodynamik extrem wichtige „vorher-nachher Betrachtung". Die Zahlen kennzeichnen den Zustand unseres Systems vor (1) und nach (2) dem Prozess. Die vorher-nachher Betrachtung führt in der Mehrzahl der Thermo-Aufgaben zum Ziel. Für den Rest könnte man sogar auf Lücke setzen[69].

4.1 Rein oder raus?

Wenn man den ersten Hauptsatz anwendet, dann kann man mit dieser *einen* Gleichung genau *eine* Größe bestimmen, zum Beispiel einen Wärmestrom $\dot{Q}$. Wenn man nach langem Rechnen für $\dot{Q}$ eine Zahl herausbekommen hat, dann ist man zwar etwas klüger als vorher, da die Größe des Wärmestroms nun bekannt ist, aber man weiß noch nicht, ob er in das System hinein oder aus ihm hinaus geht. Abhilfe schafft hier eine Vorzeichenregel, wobei auch hier, wie in

---

[67] Mathematikinteressierte dürfen den Ausdruck natürlich auch die „zeitliche Ableitung der Systemenergie" nennen.

[68] Beispiel: Wasser soll durch Wärmezufuhr zum Kochen gebracht werden. Wenn man beliebig viel Zeit hat, spielt es keine Rolle, ob der Herd dazu auf Stufe 1 oder auf Stufe 3 gestellt wird.

[69] Oh, oh, wir spüren die bösen Blicke der altehrwürdigen Vollständigkeitsfetischisten.

der Mechanik mit ihren Kräften und Momenten, die Vorzeichen große Schwierigkeiten machen können. Aber es gibt zum Glück auch in der Thermodynamik nur zwei: Plus und Minus. Wir definieren also Kraft unserer Gedanken (und weil alle anderen es gewöhnlich genauso machen):

Was in das System hinein geht, wird in den Gleichungen als positive (+) Größe gezählt, was raus geht, ist eine negative (-) Größe.[70]

Mit dieser Regel ist es möglich, das Ergebnis einer Berechnung richtig zu deuten. Damit das aber auch funktioniert, muss man dieselbe Regel auch beim Aufstellen der Gleichung anwenden. Das ist manchmal etwas verwirrend, da man die Richtung eines unbekannten Energiestroms am Anfang meistens ja nur vermuten kann. Aber keine Angst, wenn folgendes Kochrezept *konsequent* angewendet wird, dann hilft uns die Mathematik:

- Wie immer verschafft man sich zuerst Klarheit über die Lage der Systemgrenze (im Zweifelsfall die Thermo-Kartoffel malen).
- Dann werden alle Prozessgrößen als Pfeile angetragen.
  Die, deren Richtungen man schon kennt (zum Beispiel aus eigener Erfahrung oder weil sie in der Aufgabenstellung gegeben sind), werden auch so rum angemalt. Ein Wärmestrom, der bei eingeschalteter Herdplatte in einen Kochtopf hinein geht, bekommt auch einen Pfeil in das Systembild hinein. Die, deren Richtungen unbekannt sind, werden am besten als in das System hinein gehend angetragen. Das spart nämlich fehlerträchtige Minuszeichen in der Gleichung.
- Dann werden die Prozessgrößen, unabhängig davon ob gegeben oder gesucht, in die Gleichung gesteckt und zwar mit einem Vorzeichen entsprechend der Pfeilrichtung an der Systemkartoffel.
- Dann wird gerechnet, bis alle unbekannten Größen bestimmt sind.
- Ist ein Ergebnis eine negative Zahl, dann hatte man den entsprechenden Pfeil verkehrt rum angezeichnet. Wenn ein Pfeil für einen Wärmestrom

---

[70] Merken kann man sich das ganz leicht so: Ein Einkommen (rein in das System Geldbörse) empfinden wir als positiv, Ausgaben (raus aus dem System Geldbörse zum Bezahlen von Rechnungen) als negativ. Ausnahme: Der Kauf dieses Buches.

aus dem System hinaus zeigte, die Rechnung aber einen *negativen* Wert ergibt, dann geht der Wärmestrom halt korrekterweise *in* das System hinein. <u>Entscheidend ist immer die gemeinsame Aussage von Annahme (Pfeilrichtung wie vor der Rechnung eingezeichnet) und dem Vorzeichen des Rechenergebnisses.</u>

Im folgenden Beispiel wird das Kochrezept angewendet: „Ein Elektromotor treibt stationär ein Getriebe an. Der Motor nimmt dazu aus der Steckdose eine elektrische Leistung P_{el} = 2 kW auf. Die an das Getriebe abgegebene Leistung beträgt aufgrund von elektrischen Verlusten und Lagerreibung lediglich P_G = 1,9 kW. Gesucht ist der Wärmestrom $\dot{Q}$, den der Motor mit der Umgebung austauscht."

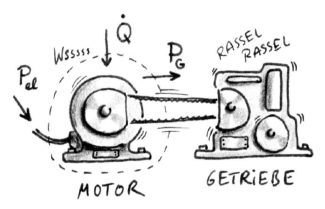

Zuerst wird die Systemgrenze festgelegt, indem die übliche Kartoffel um den Motor gezeichnet wird. Das ist in der Zeichnung oben schon geschehen. Dann werden alle gegebenen und gesuchten Größen in die Skizze eingezeichnet. Die elektrische Antriebsleistung geht laut Aufgabentext eindeutig in den Motor hinein („...nimmt dazu eine elektrische Leistung P_{el} = 2 kW auf...") und die mechanische Leistung P_G wird vom Motor an das Getriebe abgegeben. Damit liegen die Richtungen der beiden Pfeile für diese Größen fest: Die Antriebsleistung wird als in das System hineingehender Pfeil dargestellt und die an das Getriebe gehende Leistung als aus dem System hinausgehender Pfeil.

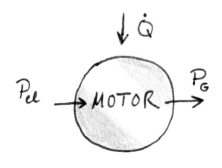

Für den Wärmestrom findet sich im Aufgabentext keine Angabe dazu, ob er in den Motor hinein oder aus ihm hinaus geht. Daher wird der Pfeil bis auf Weiteres erst mal in das System hineingehend gezeichnet. Im Aufgabentext steht der Begriff „stationär", der bei der Bearbeitung äußerst hilfreich ist. Er bedeutet, dass sich die Systemenergie nicht mit der Zeit ändert. Da hier keine Massenströme auftreten, kann der 1. Hauptsatz unter Beachtung der Pfeilrichtungen als

$$\frac{dE_{\mathrm{Sys}}}{d\tau} = 0 = \dot{Q} + P_{\mathrm{el}} - P_{\mathrm{G}}$$

geschrieben werden. Dabei bitte beachten: Ein Pfeil rein bedeutet ein Pluszeichen vor der jeweiligen Größe, ein Pfeil raus bedeutet ein Minuszeichen. Einsetzen der gegebenen Zahlenwerte führt zu

$$0 = \dot{Q} + 2000\,\mathrm{W} - 1900\,\mathrm{W}$$

und somit zu dem Ergebnis

$$\dot{Q} = -100\,\mathrm{W} \ .$$

Damit ist der gesuchte Wärmestrom bekannt und die Aufgabe beendet! Es ist jetzt zu erkennen, dass der Wärmestrom nicht wie angenommen in den Motor hinein geht, sondern an die Umgebung abgegeben wird, da dieser ein negatives Vorzeichen hat. Das kennt jeder aus eigener Erfahrung: Ein Motor wird warm, weil er die Verlustleistung nur in Form von Wärme loswerden kann.

Man hätte den Wärmestrom aber auch genauso gut andersherum wie oben an unser Ersatzsystem zeichnen können. Dann würde die Annahme zugrunde liegen, dass der Motor Wärme abgibt. Das Ganze hätte dann so ausgesehen, wie in dem Bild hier.

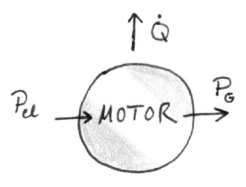

In diesem Fall lautet der 1. Hauptsatz unter Beachtung der Pfeilrichtungen so:

$$0 = -\dot{Q} + P_{\text{el}} - P_{\text{G}} \ .$$

Einsetzen der gegebenen Zahlenwerte führt zu

$$0 = -\dot{Q} + 2000\,\text{W} - 1900\,\text{W}$$

und somit zu dem Ergebnis

$$\dot{Q} = 100\,\text{W} \ .$$

Das positive Vorzeichen bestätigt in diesem Fall unsere Annahme. Auch wenn wir so rum anfangen, kommen wir zu dem Ergebnis, dass der Wärmestrom vom Motor abgegeben wird.

4.2 Wie vereinfache ich meinen Hauptsatz?

Im Grunde geht es in diesem Abschnitt nur um die Frage, wie es gelingen kann, den ersten Hauptsatz anhand von Schlüsselbegriffen zu vereinfachen.

Diese Schlüsselbegriffe, wie sie beispielsweise in Aufgabentexten stehen, sind hier fett gedruckt. Dieses Vereinfachen passiert meistens dadurch, dass der Thermo-Profi beim Auftauchen eines bestimmten Wortes sofort weiß, dass ein bestimmter Wert in der Energiebilanzgleichung gleich Null ist und die entsprechende Variable gleich weg gelassen werden kann (Holzauge!). Also, lasst euch nichts vom Storch erzählen: Wer genau hinsieht, findet in den Thermo-Aufgaben *immer alle* zur Lösung erforderlichen Angaben!

Ein System heißt **offen**, wenn mindestens ein Massenstrom rein oder raus gehen kann. Wenn man Wasser in einem offenen Kochtopf auf dem Herd als ein System betrachtet, dann gibt das System einen Massenstrom in Form von Wasserdampf an seine Umgebung ab. Die Systemgrenze (die wir ja immer als Erstes zeichnen oder zumindest in Gedanken fest legen, nicht wahr?) läuft um das flüssige Wasser herum, wird also durch die Topfinnenwand und den Wasserspiegel festgelegt. Dieses ist leider ein Fall, in dem keine Variable im ersten Hauptsatz weg gelassen werden kann. Schade! Außerdem ist dieser Prozess instationär, weil das Wasser im Topf im Lauf der Zeit immer weniger wird.

Bekommt der Topf jetzt sein dichtes Deckelchen, dann kann immer noch Energie rein und auch raus gehen, aber kein Wasser mehr. Das System ist jetzt **geschlossen**, denn Massenströme oder Massen können nicht über die Systemgrenze. Ergo können alle Ausdrücke, in denen ein $\dot{m}$ steht, weg gelassen werden (genauso natürlich die Massen m, die über die Zeit über die Systemgrenze gehen). Das gilt sowohl für die eintretenden als auch für die austretenden Massenströme und Massen. Die Masse im System (nicht verwechseln!) ist natürlich nicht unbedingt gleich Null.

Wenn ein experimentierfreudiger Jungingenieur den Inhalt des Topfes dann in eine Thermoskanne gießt und auch da den Deckel fest drauf macht, dann befindet sich das Wasser auf einmal in einem **adiabaten System**, da die Grenze jetzt für Wärme undurchlässig ist. Ganz nebenbei ist die Thermoskanne aber auch ein geschlossenes System, da sie, sofern nicht defekt, auch für Materie undurchlässig ist. Also können für das Beispiel der Thermoskanne zusätzlich zu den Massenströmen auch die Wärmströme $\dot{Q}$ und damit auch die über die Zeit integrierten Wärmen Q zu Null gesetzt werden. Aber Achtung: Nicht jedes adiabate System muss auch geschlossen sein. Die beiden Begriffe sind voneinander unabhängig.

Das Einzige, was sich jetzt noch über die Systemgrenze schleichen kann, ist Arbeit zum Beispiel in Form von elektrischer Energie, wenn man es schafft, einen Tauchsieder in die Thermoskanne zu hängen. Wenn das ausgeschlossen ist, unsere Systemgrenze also weder für einen Massestrom, noch für einen Wärmestrom, noch für Arbeit durchlässig ist, dann haben wir ein **abgeschlossenes System**. Jetzt dürfen auch noch die Leistungen W und die Arbeiten P aus der Gleichung geworfen werden.

Besonders wichtig ist der Fall, dass unser System **stationär** ist. Stationär bedeutet nichts anderes, als dass sich über die Zeit betrachtet nichts am Zustand des Systems ändert. Wenn zum Beispiel in einen dicht verschlossenen Kochtopf unten genauso viel Wärme hineingeht, wie oben durch Wärmverluste abtransportiert wird, dann ist das System Kochtopf stationär.

In den Gleichungen wirkt sich das so aus, dass alle Ausdrücke, in denen eine *Zustands*größe nach der Zeit abgeleitet wird (d irgendwas nach $d\tau$), ebenso verschwinden, wie alle Differenzen zwischen zwei Zustandsgrößen zu verschiedenen Zeitpunkten (zum Beispiel E_2-E_1). Die *Prozess*größen (zum Beispiel Wärmeströme und Leistungen) müssen dagegen nicht Null sein. Es ist an dieser Stelle sehr wichtig, zwischen Zustandsgrößen und Prozessgrößen zu unterscheiden, damit man nicht die falschen Größen zu Null setzt.

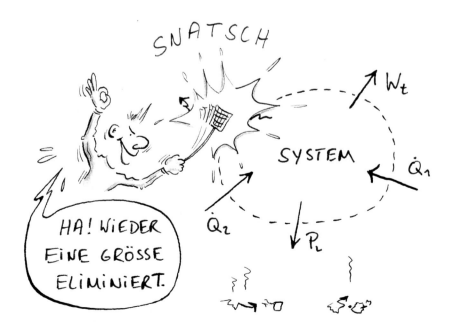

4.3 Über Wärme und Arbeit

Thermo-Freaks verwenden die Begriffe *Wärme* und *Wärmestrom* anders, als der Rest der Menschheit es für gewöhnlich tut. Das ist der Grund für zahlreiche kreative, den Prüfer aber letztlich verwirrende und daher oft abgelehnte Lösungsansätze.

Gemeinhin wird Wärme mit einem Rundumschlag der Art „Wärme ist, wenn es warm ist und Kälte ist, wenn es kalt ist" erklärt, was in 99,99% der Fälle auch ein gut funktionierender Ansatz ist. An den verbleibenden 0,01% ist die Thermodynamik schuld, die an dieser Stelle etwas engstirniger auftritt, denn Wärme ist ja als Prozessgröße nichts weiter als eine bestimmte Form von Energie. Vom Standpunkt der Energiebilanz aus gesehen ist es vollkommen egal, ob diese Wärme (oder dieser Wärmestrom) im Winter am Nordpol oder mittags in der Sahara auftritt. Wer sich die Hand zuerst am Teewasser verbrüht[71] und diese danach zur Schmerzlinderung in Eiswasser taucht, der hat, wenn auch unfreiwillig, in beiden Fällen Wärme in Bewegung gesetzt. Zwar einmal in die Hand rein und dann wieder raus, aber beides war Wärme, denn die Energie hat sich nur aufgrund des Temperaturunterschiedes zwischen Hand und dem Nass bewegt und genau das macht den Begriff der Wärme[72] in der Thermodynamik aus. Ein Wärmestrom wiederum ist Wärme in Bewegung, von der Einheit her also Wärme [J] geteilt durch Zeit [s], was dann Watt macht.

Damit kommen wir zum Begriff der Arbeit. Das Wort wird im Alltag für viele, meist unangenehme, Vorgänge verwendet. Dementsprechend groß ist die Vielfalt an Arbeitsformen, die einem auch in der Thermodynamik begegnen können und entsprechend umfangreich ist das Vokabular dafür: Volumenänderungsarbeit, Nutzarbeit, technische Arbeit, Reibungsarbeit, Dissipationsarbeit und Gesamtarbeit sind hier die wichtigsten Namen.[73] Es wird jetzt versucht, die verschiedenen Arten von Arbeit zu sortieren und zu erklären. Das sieht zwar

---

[71] Daher kommt auch der Name unseres Faches: Thermodynamik ist nichts weiter, als das schnelle Zurückzucken nach dem Berühren eines heißen Gegenstandes.

[72] Zum merken: „Energie in Form von *Wärme* und *Wärmeströmen* hat nichts mit der Temperatur zu tun, sondern nur mit einem Temperatur*unterschied*."

[73] Dazu kommt noch Sozialarbeit, zum Beispiel wenn man seine Energiekosten nicht mehr bezahlen kann.

alles etwas kompliziert aus, dient aber letztlich dem technischen Fortschritt und der kann ja wohl nicht schaden.....

Volumenänderungsarbeit W_V haben wir alle als Kinder beim Spiel mit Luftballons und Luftpumpen reichlich verrichtet. Diese Art von Arbeit wird durch die Kraft verrichtet, die man braucht, um das Volumen eines Körpers entgegen dessen Druck zu verändern. Volumenänderungsarbeit wird auch beim Hantieren mit einer Luftpumpe verrichtet, wenn man den Kolben gegen den Druck in der Pumpe schiebt. Mathematisch/mechanisch gesehen wirkt dabei entlang der Strecke s eine Kraft F über die Fläche A gegen den Druck p.

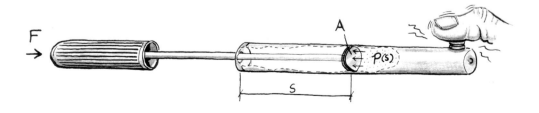

Von außen gesehen (und unter Berufung auf die Mechanik) ist die Arbeit W gleich Kraft F mal Weg s und damit hat man:

$$W = Fs \ .$$

Von innen gesehen und auch unter Berufung auf die Mechanik ist die Kraft gleich Druck mal Fläche. Also können wir auch schreiben:

$$W = p(s) \cdot As = p(s) \cdot \Delta V \ .$$

Der Ausdruck A mal s ist Fläche mal Weg, ergibt also eine Änderung des Volumens ΔV. Deswegen heißt diese Form der Arbeit auch Volumen*änderungs*arbeit.

Was unbedingt noch geklärt werden muss, ist das Vorzeichen der Volumenänderungsarbeit, wenn wir diese bei einer Energiebilanz mit betrachten wollen. Dazu muss man wissen, dass es grundsätzlich so ist, dass jeder Körper bei steigendem Druck sein Volumen verringert. Wenn also eine Kraft an einem System Arbeit verrichtet, dann muss der Ausdruck für die Volumenänderungsarbeit in der Energiebilanz positiv sein (weil ja Energie hinein geht). Da das Volumen dabei aber kleiner wird (das System wird zusammengedrückt), muss der Ausdruck für die Volumenänderungsarbeit ein negatives Vorzeichen bekommen. Dann haben wir:

$$W_{V} = -p(s) \cdot \Delta V \ .$$

Achtung, der Druck ändert sich hier entlang des Weges. Das ist nur dann *nicht* der Fall, wenn die Änderung des Volumens klein ist im Vergleich zum Volumen des Systems. Im Allgemeinen hängt p deswegen vom Ort s ab. Damit muss der Ausdruck für die Arbeit als

$$W_{V,12} = -\int_{1}^{2} p(s) A\, ds = -\int_{1}^{2} p(s)\, dV$$

geschrieben werden. Wie immer steht die 1 für „vorher" und die 2 für „nachher".

Die **Nutzarbeit** W_{N} ist der Volumenänderungsarbeit sehr ähnlich, denn auch hier geht es um die Arbeit, die zur Änderung des Volumens eines Systems aufgewendet werden muss, bzw. die man vom System erhält. Der Unterschied zwischen beiden Größen ist, dass bei der Volumenänderungsarbeit die Tatsache vernachlässigt wird, dass auch die Umgebung einen Druck hat. Bei der Nutzarbeit wird der Umgebungsdruck aber beachtet. Er hilft nämlich einerseits mit, eine Luftpumpe zusammenzudrücken und andererseits zwingt er einen, beim Aufpusten eines Luftballons dickere Backen zu machen, als es im Vakuum erforderlich wäre. Damit bekommt man für einen konstanten Umgebungsdruck:

$$W_{N,12} = W_{V,12} - p_U(V_1 - V_2) = -\int_1^2 p\,dV - p_U(V_1 - V_2)\ .$$

Für einen konstanten Druck, sowohl im System, als auch in der Umgebung, kann stattdessen einfach geschrieben werden:

$$W_{N,12} = -p(V_2 - V_1) - p_U(V_1 - V_2) = (p_U - p)(V_2 - V_1)\ .$$

Die beiden Arbeitsformen Volumenänderungsarbeit und Nutzarbeit treten bei *geschlossenen* Systemen (Luftpumpe mit dem Daumen auf dem Ventil) auf. Wenn die Pumpe jetzt ihrem Zweck entsprechend dafür verwendet wird, um Luft zu pumpen (siehe Bild), dann muss die Luftpumpe aber als ein *offenes* System betrachtet werden.

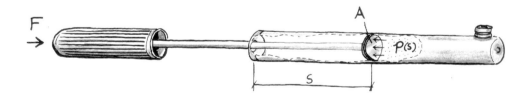

Die Arbeit, die verrichtet werden muss, um das Luftvolumen entgegen dem Druck der Umgebung strömen zu lassen, wird **technische Arbeit** genannt. Betrachtet wird jetzt nicht mehr eine *Volumenänderung* in einem geschlossenen System, der ein *Druck entgegen wirkt*, sondern eine *Druckänderung,* die ein *bewegtes* Volumen erfährt. Als Gleichung sieht das Ganze ziemlich bekannt aus:

$$W_{t,12} = \int_1^2 V\,dp \ .$$

Hier steht kein Minuszeichen davor, denn wenn der Druck ansteigt ($dp > 0$), dann muss dazu Arbeit in das System hinein gehen. Wenn das Volumen nicht vom Druck anhängt, dann wird daraus:

$$W_{t,12} = V\,(p_2 - p_1) \ .$$

Wenn die technische Arbeit nach der Zeit τ abgeleitet wird, dann bekommt man die Leistung

$$P_t = \frac{W_{t,12}}{d\tau} = \int_1^2 \dot{V}\,dp \ ,$$

die man braucht, um einen Volumenstrom auf einen höheren Druck zu bringen.

Die drei letzten Begriffe zum Thema Arbeit, die uns noch Arbeit machen, greifen ein wenig auf später vor, denn sie bewerten bereits die Qualitäten[74] der verschiedenen Arbeitsformen anhand der Frage, ob man die Arbeit vom System auch zurückfordern kann oder ob sie im Inneren steckt und weder durch gute Worte noch durch Gewaltandrohung wieder heraus zu bekommen ist.

Jede Arbeit, die an einem System verrichtet wird, ist entweder zurück zu gewinnen oder nicht. Die Arbeit, die nicht wieder ohne weiteres zurück zu bekommen ist, wird **Dissipationsarbeit**[75] genannt. Eine bekannte Form der Dissipationsarbeit ist **Reibungsarbeit**. Sie tritt zum Beispiel auf, wenn die kinetische Energie einer sich drehenden Welle durch Reibung an einem Lager nach und nach in Wärme umgewandelt wird.[76] Die Arbeit, die man wieder in alter Frische aus einem System herausholen kann, wird **reversible Arbeit** genannt.

---

[74] Qualität ist, wenn eine Sache so funktioniert, wie man es erwartet. Wie realistisch die eigenen Ansprüche sind, steht auf einem anderen Blatt

[75] Die verschwindet (von lateinisch „*dissipare*": „*verbreiten*" oder „*zerstreuen*") als nicht mehr nutzbare Arbeit.

[76] Wenn die Lagerreibung zu groß ist, dann wird auch die Welle nach und nach in Metallspäne umgewandelt. Das ist dann aber kein Problem der Thermodynamik, sondern desjenigen, der vergessen hat, Öl nachzukippen.

Bei der Luftpumpe (mit dem Daumen auf dem Ventil) ist das die Arbeit, die man wieder bekommt, wenn man den Kolben nach dem Zusammendrücken los lässt und dieser durch den Druck dann ein Stück weit zurück gedrückt wird.

Jede Arbeit setzt sich aus den beiden Anteilen reversible Arbeit $W_{12,\text{rev}}$ und Dissipationsarbeit $W_{12,\text{diss}}$ zusammen. Die Summe beider Anteile

$$W_{12} = W_{12,\text{rev}} + W_{12,\text{diss}}$$

ist die **Gesamtarbeit** W_{12}.

4.4 Der 1. Hauptsatz für geschlossene Systeme

Bei einem geschlossenen System treten keine Massenströme über die Systemgrenze. Da alle $\dot{m}$ gleich Null sind, sieht die Bilanzgleichung etwas einfacher aus als im allgemeinen Fall, denn es treten nur noch Wärme(-Ströme) und Arbeit (Leistung) auf:

$$E_{\text{Sys},2} - E_{\text{Sys},1} = Q_{12} + W_{12} \qquad \text{oder} \qquad \frac{dE_{\text{Sys}}}{d\tau} = \dot{Q} + P \ .$$

Stationär (ist immer gut) wird das Ganze noch einfacher:

$$0 = Q_{12} + W_{12} \qquad \text{oder} \qquad 0 = \dot{Q} + P \ .$$

Wenn mehr als ein Wärmestrom oder mehr als eine Leistung auftritt, dann müssen eben alle Terme hin geschrieben werden. Das gilt für jede Art von System. Für ein instationäres System mit n Wärmeströmen und k Leistungen würde man zum Beispiel ganz allgemein

$$\frac{dE_{\text{Sys}}}{d\tau} = \sum_{i=1}^{n} \dot{Q}_i + \sum_{j=1}^{k} P_j$$

schreiben.

4.5 Der 1. Hauptsatz für offene Systeme

Bei offenen Systemen treten, im Gegensatz zu geschlossenen Systemen, leider auch Massenströme auf, was im Laufe dieses Kapitels noch für einigen Wirbel sorgen wird. Die mit den Masseströmen transportierte Energie hat es wirklich in sich. Zuerst einmal läuft mit jedem Massenstrom eine spezifische innere Energie (Energie der Materie) u über die Systemgrenze. Hinzu kommen noch dessen kinetische und potentielle Energien.

Ein beliebter Spaß unter amerikanischen Studenten während der Frühjahrsferien besteht darin, sich Bier mittels einer Leiter, eines langen Schlauches und eines oben am Schlauch angebrachten Trichters möglichst effektiv (hier: effektiv = schnell) zuzuführen. Der Grund für den außerordentlichen Erfolg dieser technischen Errungenschaft ist neben dem Spaßfaktor für alle Beteiligten, wenn das Opfer das Bier wieder hergibt, die Geschwindigkeit mit der die Flüssigkeit unten aus dem Schlauch sprudelt und die Unmöglichkeit, das Experiment nach der halben Menge abzubrechen, ohne das Ganze in eine Bierdusche zu verwandeln. Das alles hängt mit der kinetischen Energie zusammen, die der Biermassenstrom mit sich trägt, wenn er die Systemgrenze „Hals" überquert. Der Vollständigkeit halber wird bei Massenströmen auch noch die potentielle

Energie am Eintritts bzw. Austritt mitgezählt, denn wenn unser Student den Massenstrom ordnungsgemäß wieder hergibt (also auf der Toilette im Sitzen) dann sind Eintritt und Austritt normalerweise auf unterschiedlichen Höhenlagen. Der Unterschied der potentiellen Energien ist aber fast immer vernachlässigbar........ außer bei in Richtung der Schwerkraft sehr langen Systemen?!

Das waren bislang alles alte Bekannte. Jetzt kommt aber noch etwas Neues dazu, denn es gibt noch eine weitere Energieform, die sich mit dem Bier über die Systemgrenze schmuggelt. Jeder, der schon mal versucht hat, einen Liter in 30 Sekunden zu trinken, weiß, was gemeint ist. Dieselbe Menge in einer halben Stunde ist meistens kein Problem, innerhalb von 30 Sekunden regt sich aber größerer innerer Widerstand. Die Arbeit, die zum Überwinden dieses Widerstandes gebraucht wird, trägt den Namen „Einschiebearbeit".

In der Thermodynamik ist nicht ein Völlegefühl Auslöser für die aufzubringende Arbeit, sondern der im Systeminneren vorhandene Druck, gegen den die eintretende Materie anarbeiten muss. Eine Anleihe bei den Kollegen aus der Mechanik liefert uns, dass die Größe dieses Arbeitsaufwandes vom Gegendruck p und vom eingeschobenen Volumen V abhängt. Für das Volumen gilt $V = v \cdot m$, und man erhält für die mit der Masse kommende Energie den Ausdruck

$$E = m \cdot \left(u + pv + \frac{c^2}{2} + gz \right).$$

Interessiert einen jetzt nicht die Energie, sondern der Energiestrom, dann kommt die Frage ins Spiel, welches Volumen pro Sekunde[77] in den oder aus dem Bilanzraum geschoben wird. Das ergibt

$$\dot{E} = \dot{m} \cdot \left(u + pv + \frac{c^2}{2} + gz \right)$$

für den Energie*strom*. In den Gleichungen stehen mit der inneren Energie, der Einschubarbeit, der kinetischen und der potentiellen Energie nur alte Bekannte.

---

[77] Das Volumen ist V, gemessen in Kubikmeter, klar. Dann ist das Volumen pro Sekunde ein Volumenstrom in der Einheit Kubikmeter pro Sekunde und bekommt einen Punkt über dem V.

Damit es nicht zu langweilig wird, wird an dieser Stelle mit der **Enthalpie** h eine neue Größe mit einem neuen Namen eingeführt, die uns unser ganzes Thermodynamiker-Leben hindurch begleiten und verfolgen wird. Die Enthalpie

$$h = u + pv$$

fasst zwei in der Gleichung oben stehende Größen zusammen. Sie spart also erstens Schreibarbeit und erleichtert uns, bei offenen Systemen, das Rechnen mit den Energien der Massenströme. Zugegeben, die Enthalpie trägt anfänglich eher zur Verwirrung bei anstatt einem Arbeit abzunehmen. Das ändert sich aber schnell.

Wenn die Enthalpie jetzt sehr stört, dann lasst euch trösten. Auch wenn man sich zwangsweise einmal für ein Jahr mit Thermodynamik befasst hat, muss man nicht unbedingt für den Rest des Lebens damit weiter machen. Statt mit Begriffen wie Enthalpie oder Entropie zu hantieren, haben beruflich *so richtig* erfolgreiche Ingenieure dann halt Sorgen mit dem Marketing und dem Management.

MANAGEMENT INFO-SYSTEM

In der Thermodynamik werden die kinetischen und die potentiellen Energien sehr gerne vernachlässigt. Beiden hängt erstens zu sehr der Stallgeruch der Mechanik an und zweitens sind sie im Vergleich zu anderen Energien in vielen (nicht in allen!) Fällen tatsächlich ziemlich klein. Wenn man die kinetische und die potentielle Energie also weg lässt, dann sieht der Ausdruck für die Energie eines Massenstromes

$$\dot{E} = \dot{m}h$$

auf einmal wieder recht harmlos aus.[78] Letztlich wird der 1. Hauptsatz für einen solchen Prozess, wenn man eine Momentanbetrachtung durchführt, damit zu

$$\frac{dE_{Sys}}{d\tau} = \dot{Q} + P + \sum(\dot{m}h)$$

oder, als vorher-nachher Kiste über einen längeren Zeitraum betrachtet, zu

$$E_{Sys,2} - E_{Sys,1} = Q_{12} + W_{12} + \sum(mh) \ .$$

Da hier Masse (mit Enthalpie im Gepäck) über die Systemgrenze *fließt*, wird diese Art von Prozess **Fließprozess** genannt.

Ein Fließprozess, vor allem wenn er instationär ist, stellt den allgemeinsten (und gemeinsten) Fall für den ersten Hauptsatz dar. Sonderfälle von Fließprozessen sind die **Strömungsprozesse**, die mit der Umgebung keine Arbeit austauschen und, war eigentlich klar, die **Arbeitsprozesse**, die genau das tun. Zu den Arbeitsprozessen zählen zum Beispiel die Fließprozesse, die in Turbinen, Pumpen, Kompressoren und Verdichtern ablaufen. Bei diesen Prozessen gibt entweder das Fluid Arbeit an das Gerät ab (Turbine) oder nimmt umgekehrt Arbeit vom Gerät auf (Pumpe, Kompressor und Verdichter).

---

[78] Hier wurde ein wissenschaftliches Grundprinzip angewendet: Erst eine Riesengleichung aufstellen, die möglichst allgemein ist, glauben damit ordentlich Eindruck zu schinden, und dann nach und nach wieder alles nicht ganz so wichtige rauswerfen und vereinfachen. Also nie erschrecken lassen!

4.6 Beispiele für Energiebilanzen

In den folgenden Abschnitten wird der erste Hauptsatz für verschiedene Anwendungsfälle aufgestellt und ein bisschen damit rumexperimentiert, damit man mal ein Gefühl für die ganze Materie bekommt.

4.6.1 Ein quasi-stationärer Fließprozess

Jeder kennt den Spruch, dass man für jedes halbe Bier, das man getrunken hat, einmal laufen muss. Warum ist das so? Betrachten wir unseren Körper einmal als thermodynamisches System mit einer gewissen Menge Bier im Bauch. In den nächsten 20 min wird dem System „Bauch" dann eine weitere Menge $m = 1$ kg (≈ 1 *l*)[79] von dem kühlen Nass zugeführt. Schon steigt der Druck und man muss rennen. Wir haben dann *im Mittel* in der Zeit einen Durchsatz von 1 kg pro 20 min oder

$$\dot{m} = \frac{1\,\text{kg}}{20\,\text{min}} = \frac{1\,\text{kg}}{1200\,\text{s}} = 0,0008333\,\text{kg/s}\,,$$

wenn man das als Gleichung schreibt. Es gibt natürlich verschiedene Wege, das Bier los zu werden, zum Beispiel durch Schwitzen beim wilden Abzappeln auf der Tanzfläche, und es ist sehr wahrscheinlich, dass der Durchsatz dann weiter steigt (proportional zur Begeisterung des Lokalbesitzers).

Aber auch dann gilt, dass *im zeitlichen Mittel* die Flüssigkeitsmenge der getrunkenen Biere gleich der Menge der an die Umgebung zurückgegebenen Flüssigkeit ist. Genau das nennt man einen stationären Fließprozess, denn die Menge des aufgenommenen Bieres ist *im Mittel* gleich der Menge der abgegebenen Flüssigkeit. Entscheidend ist hier der Ausdruck „*im Mittel*". Denn, wenn man nur kurz hinsieht, dann wird gerade entweder Masse zugeführt oder abgegeben oder es passiert im Bezug auf Massenströme vielleicht gerade gar nichts. Nur wenn man aber über einen längeren Zeitraum (im Beispiel waren das 20 Minuten) hinsieht, dann sieht man einen konstanten Durchsatz.

Damit ist klar: Bei einem stationären Fließprozess ändert sich die Masse mit der Zeit nicht und bei einem quasistationären Fließprozess auch nicht,

---

[79] Anmerkung von Herrn Dr. Romberg: <u>Ein</u> Liter Bier ist doch keine „Menge" !!!

wenn man nur lange genug zuschaut! Mathematisch ausgedrückt bedeutet das für die Masse im System

$$\frac{dm_{Sys}}{d\tau} = 0 \ .$$

Schreibt man jetzt also die Massenbilanz für unseren stationären Astralkörper auf, dann ergibt das:

$$\dot{m}_{Bier,rein} = \dot{m}_{Flüssigkeit,raus} \ .$$

Wenn man jetzt auf den Gedanken kommt, anstatt des Bieres zwischendurch mal einen heißen Kaffee zu trinken[80], dann geht das Prinzip des stationären Fließprozesses allerdings den Bach runter, denn damit wirklich alles stationär ist, darf sich weder der Massenstrom der Flüssigkeit ändern, noch deren Art oder die Temperatur, denn damit würde sich die Systemenergie ändern und auch für diese muss im stationären Fall gelten:

$$\frac{dE_{Sys}}{d\tau} = 0 \ .$$

4.6.2 Ein klassischer stationärer Fließprozess

Ein nahezu klassischer Anwendungsfall für einen Fließprozess ist die stationäre und adiabate Strömung eines Fluids mit dem Massenstrom $\dot{m}$ in einem Rohr. Aus dem Alltag kennt man dieses System zwar unter dem Namen *Wasser*rohr, hier ist aber von einem Fluid im Rohr die Rede. Das strömende Fluid fließt einfach nur vor sich hin und verrichtet keine Arbeit an seiner Umgebung, laut Definition haben wir hier also einen Strömungsprozess. Entlang des Strömungsweges fällt der Druck ab, entweder weil eine Drossel eingebaut ist (siehe Bild) oder durch den ganz normalen Druckverlust der Strömung durch Reibung. Der Fall kommt in nahezu jedem Vorlesungsskript vor und darf deswegen auch hier nicht fehlen.

---

[80] Anmerkung von Dr. Romberg: „Das ist ja völlig absurd."

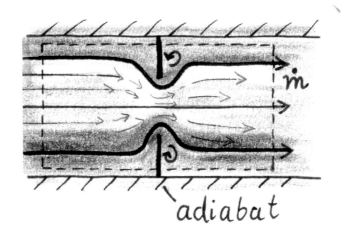

adiabat

Wir haben ein adiabates System, es sind also keine Wärmeströme zu beachten. Genauso wenig wird Leistung mit der Umgebung ausgetauscht. Aufgrund der Massenbilanz ist der Massenstrom am Eintritt in den Bilanzraum genauso groß wie der austretende Massenstrom. Wegen des Druckabfalls an der Blende wird sich auch der Volumenstrom $\dot{V}$ nach der Blende erhöhen. Da der Rohrquerschnitt aber gleich bleibt, muss sich die Strömungsgeschwindigkeit c erhöhen. Damit können wir bilanzieren:

$$0 = \dot{m}\left(h_{\text{ein}} + \frac{c_{\text{ein}}^2}{2} - h_{\text{aus}} - \frac{c_{\text{aus}}^2}{2}\right).$$

Teilen durch den Massenstrom und Umstellen ergibt:

$$h_{\text{ein}} + \frac{c_{\text{ein}}^2}{2} = h_{\text{aus}} + \frac{c_{\text{aus}}^2}{2}.$$

In Worten: Die Summe aus der Enthalpie und der kinetischen Energie bleibt bei der adiabaten Rohrströmung konstant. Dieser Summe wird dann der elegante Name **Totalenthalpie** und die neue Bezeichnung h^+ verpasst. Wir können fortan ebenso knapp wie präzise

$$h_{\text{ein}}^+ = h_{\text{aus}}^+$$

schreiben und uns merken, dass eine Vergrößerung des Volumenstroms durch eine Drosselung eine (theoretische) Möglichkeit bietet, einen Massenstrom zu beschleunigen.

Eine weitere, in der Praxis elegantere Möglichkeit ist die Änderung des Strömungsquerschnittes A entlang des Strömungsweges. Nach diesem Prinzip funktioniert jede Düse, denn die in der Massenbilanz

$$\dot{m}_{ein} = \dot{m}_{aus}$$

stehenden Massenströme können mit Hilfe der Dichte umgeschrieben werden zu

$$\dot{m} = \rho A c \ .$$

Die Fläche A mal der Geschwindigkeit c hat die Einheit eines Volumenstroms (Kubikmeter pro Sekunde), und wenn man diesen Volumenstrom mit der Dichte der Materie in dem Volumen mal nimmt, bekommt man wieder einen Massenstrom. Das Ganze eingesetzt in die Massenbilanz ergibt dann mit

$$\rho_{ein} A_{ein} c_{ein} = \rho_{aus} A_{aus} c_{aus}$$

die bekannte Kontinuitäts-Gleichung (unter Freunden: „Konti-Gleichung"). Mit dieser Leihgabe der Strömungsmechanik kann man eine der Größen berechnen, vorausgesetzt man hat alle anderen schon. Bei gegebenen Strömungsquerschnitten, Flächen und Dichten kann zum Beispiel die Geschwindigkeit des Fluids im Eintritt (oder im Austritt) bestimmt werden, wenn die jeweils andere Geschwindigkeit auch gegeben ist.

4.6.3 Ein instationärer Fließprozess

Jetzt kommt zur Abwechslung ein Prozess dran, der nicht stationär ist. Betrachtet wird nun das im nächsten Bild dargestellte, massedicht gummi-ummantelte Volumen V_1, welches sich im Zustand 1 im thermischen Gleichgewicht mit seiner Umgebung befindet.

Ein durch plötzliches Einwirken von außen entstehendes Leck lässt die enthaltene Luft langsam ausströmen, bis der Druck im System gleich dem Umgebungsdruck p_U ist (Zustand 2). Die gesuchte Energiebilanz für diesen Vorgang lautet allgemein:

$$\frac{dE_{Sys}}{d\tau} = \dot{Q} + P + \sum(\dot{m}h) \ .$$

Aufgrund der aufgelegten Decke (Isolationswirkung!) kann das System in erster Näherung als adiabat betrachtet werden und der Wärmestrom verschwindet somit. An dem System wird *momentan* auch keine Arbeit verrichtet und es sind zwei Luft-Massenströme vorhanden. Daher wird der erste Hauptsatz zu

$$\frac{dE_{Sys}}{d\tau} = \left(\dot{m}_{\text{linker Eckzahn}} + \dot{m}_{\text{rechter Eckzahn}}\right) \cdot h(T, p) \ .$$

Die beiden in der Klammer stehenden Größen T und p in dem Ausdruck $h(T,p)$ sollen übrigens darauf hinweisen, dass die Enthalpie h von der Temperatur T und vom Druck p abhängt. Da das System ruht und Höhenunterschiede keine

Rolle spielen, besteht dessen Energie nur aus der inneren Energie U und wir schreiben die instationäre Energiebilanz jetzt in der Form

$$\frac{dU}{d\tau} = \left(\dot{m}_{\text{linker Eckzahn}} + \dot{m}_{\text{rechter Eckzahn}}\right) \cdot h(T,p) \quad .$$

Bis jetzt wurde die aber Energiebilanz lediglich aufgestellt, bzw. umgebaut und vereinfacht. Damit gerechnet, also zum Beispiel durch Integrieren vom Zustand 1 zum Zustand 2 ein Ergebnis produziert, wurde aber noch nicht. Dazu fehlen uns hier noch eine ganze Reihe von Angaben, zum Beispiel zur Größe der beiden Massenströme als Funktion des Innendrucks. Um diese zu ermitteln, müsste man ganz ingenieurmäßig erst mal einen Gebissabdruck des Vampirs machen, um damit die Größe der durch die beiden Eckzähne verursachten Austrittsöffnungen abzuschätzen. Aber das würde hier dann doch zu weit führen...

4.6.4 Noch ein stationärer Prozess

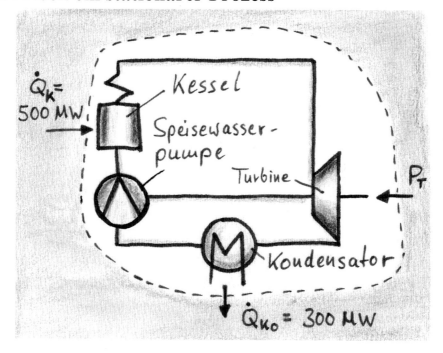

Das hier ist der Klassiker der Thermodynamik! Keine Thermo-Vorlesung kommt ohne mindestens ein Kraftwerkbeispiel aus und da wollen wir nicht nachstehen.

Wenn man die Energiebilanz für ein Kraftwerk aufstellen möchte, dann kommen dabei meistens Prinzip-Diagramme (siehe Bild) zum Einsatz, mit deren Hilfe das in der Realität mehrere Hektar große Areal eines Kraftwerksblocks auf das für uns Wesentliche reduziert wird. Die Innereien des Kraftwerks (Kessel, Turbine, Speisewasserpumpe, Kondensator) sind hier bloß zur Info mit gezeichnet worden, erforderlich zum Aufstellen der Energiebilanz sind aber nur sämtliche Energie- und, sofern vorhanden, auch Massenströme, die über die gestrichelte Systemgrenze wandern.

Da in der Skizze nicht dargestellt ist, dass sich auch nur ein Energiestrom mit der Zeit ändert, dürfen wir davon ausgehen, dass alle Energieströme konstant sind. Das bedeutet, dass das Kraftwerk stationär arbeitet und wir können jetzt die Energiebilanz für ein geschlossenes, stationäres System (unter strikter Beachtung unserer Vorzeichenregelung) aufschreiben:

$$\frac{dE_{Sys}}{d\tau} = 0 = \dot{Q}_K - \dot{Q}_{Ko} + P_T \; .$$

Einsetzen der in der Skizze gegebenen Werte in die nach P_T umgestellte Gleichung

$$P_T = \dot{Q}_{Ko} - \dot{Q}_K$$

führt zu

$$P_T = -200 \, MW \quad .$$

Aufgrund unserer Vorzeichenregelung ist klar: Die Turbine gibt also eine Leistung von 200 MW ab. Das heißt, der Pfeil an der Turbine war im Bild falsch rum eingezeichnet, und damit sind wir jetzt *eigentlich* schon fertig.

Wer schon mal ein Kraftwerk aus der Nähe gesehen hat, weiß, dass dort große Stoffströme vorkommen (Kühlwasser, Dampf in den Turbinen, Kohle geht in die Kessel hinein[81], Abgase gehen hinaus, etc.). In unserer Energiebilanz taucht aber kein einziger Stoffstrom auf. Woran liegt das? Ganz einfach: An der Lage der Bilanzraumgrenze, die um das Kraftwerk rum geht. Auch der

---

[81] Und in die Taschen der Vorstandmitglieder.

Kessel wird durch die Bilanzraumgrenze so geteilt, dass nur die bei der Verbrennung entstehende Wärme als in den Bilanzraum hinein gehend gesehen wird, nicht aber die Massenströme an Kohle und Luft, die tatsächlich in den Brennraum hinein gehen. Das ist legal und effektiv, um eine Energiebilanz einfach zu halten, denn die Energie, die in den Kohlen steckt, wird durch den Wärmestrom $\dot{Q}_K$ berücksichtigt.

Würde man die Bilanzraumgrenze so legen, dass zum Beispiel nur die Turbine bilanziert würde (gestrichelter Kringel im Bild oben nur um die Turbine), dann müssten neben der abgegebenen Leitung P_T auch der Dampfmassenstrom und dessen Enthalpien im Eintritt und Austritt in der Energiebilanz mit beachtet werden.

4.7 Energie wirkt immer!

Wo wir gerade beim Thema Kraftwerk sind: Jedes Kraftwerk und jeder andere energiewandelnde Prozess genauso, muss sich im Laufe der Planung und während der Betriebszeit einer Reihe von Untersuchungen stellen. Hier ist nicht etwa eine Sicherheitsanalyse für ein Kernkraftwerk gemeint, sondern eine thermodynamische Bewertung unter einem rein energetischen Aspekt.

Letztlich steht aus der Sicht der Thermodynamik hinter jedem Energiewandlungsprozess die Frage, was man eigentlich zurück bekommt für den Aufwand an Energie, den man da betreibt. Es ist ein Grundprinzip, das Verhältnis von gewünschtem Ergebnis zu getriebenem Aufwand zu berechnen. Da Energie nicht aus dem Nichts entstehen kann, *muss* das Ergebnis irgendwo zwischen Null und Eins liegen[82].

Das ganze Konstrukt heißt Wirkungsgrad und da wir hier im Rahmen des ersten Hauptsatzes die Energie bilanzieren, können wir damit für einen Prozess den **energetischen Wirkungsgrad** berechnen. Dazu muss es uns als Erstes gelingen, alle Energieströme in der Energiebilanz in die drei Gruppen *„Aufwand"*, *„Ergebnis"* und *„alles andere"* zu sortieren, wobei aber nur die ersten beiden Gruppen für die Berechnung des energetischen Wirkungsgrads von Interesse sind.

---

[82] Wenn das nicht so ist: Unbedingt von vorne rechnen!

Ein Sonderfall des energetischen Wirkungsgrades liegt vor, wenn die in den Prozess rein gesteckte Energie nur in Form von Wärme oder eines Wärmestroms vorliegt, dann spricht man vom **thermischen Wirkungsgrad** η_{th}. Für unser Kraftwerkbeispiel ist der Aufwand gleich mit dem Wärmestrom $\dot{Q}_K$, der im Feuerungskessel in den Kreislauf hinein geht. Das gewünschte Ergebnis ist der Betrag[83] der abgegebenen Turbinenleistung P_T und somit ist

$$\eta_{th} = \frac{|Ergebnis|}{Aufwand} = \frac{|P_T|}{\dot{Q}_K} = \frac{200\,MW}{500\,MW} = 0,4$$

der energetische Wirkungsgrad des Kraftwerksprozesses. Es kommen nur 40% als Ergebnis aus der Turbine heraus, der Rest geht mit der Abwärme verloren.

Warum das so sein muss, ist zunächst nicht leicht einzusehen. Man stellt sich ja nicht einen millionenteuren Kraftwerksblock in die Landschaft, um dann freiwillig knapp Zweidrittel der eingesetzten Energie nicht als Strom verkaufen zu können und sie stattdessen durch den Kühlturm raus zu blasen. Weitere Antworten liefert die in der Thermodynamik äußerst beliebte Entropie-Bilanz[84].

---

[83] Das Wörtchen *Betrag* hier ist wichtig, denn sonst könnte der Wirkungsgrad auch kleiner als Null werden, wenn eine abgegebene Leistung mit negativem Vorzeichen eingesetzt wird.

[84] Gaaaaaanz ruhig bleiben, die kommt später noch!

5 Wenn das Nudelwasser überkocht und ähnliche Dramen

Schuld daran, wenn das kochende Nudelwasser munter aus dem Topf schwappt, ist natürlich die Thermodynamik. Erst dehnt das Wasser sich beim warm werden aus und dann kocht es auch noch! Um sich gegen solche unliebsamen Überraschungen im Alltag und auch in der Thermo-Prüfung zu wappnen, hat die Fachwelt Zustandsgleichungen eingeführt und zwar nicht nur für die Modelle des idealen Gases und des inkompressiblen Fluids, sondern auch für reale Fluide.

Wenn man das Prinzip der Zustandsgleichung kapiert hat, wenn man weiß, wodurch sich thermische und kalorische Zustandsgleichungen unterscheiden und man die Gültigkeitsgrenzen der Modelle kennt, also wann welche Gleichung zu verwenden ist und wann besser nicht, dann bestehen die folgenden Abschnitte nur noch aus etwas Mathematik, die man gegebenenfalls einfach anwenden muss. Wenn man das alles nicht weiß, sollte man also unbedingt weiter lesen!

5.1 Im Namen des Stoffgesetzes - Kalorische Zustandsgleichungen

Der Name dieses Kapitels verspricht zwar Gleichungen, aber so *richtige* Gleichungen, solche wie die thermischen Zustandsgleichungen, kriegen wir hier noch nicht[85]. Wer auf Differentiale, Integrale auf und die Bestimmung von Integrationskonstanten steht, der kann sich gerne die anderen Thermo-Fachbücher zur Brust nehmen. Wir beschränken uns hier auf das, was zum Bestehen der Thermo-Grundlagen-Prüfung *wirklich* relevant ist.

Bislang sind zwei Größen vorgestellt worden, welche die Energie von Materie angeben: Die innere Energie U (oder als spezifische Größe u) und die Enthalpie H (oder als spezifische Größe h). Die spezifische innere Energie u wird üblicherweise als Funktion des spezifischen Volumens und der Temperatur angegeben $u(v, T)$ und die spezifische Enthalpie h als Funktion des Druckes

---

[85] Hoffentlich ist jetzt niemand enttäuscht!

und der Temperatur $h(p,T)$. Das muss man nicht so machen, die Größen u und h sind dann aber gut zu handhaben.

In thermodynamischen Rechnungen interessieren selten die absoluten Größen der Energien und Enthalpien, sondern nur deren Änderungen während eines Prozesses. Wenn man sich *darauf* beschränkt, dann reicht es vollkommen aus, sich in diesem Kapitel mit dem Begriff der **Wärmekapazität** zu beschäftigen.

Zwei unterschiedliche (Wärme-)Kapazitäten

Im Bild oben sind zwei unterschiedliche Körper dargestellt. Sie unterscheiden sich durch ihr Volumen (näherungsweise proportional zur Körpergröße mal Konfektionsgröße), ihre Dichte (Muckibudenbubi, Dichte $\rho \to 0$ durch jahrelanges Aufpumpen) und durch ihre chemische Zusammensetzung (die anteiligen Muskel-, Hirn- und Fettmassen sind verschieden). Will man diese beiden unterschiedlichen Körper „heiß" machen, so sind logischerweise unterschiedliche Maßnahmen zu treffen, um zum gewünschten Erfolg zu kommen. Im Fall der Frau[86] sind Blumen vermutlich besser geeignet als die neue Hantel für den Herrn. Allerdings dürften, unabhängig von der Verschiedenartigkeit der beiden Objekte, Komplimente in beiden Fällen erfolgreich sein.

Die Wärmekapazität jedenfalls sagt uns, welchen Aufwand (an Energie) man bei einem Körper treiben muss, um diesen zu erwärmen oder, allgemeiner gesprochen, um dessen Temperatur zu ändern. Folgende Punkte sind aus Sicht der Thermodynamik für die Wärmekapazität eines Körpers wichtig:

Das Material

Das Material bestimmt den atomaren Aufbau des betrachteten Körpers. Manche Atome und Moleküle können viel Energie speichern (→hohe spezifische Wärmekapazität), andere weniger. Was man letztlich braucht, sind Zahlenwerte für die spezifische Wärmekapazität. Man findet diese entweder in Form von Gleichungen oder in Tabellen.

Die Masse

Das ist das alte Spiel mit den extensiven und den intensiven Zustandsgrößen. Erst wenn man die *spezifische* Wärmekapazität eines Körpers mit der Einheit [J/(kg K)] mit dessen Masse multipliziert, dann erhält man die Wärmekapazität des Körpers mit der Einheit [J/K].

Die Randbedingung

Jetzt kommt der Clou des Ganzen. Es ist nämlich ein Unterschied, ob der Körper frei im Raum steht, er sich bei einer Erwärmung also ausdehnen kann, oder ob er fest eingespannt ist und sein Volumen daher konstant bleiben muss.

Wenn man sich vorstellt, dass unser Bodybuilder bei der Frau Erfolg hatte[87] und dass ein sich anschließendes Schäferstündchen durch die unerwartete Heimkehr des Ehemannes unterbrochen wird, dann gibt es unter anderem die zwei folgenden Möglichkeiten, wie der Ehemann (ein Thermodynamiker?) spontan Dampf ablassen kann.

---

[86] Hinweis für Mathematiker und E-Techniker: Dabei handelt es sich um das rechte der beiden abgebildeten thermodynamischen Systeme, das mit den langen Haaren.

[87] ...zum Beispiel mit Hilfe von Blumen *und* Komplimenten

Der Unterschied zwischen isochorer und isobarer Erwärmung

Wenn ein Körper beim Erwärmen mechanisch in Ruhe gelassen wird, dann ändert sich dessen Volumen durch die thermische Ausdehnung, aber nicht der Druck. Passiert die Rache des Ehemannes frei schwebend, so handelt es sich um eine *isobare* Erwärmung. Das Verhalten des Körpers wird in diesem Fall durch die spezifische *isobare* Wärmekapazität c_P beschrieben, welche die Änderung der Enthalpie mit der Temperatur bei konstantem Druck angibt:

$$c_P(p,T) = \left(\frac{\partial h}{\partial T}\right)_P .$$

Das tief gestellte „P" auf beiden Seiten der Gleichung soll andeuten, dass der Druck konstant bleibt.

Wird der Konkurrent stattdessen in einen engen Kleiderschrank gesteckt, unter dem ein Feuer entfacht wird, dann liegt eine isochore Erwärmung vor. Wenn der Körper beim Erwärmen eingezwängt wird, dann beschreibt die spezifische *isochore* Wärmekapazität c_V den Vorgang. Die isochore Wärmekapazität beschreibt die Änderung der inneren Energie mit der Temperatur bei konstantem Volumen:

$$c_V(v,T) = \left(\frac{\partial u}{\partial T}\right)_V .$$

Es gibt also zwei verschiedene Arten von Wärmekapazitäten: Eine, welche die Änderung der inneren Energie u und eine, welche die Änderung der Enthalpie h bei einer Änderung der Temperatur T des Körpers angibt.

Es ist natürlich doof, dass man jetzt zwei verschiedene Wärmekapazitäten hat, mit denen man nur jeweils eine Energieform (entweder die innere Energie oder die Enthalpie) berechnen kann. Zu allem Überfluss stehen in beiden Gleichungen auch noch Differentialzeichen ∂, von denen man sich aber nicht abschrecken lassen darf. Die Differentiale sind nichts wirklich Schlimmes: Wenn irgendwo in einer Gleichung ein Δ steht, dann ist eine mess- oder zählbare Differenz gemeint. Steht dort ein d, dann geht diese Differenz gegen Null und das Gleiche gilt, wenn ein ∂ verwendet wird, nur dass dann mehr als eine Größe im Spiel ist, nach der abgeleitet werden kann[88].

Also: Don't panic! Wenn man jetzt noch eine thermische Zustandsgleichung ins Spiel bringt, und genau das kommt in den nächsten beiden Abschnitten, dann erhält man mit den kalorischen Zustandsgleichungen viel besser handhabbare Ausdrücke.

5.1.1 Kalorische Zustandsgleichung idealer Gase

Zuerst noch mal bitte auf die Definition der spezifischen Enthalpie sehen:

$$h = u + pv .$$

---

[88] Die Fachwelt spricht hier auch von partiellen Ableitungen, schon mal gehört?

Da es diesen Zusammenhang zwischen innerer Energie u und Enthalpie h gibt, darf man zu Recht vermuten, dass es auch einen zwischen isobarer und isochorer spezifischer Wärmekapazität gibt.

Ganz rechts in der Gleichung kommt durch den Ausdruck pv eine thermische Zustandsgleichung ins Spiel. Wenn das ideale Gasgesetz gilt, dann *und nur dann* darf pv durch RT ersetzt werden und man erhält:

$$h = u + RT \ .$$

Um der Mathematik das Ruder ab jetzt nicht alleine zu überlassen, ist es empfehlenswert, eine kurze Pause zu machen und ein paar Überlegungen anzustellen. Das Modell des idealen Gases beruht auf der Vorstellung, dass dessen Teilchen einander nur dann bemerken, wenn sie zufällig zusammen prallen. Es gibt im idealen Gas keine Energie, die irgendwie zwischen den Teilchen gespeichert ist. Alle Energie des idealen Gases steckt in den Teilchen selber in Form von deren kinetischer Energie. Diese Energie hängt *nur* von der Temperatur ab, denn mit steigender Temperatur nimmt die Geschwindigkeit der Teilchen zu.[89] Wenn es jetzt nur noch die eine Größe T gibt, von der die innere Energie u abhängt, dann sollte man als Erstes die Differentialzeichen in der Definition der beiden Wärmekapazitäten ersetzen. Es liegt keine partiale Ableitung mehr vor, ∂ wird zu d und damit haben wir

$$c_\mathrm{p}(T) = \frac{dh}{dT} \quad \text{und} \quad c_\mathrm{V}(T) = \frac{du}{dT} \ .$$

Wenn man das jetzt alles zusammenbaut, dann gibt das:

$$c_\mathrm{p}(T) = \frac{dh}{dT} = \frac{d(u + RT)}{dT} \ .$$

---

[89] Wenn man so argumentiert, dann sollte man sich vorsorglich sehr, sehr warm anziehen. Die Erwähnung von Teilchengeschwindigkeiten ruft nämlich garantiert irgendeinen zufällig in der Nähe ~~herumlungernden~~ stehenden Physiker auf den Plan, der einem dann einen längeren und langweiligen Vortrag über die kinetische Gastheorie hält, insbesondere, wenn man diese Theorie doch nur zum schnellen Erklären des idealen Gases missbrauchen wollte.

Jetzt noch den Bruchstrich aufteilen und man erhält:

$$c_{\mathrm{P}}(T) = \frac{du}{dT} + \frac{d(RT)}{dT} \quad .$$

Achtung, R ist die individuelle Gas*konstante* für den Stoff. Beim Ableiten kann die Konstante R daher vor den Bruch gezogen werden. Der Bruch enthält dann nur noch dT/dT und das kann man rauskürzen:

$$c_{\mathrm{P}}(T) = \frac{du}{dT} + R \quad .$$

Endlich am Ziel sehen wir, höchst beglückt:

$$c_{\mathrm{P}}(T) = c_{\mathrm{V}}(T) + R \quad .$$

Der Unterschied zwischen isobarer und isochorer Wärmekapazität liegt beim idealen Gas nur in der individuellen Gaskonstante. Will man jetzt die Enthalpie-*Änderung* eines idealen Gases berechnen, dann muss der Ausdruck

$$c_{\mathrm{P}}(T) = \frac{dh}{dT}$$

wohl oder übel integriert werden, da die Wärmekapazität meistens von der Temperatur abhängt (ganz analog läuft das natürlich auch für die innere Energie u). In den Urzeiten des Mathematikunterrichtes ist beim Thema Integral hoffentlich der Begriff der Integrationskonstanten dran gewesen. Die brauchen wir jetzt nämlich, denn beim Integrieren taucht diese Konstante auf einmal auf. Für die Enthalpie bedeutet das:

$$h(T) = \int_{T_0}^{T} c_{\mathrm{P}}(T)\, dT + h_0 \quad .$$

Das ist aber für die praktische Anwendung kein Problem, denn die Integrationskonstante, genannt Nullpunkt-Enthalpie h_0, verschwindet bei einer Differenzbildung, wenn die Temperatur des T_0 in den Integralen für beide Enthalpien gleich gewählt worden ist. Für Zustandsänderungen werden Differenzen von Enthalpien und inneren Energien im schlimmsten Fall durch Integrale der Form

$$h_2 - h_1 = \int_{T_1}^{T_2} c_P(T)\, dT \qquad \text{oder} \qquad u_2 - u_1 = \int_{T_1}^{T_2} c_V(T)\, dT$$

berechnet. Besser geht es aber mit Hilfe von *mittleren* Wärmekapazitäten, genannt $\tilde{c}_P$ oder $\tilde{c}_V$. Dann sehen die Gleichungen so aus:

$$h_2 - h_1 = \tilde{c}_P(T_2 - T_1) = \tilde{c}_P(t_2 - t_1) \quad \text{oder} \quad u_2 - u_1 = \tilde{c}_V(T_2 - T_1) = \tilde{c}_V(t_2 - t_1) \ .$$

Die mittleren Wärmekapazitäten werden durch eine Tilde ($\sim$) auf dem Dach gekennzeichnet und stehen im Idealfall schon anwendungsfertig im Aufgabentext. Wenn das nicht der Fall ist, dann müssen die Werte eventuell in einer Tabelle zusammengesucht werden (das ist schon ein bisschen aufwendiger, geht aber noch) oder schlimmstenfalls müssen sie durch Mittelwertbildung von Hand (denn das ist leider ein Integral) berechnet werden. Der Mittelwert muss im Temperaturbereich von T_1 bis T_2 berechnet werden:

$$\tilde{c}_P\big|_{T_1}^{T_2} = \frac{1}{T_2 - T_1} \int_{T_1}^{T_2} c_P\, dT \ .$$

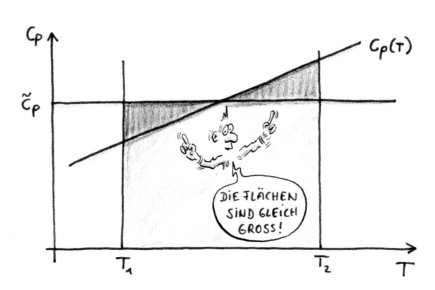

In dem Bild ist die Mittelwertbildung grafisch dargestellt. Es ist zu erkennen, dass die Fläche unter dem Integral genauso groß ist, wie die unter dem Mittelwert. Der senkrechte Strich rechts vom Mittelwert gibt, zusammen mit den beiden Temperaturen übrigens das Intervall an, in dem der Mittelwert berechnet wird.

Falls man die Werte aus Tabellen zusammensuchen muss, dann ist zu beachten, dass diese dort (aus rein praktischen Gründen) normalerweise schon als Mittelwerte stehen und zwar gemittelt im Intervall $t_1 = 0\ °C$ und t_2.

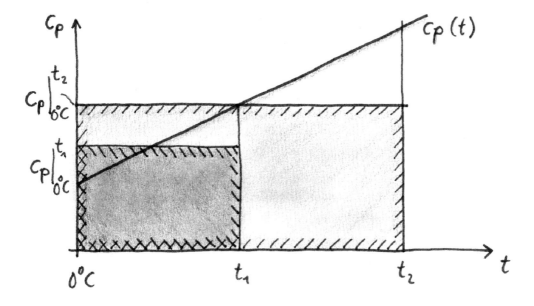

Will man die Tabellenwerte jetzt auf das Temperatur-Intervall[90] des eigenen Problemfalls von t_1 bis t_2 umrechnen, dann geht das so:

$$\widetilde{c}_P\Big|_{t_1}^{t_2} = \frac{\widetilde{c}_P\Big|_{0°C}^{t_2} \cdot t_2 - \widetilde{c}_P\Big|_{0°C}^{t_1} \cdot t_1}{t_2 - t_1}\ .$$

Interessant ist, was im *Zähler* des Bruches passiert. Beide Ausdrücke dort sind als Flächen im Bild oben eingezeichnet. Wenn man jetzt die beiden Flächen voneinander abzieht und durch $(t_2 - t_1)$ teilt, dann bleibt genau das übrig, was man braucht: die mittlere Wärmekapazität im gesuchten Temperaturintervall.

---

[90] Jetzt werden Celsius-Temperaturen verwendet, damit die schöne Null zu erkennen ist.

Ziemlich einfach wird das Ganze zum Glück, wenn die Wärmekapazitäten nicht von der Temperatur abhängen. Man nennt das ideale Gas dann ein **perfektes Gas**.[91]

5.1.2 Zustandsänderungen beim idealen Gas

Wenn man jetzt mit einem idealen Gas eine bestimmte Zustandsänderung durchführen möchte, dann kann man das bewerkstelligen, indem man dem Gas Wärme zu- oder abführt oder indem man Arbeit am oder vom Gas verrichten lässt. Eine ganze Reihe von möglichen Zustandsänderungen wird in den folgenden Abschnitten dargestellt. Bei der Herleitung der Gleichungen muss dabei zwischen geschlossenen und offenen Systemen unterschieden werden. Bei den spezifischen Wärmen spielt das keine Rolle (sind gleich), denn Unterschiede existieren *nur* in der Berechnung der jeweiligen Arbeit. An oder von einem *geschlossenen* System kann nur *Volumenänderungsarbeit* verrichtet werden. Bei einem *offenen* System ist *technische Arbeit* erforderlich, um das Fluid gegen einen Druckunterschied zu transportieren. Dazu wird noch mal ein Blick auf die Herleitung der beiden Arbeiten

$$ w_{V,12} = - \int_1^2 p \, dv \qquad \text{bzw.} \qquad w_{t,12} = \int_1^2 v \, dp $$

in Abschnitt 4.3 ans Herz gelegt. Ein kleiner aber feiner Unterschied besteht hier auch in den Bedeutungen der Zustände 1 und 2, von denen in den folgenden Abschnitten immer geredet wird: Bei einem geschlossenen System bedeutet 1 den Zustand vor dem ablaufenden Prozess und 2 steht dann natürlich für den Zustand danach. Bei einem offenen System steht 1 für den Eintrittsquerschnitt und 2 für den Austrittsquerschnitt. Zur Motivation: „Thermo ist nicht alles, aber ohne Thermo ist (zumindest in den Ingenieurwissenschaften) fast alles nichts". Egal, ob man sich mit den Vorgängen beim Innen-Außen-Rund-Kant-Schleifen beschäftigt oder ob man Raumsonden zum Mars schicken möchte, dieses Fach ist irgendwie überall beteiligt.

---

[91] Vermutlich weil die meisten Studenten nur mit diesem mathematisch *extrem* einfachen Modell in Klausuren perfekte Ergebnisse berechnen können.

ANNO DOMINI 2068: DER ERSTE MENSCH BETRITT DEN MARS.

Achtung, die hier recht trocken hergeleiteten Gleichungen (sorry!) werden später im Buch noch gebraucht, zum Beispiel im gesamten Kapitel 9 über die Kreisprozesse. Zugegeben: Diese massive Häufung von Gleichungen bringt hier noch nicht viel. Wenn man diesen Teil aber überspringt, sollte man sich nachher auch nicht wundern, wenn die eine oder andere Umformung oder Begründung vom Himmel zu fallen scheint[92].

5.1.2.1 Isotherme Zustandsänderung

Hier bleibt die Temperatur während unserer Zustandsänderung vom Zustand 1 zum Zustand 2 konstant und es gilt

$$T_2 = T_1 = T \ .$$

---

[92] Was einem, zugegebenermaßen, als reinem Anwender aber meistens egal sein kann. Man muss sich nur trauen, die entsprechende Gleichung einfach anzuwenden, und mit diesen Kapiteln fällt das etwas leichter.

Wenn wir das ideale Gasgesetz für beide Zustände

$$p_1 v_1 = RT \qquad \text{und} \qquad p_2 v_2 = RT$$

aufschreiben, dann sehen wir, dass die rechten Seiten in beiden Fällen identisch sind und können die beiden Gleichungen zusammenfassen zum so genannten **Gesetz von Boyle-Mariotte**

$$p_1 v_1 = p_2 v_2 = \text{konst.}$$

Der erste Hauptsatz für diese Zustandsänderung wird ganz zweckmäßig (spart Arbeit!) in der vorher-nachher Form für unser System aufgestellt und *noch* zweckmäßiger mit massenspezifischen Größen. Links steht die Gleichung für das geschlossene System (mit der Volumenänderungsarbeit) und rechts die Gleichung für das offene System (mit der technischen Arbeit):

$$u_2 - u_1 = q_{12} + w_{V,12} \qquad \text{bzw.} \qquad h_2 - h_1 = q_{12} + w_{t,12} \; .$$

Zum Glück sind bei einem idealen Gas die innere Energie u und die Enthalpie h nur von der Temperatur abhängig und bleibt somit hier konstant (Holzauge!), was die Gleichungen von oben weiter vereinfacht:

$$0 = q_{12} + w_{V,12} \qquad \text{bzw.} \qquad 0 = q_{12} + w_{t,12} \; .$$

Umformen führt dann zu

$$q_{12} = -w_{V,12} \qquad \text{bzw.} \qquad q_{12} = -w_{t,12}$$

und das zeigt uns, dass unser System „ideales Gas" bei einer isothermen Zustandsänderung alle in Form von Wärme eingebrachte Energie als Arbeit abgibt und umgekehrt.

Wenn man für das geschlossene[93] System in der Gleichung für die Volumen-änderungsarbeit

$$w_{V,12} = -\int_1^2 p\,dv$$

mit Hilfe des idealen Gasgesetzes den Druck p ersetzt, dann ergibt das

$$w_{V,12} = -\int_1^2 \frac{RT}{v}\,dv = -RT\int_1^2 \frac{1}{v}\,dv = -RT\ln\left(\frac{v_2}{v_1}\right).$$

und mit Hilfe von Boyle-Mariotte kann jetzt noch in diesem Ausdruck das spezifische Volumen durch den Druck ersetzt werden

$$w_{V,12} = -RT\ln\left(\frac{p_1}{p_2}\right).$$

Damit haben wir

$$q_{12} = RT\ln\left(\frac{p_1}{p_2}\right)$$

für die spezifische Wärme. In dieser staubigen Art werden jetzt auch alle anderen Zustandsänderungen abgearbeitet. Das ist aber kein Grund, jetzt schon in eine Identitätskrise zu geraten. Später im Studium, oder auch dann als Ingenieur/-in (oder 1. Offizier/-in) können Einem schon mal ganz andere Zweifel kommen.

---

[93] Für ein offenes System kommt dasselbe raus. Das kann man leicht überprüfen, indem man in den folgenden Gleichungen anstelle der Volumenänderungsarbeit, die technische Arbeit verwendet.

5.1.2.2 Isochore Zustandsänderung

Wie der Name schon sagt, bleibt bei einer isochoren[94] Zustandsänderung das Volumen konstant. Aus

$$v_2 = v_1 = v$$

folgt für das ideale Gas in den Zuständen 1 und 2

$$\frac{v}{R} = \frac{T_1}{p_1} \qquad \text{und} \qquad \frac{v}{R} = \frac{T_2}{p_2} \ .$$

---

[94] Eselsbrücke zur Erinnerung: „Ein Chorsänger braucht Volumen, um (schön) singen zu können."

Hier sind die beiden linken Seiten der Gleichungen identisch und man kann

$$\frac{T_1}{p_1} = \frac{T_2}{p_2} = \text{konst.}$$

schreiben. Wenn das Volumen gleich bleibt, dann wird beim geschlossenen System auch keine Volumen*änderungs*arbeit verrichtet. Der erste Hauptsatz wird dann zu

$$q_{12} = u_2 - u_1 = c_V(T_2 - T_1) \ .$$

Die Wärme wird vom idealen Gas nur durch Erhöhung der inneren Energie, also durch eine Temperaturerhöhung, aufgenommen. Beim offenen System fällt technische Arbeit

$$w_{t,12} = \int_1^2 v \, dp = v(p_2 - p_1)$$

an und zwar (gemäß der Definition von *isochor*) bei konstantem spezifischem Volumen.

5.1.2.3 Isobare Zustandsänderung

Dieser Abschnitt ist in weiten Teilen eine Kopie des Vorherigen, nur ein paar Worte und Gleichungen mussten geändert werden. Die Unterschiede liegen, wie oft bei Thermo, in den kleinen Details. Bei einer isobaren Zustandsänderung bleibt, dem Namen nach, der Druck konstant und aus

$$p_2 = p_1 = p$$

folgt für das ideale Gas

$$\frac{p}{R} = \frac{T_1}{v_1} \qquad \text{und} \qquad \frac{p}{R} = \frac{T_2}{v_2} \; .$$

Hier sind die beiden linken Seiten der Gleichungen identisch, weshalb man auch

$$\frac{T_1}{v_1} = \frac{T_2}{v_2} = \text{konst.}$$

schreiben kann. Wenn der Druck gleich bleibt, dann kann sich bei einer Wärmezufuhr sowohl die innere Energie ändern, als auch Arbeit mit der Umgebung ausgetauscht werden. Beim geschlossenen System ist die ausgetauschte Arbeit Volumenänderungsarbeit. Die Änderung der inneren Energie wird durch

$$u_2 - u_1 = c_V (T_2 - T_1) = (c_p - R)(T_2 - T_1)$$

angegeben und die Volumenänderungsarbeit durch

$$w_{V,12} = -\int_1^2 p \, dv = -p(v_2 - v_1) \; .$$

Mit Hilfe des ersten Hauptsatzes

$$u_2 - u_1 = q_{12} + w_{V,12}$$

wird die Wärme

$$q_{12} = u_2 - u_1 - w_{V,12} = (c_P - R)(T_2 - T_1) + p(v_2 - v_1)$$

berechnet. Einfaches Ausmultiplizieren und Umstellen liefert

$$q_{12} = c_P(T_2 - T_1) + (pv_2 - RT_2) - (pv_1 - RT_1) \ .$$

Die beiden letzten Klammern können einfach weg gelassen werden, denn das ideale Gasgesetz sagt uns

$$pv - RT = 0$$

und die Wärme wird letztlich

$$q_{12} = c_P\left(T_2 - T_1\right) \ .$$

Wenn man jetzt stattdessen ein offenes System betrachtet, dann fällt keine technische Arbeit an:

$$w_{t,12} = \int_1^2 v \, dp = 0 \ .$$

Der Grund ist der zwischen Eintritt und Austritt konstante Druck. Wegen $dp = 0$ ist das ganze Integral und damit auch die technische Arbeit gleich Null.

5.1.2.4 Isentrope Zustandsänderung

Zuerst kommt die Frage: Wann haben wir denn eigentlich eine isentrope Zustandsänderung? Nun, laut unserem Wörterbuch aus Abschnitt 1.2.7 darf sich die Entropie[95] dabei nicht ändern. Das ist dann der Fall, wenn die Zustandsänderung adiabat (hatten wir schon) und reversibel (kommt noch) abläuft. Man muss auch hier mal wieder genau hinsehen, denn das, was jetzt kommt, gilt

---

[95] Jetzt Hitchcock-Psycho-Dusche Hintergrundmusik vorstellen: „ieeäk, ieeäk, ieeäk..."

damit nicht für jede x-beliebige Zustandsänderung. Das ist wieder so ein Spiel mit hinreichenden und notwendigen Bedingungen: Eine reversible und adiabate Zustandsänderung ist auf jeden Fall isentrop. Eine isentrope Zustandsänderung kann aber auch vorliegen, wenn diese weder reversibel noch adiabat ist (siehe Abschnitt 6.5.).

Der Begriff *reversibel* ist ein Vorgriff auf Dinge, die eigentlich erst später dran kommen sollten. Es passt halt grad' so gut rein... Reversibel bedeutet wortwörtlich, dass ein Vorgang so abläuft, dass er umkehrbar ist. Wenn man zum Beispiel einen Kolben in einem Zylinder verschiebt (und dabei Volumenänderungsarbeit verrichtet), dann kann man diese Arbeit nur dann komplett zurück bekommen, wenn der Kolben zum einen dicht hält und er sich andererseits trotzdem reibungsfrei im Zylinder bewegt. Die Reibung macht den Vorgang ansonsten teilweise unumkehrbar, da sie einen Teil der aufgewendeten Arbeit für ihre eigenen Zwecke (in Form von Reibungswärme) abzweigt.

Zuerst einmal ist aber wichtig, dass bei einer solchen (adiabaten) Zustandsänderung keine Wärme über die Systemgrenze fließen darf.[96] Der erste Hauptsatz lautet dann

$$w_{V,12} = u_2 - u_1 = c_V \left(T_2 - T_1 \right)$$

für das geschlossene System. Man kann jetzt versuchsweise auch einmal den ersten Hauptsatz für eine Momentaufnahme des Systems aufstellen, also die Zeitableitung der Gleichung für $w_{V,12}$ aufschreiben. Das gibt dann für das geschlossene System, unter Beachtung der Definition der Arbeit $w_{V,12}$ aus Abschnitt 4.3:

$$\frac{du}{d\tau} = -\frac{p\,dv}{d\tau} \ .$$

Wobei hier die Ableitung nach der Zeit auch gleich wieder raus geworfen werden kann, da sie in allen Termen gleich vorkommt[97]. Man erhält

---

[96] ...sonst gibt's Ärger!

[97] Mathematiker machen jetzt bitte beide Augen zu und bleiben ganz ruhig.

$$du = -p\,dv \ .$$

Wenn wir jetzt, wie schon ein paar Mal gemacht, auf der rechten Seite der Gleichung p mit Hilfe des idealen Gasgesetzes ersetzen und links die passende Wärmekapazität verwenden, dann bekommen wir eine schicke Differentialgleichung:

$$c_V\,dT = -\frac{RT}{v}dv \ .$$

Das Ding soll nur lösen, wer nicht anders kann! Ein bisschen Probieren hilft oft weiter. Und wenn es nicht auf Anhieb klappt: Keine Sorge, in der Geschichte der Ingenieurwissenschaften hat es noch kein System gegeben, das von Anfang an wirklich ausgereift war (auch wenn die Marketing-Abteilung steif und fest das Gegenteil behauptet).

Erst mal wird umgestellt und mit $c_P = c_V + R$ dann auch noch das R ersetzt:

$$-\left(\frac{c_P}{c_V} - 1\right)\frac{dv}{v} = \frac{dT}{T} \ .$$

Um Schreibarbeit zu sparen definieren wir jetzt den **Isentropenexponenten** κ (sprich: kappa)[98]

$$\kappa = \frac{c_P}{c_V} \quad .$$

Für ein so genanntes perfektes Gas ist κ eine Konstante (für ein „nur" ideales Gas gibt es das κ natürlich auch, dann allerdings in Abhängigkeit von der Temperatur). Aus der vorherigen Gleichung wird dann

$$-(\kappa - 1)\frac{dv}{v} = \frac{dT}{T} \quad .$$

Die Lösung dieser Gleichung erfolgt durch eine TdV[99]. Das muss man nicht können, kennen und akzeptieren reicht hier. Dann haben wir für das geschlossene System nach Integration vom Zustand 1 zum Zustand 2 und unter Beachtung der hoffentlich bekannten Rechenregel ln(a) = - ln($1/a$) für den natürlichen Logarithmus

$$\left(\frac{v_2}{v_1}\right)^{(\kappa-1)} = \frac{T_1}{T_2} \quad .$$

Diese Gleichung kann man noch umschreiben, um einen weiteren Zusammenhang zwischen den Zustandsgrößen zu bekommen. Dazu werden die Volumen links mit Hilfe des idealen Gasgesetzes ersetzt:

$$\left(\frac{T_2 \cdot p_1}{p_2 \cdot T_1}\right)^{(\kappa-1)} = \frac{T_1}{T_2} \qquad \Leftrightarrow \qquad \frac{T_1}{T_2} = \left(\frac{p_1}{p_2}\right)^{\frac{\kappa-1}{\kappa}} \quad .$$

Wenn man das alles zusammenfasst, dann gilt:

---

[98] Wer sich nicht merken kann, was im Zähler und was im Nenner steht, der merke sich einfach, dass „P" vor „V" im Alphabet steht.

[99] Hier kann man als Kenner und Könner ruhig mal mit einer Abkürzung glänzen: TdV heißt „Trennung der Veränderlichen" und führt über den Logarithmus zur Lösung.

$$\frac{T_1}{T_2} = \left(\frac{v_2}{v_1}\right)^{(\kappa-1)} = \left(\frac{p_1}{p_2}\right)^{\frac{\kappa-1}{\kappa}} \,.$$

Das ist reine Mathematik gewesen. Jetzt dürfte auch „klar" sein, warum das κ im Abschnitt 5.1.1, damals anscheinend völlig grundlos, als Isentropen*exponent* bezeichnet worden ist, denn hier taucht κ als Exponent auf und zwar bei einer isentropen Zustandsänderung (Holzauge!).

Exkurs: Für ein offenes System kommt man natürlich zum selben Ergebnis für den Zusammenhang zwischen den Zustandsgrößen Druck, Temperatur und spezifisches Volumen. Dazu stellen wir den ersten Hauptsatz zwischen Eintritt 1 und Austritt 2 auf, und zwar, wie es meistens stillschweigend gemacht wird, unter Vernachlässigung der <u>Änderung</u> kinetischer Energien (sonst müssten Totalenthalpien h^+ verwendet werden und das Ganze würde kompliziert werden)

$$w_{\text{t},12} = h_2 - h_1 = c_\text{P}(T_2 - T_1) \,,$$

und andererseits lautet dieselbe Bilanz für eine lokale Betrachtung des offenen Systems

$$\frac{dh}{dx} = \frac{v\,dp}{dx}$$

mit den Ableitungen nach dem Strömungsweg dx. Diese Ableitungen fliegen sofort wieder raus und wir haben dann

$$dh = v\,dp \,.$$

Jetzt werden, ähnlich wie beim geschlossenen System, einige Größen ersetzt und dann bekommen wir den Zwischenstand

$$c_\text{P}\,dT = \frac{RT}{p}\,dp \,.$$

Am Ende können wir das R durch (c_P - c_V) ersetzen, wieder das κ einführen, eine TdV durchführen, umstellen und haben dasselbe Ergebnis wie beim geschlossenen System:

$$\frac{T_1}{T_2} = \left(\frac{p_1}{p_2}\right)^{\frac{\kappa-1}{\kappa}} \quad \text{(q.e.d.)} \ .$$

5.1.3 Kalorische Zustandsgleichung inkompressibler Fluide

Beim inkompressiblen Fluid ist alles noch wesentlich einfacher als beim idealen Gas, denn hier ist das spezifische Volumen v_0 konstant und die isobare und die isochore Wärmekapazität sind gleich:

$$c_P = c_V = c(T) \ .$$

Das ist nicht etwa so, weil R für ein inkompressibles Fluid gleich Null zu setzen ist, sondern das kann mit Hilfe von ganz viel Mathematik und der (schluck) Entropie[100] hergeleitet werden. Für die Enthalpie gilt

$$h = h_0 + \int_{T_0}^{T} c(T)\,dT + v_0 \cdot (p - p_0) \ .$$

Die Bezeichnung h_0 kennzeichnet auch hier wieder einen beliebigen Bezugszustand, für die Enthalpie bei der Bezugstemperatur T_0 und dem Bezugsdruck p_0, der bei der Berechnung von Enthalpiedifferenzen wieder aus der Gleichung verschwindet. Die Bezeichnung v_0 steht dagegen für das konstante spezifische Volumen des Fluids. Damit wird die Enthalpiedifferenz zwischen den Zuständen 1 und 2 für den Fall einer konstanten Wärmekapazität berechnet:

$$h_2 - h_1 = c \cdot (T_2 - T_1) + v_0 \cdot (p_2 - p_1) \ .$$

---

[100] „ieeäk, ieeäk, ieeäk...“

5.2 Der Joule-Thomson Effekt

Dieser Effekt bekam seinen Namen nach den beiden Herren, die ihn gemeinsam entdeckt haben, dem Engländer James Prescott Joule aus Manchester, seines Zeichens Brauereibesitzer, bevor er sich dann doch lieber für ein Studium entschied und dem in Belfast geborenen William Thomson, dem späteren Baron Kelvin[101]. Der Joule-Thomson Effekt tritt auf, wenn sich bei einem Gas nur durch eine isenthalpe Druckänderung auch die Temperatur ändert. Das Wörtchen *isenthalp* ist an dieser Stelle äußerst und extrem wichtig! Wenn man zum Beispiel Luft in einer Luftpumpe zusammen drückt, dann erwärmt sie sich. Das ist aus dem Alltag bekannt und funktioniert auch in einem Druckbereich, wo die Luft ruhigen Gewissens als ideales Gas betrachtet werden kann. Diese Erwärmung verläuft aber eben nicht isenthalp, da sich die Enthalpie des idealen Gases durch die Volumenänderungsarbeit erhöht, die beim Pumpen an ihm verrichtet wird. Das mit der konstanten Enthalpie ist ganz einfach zu verstehen, wenn man sich eine Druckänderung eines adiabat strömenden Gases vorstellt. Dazu am besten noch mal die adiabate Drossel aus Abschnitt 4.6.2 ansehen, bei der sich bei einer *kleinen* Druckänderung dp auch die Geschwindigkeit nur minimal ändert und die Drosselung deswegen isenthalp abläuft.

Der Grund für die Temperaturänderungen in einer adiabaten Drossel sind die Wechselwirkungen zwischen den Molekülen eines realen Gases. Wenn man dessen Druck verringert, dann nimmt sein spezifisches Volumen zu, es dehnt sich also aus. Ausdehnung heißt aber nichts weiter, als dass der mittlere Abstand zwischen den Molekülen größer wird. Die Frage ist jetzt, was das Gas davon hält, dass sich der Molekül-Abstand ändert. Dazu muss man einmal auf die Wechselwirkungen (=Kräfte) sehen, die zwischen den Molekülen wirken. Zwischen den Molekülen existieren sowohl anziehende als auch abstoßende Kräfte. Anmerkung: Diese beiden Arten der Wechselwirkung tauchen auch in unseren thermischen Zustandsgleichungen aus Abschnitt 2.5 auf. In unserer hochgelobten van der Waals-Gleichung steht mit dem „Kohäsionsdruck" ein Ausdruck für die Anziehung und mit dem „Eigenvolumen" ein Ausdruck für die Abstoßung zwischen den Molekülen.

---

[101] Joule und Kelvin. Hier tauchen zwei sehr gebräuchliche physikalische Einheiten auf, die für die Energie und die für die Temperatur. Daran merkt man, dass hier die Crème-de-la-Crème der Thermodynamik des ausgehenden 19. Jahrhunderts am Werk gewesen sein muss.

Was dann bei der Expansion passiert hängt davon ab, ob die Anziehung oder die Abstoßung stärker ist. Wenn die Anziehung stärker ist, dann muss netto bei der Abstandsvergrößerung Arbeit zum Überwinden der Anziehungskräfte aufgebracht werden. Wenn die Abstoßung größer ist, dann bekommt man sogar Arbeit geliefert, denn die Moleküle wollen ja ohnehin weiter auseinander. Die Energie kommt im ersten Fall aus der kinetischen Energie der Teilchen und im zweiten Fall wird sie in dieser Form gespeichert. Wenn Arbeit zur Expansion erforderlich ist, dann sinkt die mittlere Geschwindigkeit (die kinetische Energie) der Moleküle, im umgekehrten Fall steigt sie an.

Da die mittlere Geschwindigkeit der Moleküle eines Gases die Temperatur bestimmt (siehe Abschnitt 5.1.1), ändert sich mit dem Druck letztlich auch die Temperatur eines realen Gases. Deswegen gibt es beim idealen Gas auch keinen Joule-Thomson Effekt, da zwischen den Teilchen keine Wechselwirkungen bestehen. Den letzen Satz bitte merken, für die mündliche Prüfung!

Die Größe des Effektes wird mit Hilfe des **Joule-Thomson Koeffizienten**

$$\mu_{\mathrm{JT}} = \left(\frac{\partial T}{\partial p} \right)_H$$

angegeben. Das Vorzeichen des Koeffizienten gibt an, ob sich ein Gas bei einer Druckerniedrigung erwärmt oder abkühlt. Der Koeffizient ist definiert als die Ableitung der Temperatur T nach dem Druck p bei konstanter Enthalpie H.
Für den Joule-Thomson Koeffizienten werden anhand des Vorzeichens drei Fälle unterschieden:

- $\mu_{\mathrm{JT}} < 0$: Das Gas erwärmt sich, wenn dessen Druck sinkt.
- $\mu_{\mathrm{JT}} = 0$: Die Temperatur des Gases bleibt gleich, wenn dessen Druck sinkt. Das ist der Fall für ideale Gase.
- $\mu_{\mathrm{JT}} > 0$: Das Gas kühlt sich ab, wenn dessen Druck sinkt. Das ist der häufigste Fall für reale Gase, zumindest unter Umgebungsbedingungen.

Mit der Behandlung des Joule-Thomson Effektes endet jetzt das Zeitalter, in dem die Entropie weitgehend ignoriert werden konnte. Im nächsten Kapitel geht es nämlich um diese Größe.

6   Hauptsätze und Nebensätze - Der 2. Hauptsatz

So wie in der Mechanik alles freigeschnitten wird, auch *gerade*, was niet- und nagelfest ist, so wird in der Thermodynamik alles Mögliche bilanziert. Beim ersten Hauptsatz wird die Energie bilanziert und ganz nebenbei auch oft noch die Masse. Beim zweiten Hauptsatz wird eine andere Größe bilanziert. Sie trägt den Namen Entropie und ist eigentlich ganz harmlos[102]. Wer dem Buch bislang folgen konnte, wird mit der Entropie keinen Grund finden, um jetzt noch auszusteigen. Allerdings ist es mit der Entropie so eine Sache. Leider kann sich, bis auf ein paar Ausnahmen [10], fast niemand etwas unter dem Begriff vorstellen. Man kann sie nicht schmecken, riechen oder fühlen, ganz im Gegensatz zu Energie und Materie, die zusammen in Form einer heißen Pizza, frisch aus dem Backofen, sehr wohl sinnliche Qualitäten haben.

---

[102] Wirklich! Ganz bestimmt!

Obwohl die Entropie so schwer zu begreifen ist, ist sie enorm wichtig, denn sie ermöglicht es, Prozesse eindeutiger zu beurteilen, als nur mit Hilfe der Betrachtung der Energie. Und genau deswegen ist sie der heilige Gral der Thermodynamik, das goldene Kalb der Energietechnik und das i-Tüpfelchen der Verfahrenstechnik! Also, locker bleiben und auf in den Kampf!

6.1 Entropie - Die Sache mit der Unordnung

In der Abteilung Kinetik (Mechanik, mal wieder) ist jeder Vorgang umkehrbar. In der Welt der Thermodynamik sieht das leider (oder zum Glück) ganz anders aus. Es ist zum Beispiel kinderleicht, Bacardi und Cola zu mischen. Die Bestandteile wieder voneinander zu trennen, wird deutlich schwieriger. Die Erfahrung zeigt, dass jeder Vorgang, bei dem die Unordnung zunimmt, leichter abläuft als ein gegenteiliger Vorgang mit Zunahme der Ordnung.[103] Genau diese Tatsache kann mit Hilfe des Entropie-Begriffs, um den es in diesem Ab-

---

[103] Man kann hier ruhigen Gewissens seinen persönlichen Begriff für Ordnung verwenden, das Prinzip gilt trotzdem, egal ob auf dem eigenen Schreibtisch („Bitte ganz oben auf den großen Stapel legen, aber nichts umstoßen!") oder im Kinderzimmer: Die Unordnung wächst kontinuierlich. Wer allerdings einmal versucht hat, ein Vierjähriges dazu zu überreden, seinen Saustall aufzuräumen, der macht sich über Entropie erst mal keine Gedanken mehr...

schnitt geht, beschrieben werden. Mehr zu diesem *außerordentlich* aufregenden Thema ist übrigens bei [18] zu finden.

Der greifbare Begriff der Unordnung ist ganz eng mit dem Begriff der Entropie verbunden. Je größer die Entropie eines Systems, desto mehr Unordnung herrscht im System. Das kann man als Hilfs-Mathematiker (=Ingenieur) auch mit Hilfe der Statistik ausdrücken. Die Entropie eines Systems hängt von der Anzahl der *möglichen* Mikrozustände[104] im System ab. Ein Herr Boltzmann hat raus gefunden, dass die Entropie eines Systems dem Logarithmus der möglichen Mikrozustände proportional[105] ist. Wenn sich zum Beispiel alle Moleküle eines Gases ordentlich und parallel in dieselbe Richtung bewegen, dann hat das System weniger mögliche Mikrozustände als ein normales, ungeordnetes Gas. Alle Moleküle haben jetzt dieselbe Geschwindigkeit und fliegen in dieselbe Richtung, anstatt der sehr, sehr vielen Möglichkeiten (ganz langsam bis sehr schnell und in alle Himmelsrichtungen kreuz und quer) in einem normalen Gas. Und hier kommt dann auch wieder die Ordnung, bzw. die Unordnung ins Spiel. Je ungeordneter ein System von außen erscheint, desto mehr mögliche Mikrozustände besitzt es und deswegen ist in dem System umso mehr Entropie.

Wenn 95% der Ingenieure eines nicht ausstehen können, dann ist es Unordnung in irgendwelchen Systemen, weswegen sich die Entropie nicht gerade großer Beliebtheit erfreut. Je mehr Unordnung herrscht, desto schwerer wird es, eine Energieform zielgerichtet in eine andere Form umzuwandeln. Deswegen funktioniert die Entropie auch als ein technisches Qualitätsmerkmal für Energie. Je weniger Entropie in einem System ist, desto ordentlicher ist die Energie des Systems und desto flexibler umwandelbar und einsetzbar ist sie aus Sicht des Ingenieurs. Ganz anschaulich ist die Entropie ein Qualitätsmerkmal für die Energie, so ähnlich wie die Oktanzahl an der Tankstelle ein Qualitätsmerkmal für das Benzin ist.

---

[104] Das ist ein möglicher Zustand eines Systems, den man nur erkennen oder beschreiben kann, wenn man mit einem sehr, sehr guten Mikroskop in das System hinein schaut. Anschaulich kann man zum Beispiel den Mikrozustand eines idealen Gases beschreiben, wenn man von allen Molekülen (das sind zig Milliarden Milliarden, allein in einem Fingerhut) die augenblickliche Position und die Geschwindigkeit kennt.

[105] Nach wem die Proportionalitätskonstante benannt worden ist, ist hoffentlich klar. In den Fachbüchern taucht sie unter dem Namen Boltzmann-Konstante auf.

Warnung: Die Entropie kann aber noch mehr, als die Qualität von Energie zu beschreiben. Sie ist sogar, genauso wie die Enthalpie und der Druck, eine Zustandsgröße und bekommt daher auch den eigenen Buchstaben S, oder als intensive Zustandsgröße s (Entropie pro Masse).

6.2 Die Entropiebilanz

Wir halten jetzt erst mal kurz inne und stellen etwas fest: Die Entropie ist eine Zustandsgröße. Das ist wichtig, denn dann kann sie auch bilanziert werden. Theoretisch funktioniert eine Entropiebilanz genauso, wie die Energiebilanz oder die Massenbilanz. Im Gegensatz zu den beiden anderen Größen kann die Entropie aber quasi aus dem Nichts entstehen, wenn ein Prozess abläuft. Daher kommt bei der Bilanz noch ein neuer Ausdruck für die Entropieerzeugung während des Prozesses dazu:

Der zweite Hauptsatz in Worten:

(Änderung der	=	+ (aus der Umgebung zugeführte Entropie)
Entropie im System)		− (an die Umgebung abgegebene Entropie)
		+ (während des Prozesses erzeugte Entropie)

Der Ausdruck für die während des Prozesses erzeugte Entropie kann viele schöne Namen haben, wie zum Beispiel „*Entropieproduktionsrate*", „*Entropieproduktionsstrom*", „*Entropieerzeugungsrate*" oder „*irreversibel erzeugte Entropie*". Bezeichnet wird die erzeugte Entropie mit S^{irr} oder $\dot{S}^{irr}$.

Achtung, für einen realen Prozess muss immer gelten, dass $S^{irr} > 0$ ist, denn Entropie kann nur erzeugt, aber nicht vernichtet werden. Sie wird im gesamten Universum mit der Zeit immer mehr[106]. Da das Universum also ohnehin irgendwann in Entropie ertrinken wird, kann das Buch jetzt auch genauso gut beiseitegelegt und der Tag anderweitig genossen werden.

---

[106] Frage: „Und was ist, wenn ich meinen Schreibtisch aufräume?" Antwort: „Ganz einfach, der Müll wird dann entweder im Schrank versteckt oder er kommt in die Tonne und landet letzten Endes als noch größerer Müllhaufen im Amazonas." Wir sehen: Auch hier hat die Unordnung (Entropie) *insgesamt* zugenommen.

Jetzt kommt die gute Nachricht für alle Entropiebilanzierer: Entropie kommt nicht von alleine über eine Systemgrenze, sondern immer nur im Gepäck eines Energiestromes oder eines Massenstromes. Um einen guten Teil der Entropiebilanz zu erledigen (um genau zu sein: alles was an Entropieströmen rein oder raus geht) brauchen wir uns also nur die auftretenden Energie- und Massenströme anzusehen und müssen uns dann nur noch überlegen, welche Entropie wohl jeweils dazu gehört (das kommt in den nächsten Abschnitten).

Die schlechte Nachricht ist, dass in der Entropiebilanz immer noch zwei Größen stehen, die berechnet werden wollen. Zum einen ist das die Änderung der Entropie im System $S_2 - S_1$ oder $dS/d\tau$ und zum anderen die im System erzeugte Entropie S^{irr}.

Da wir für die beiden Unbekannten nur eine Gleichung haben, muss man eine der beiden Größen kennen, wenn man weiter kommen will. Hier empfiehlt sich das sorgfältige Lesen von Prüfungsaufgaben, denn:

- Wenn ein Prozess **stationär** ist, dann ändert sich auch die Entropie im System nicht. Also ist $S_2 - S_1 = 0$ und ebenso gilt $dS/d\tau = 0$ [107].
- Wenn ein Prozess **irreversibel** ist, dann ist $S^{irr} > 0$ (Normalfall, die Realität, schwierig).
- Wenn ein Prozess **reversibel** ist, dann ist $S^{irr} = 0$ (gerne genommener Grenzfall der Realität, weil leicht zu rechnen).
- Wenn $S^{irr} < 0$ ist, dann ist das Ergebnis entweder falsch, oder der betrachtete Prozess ist in dieser Form nicht möglich.

Wichtig ist vor allem die Definition des Begriffes *reversibel*, denn dieser taucht an allen Ecken und Enden in der Thermodynamik auf[108]. Achtung: Das ist nur eine Aussage über die *erzeugte* Entropie und zwar, dass $S^{irr} = 0$ sein muss, nicht aber über die Änderung der Gesamtentropie des Systems. Die kann nämlich unabhängig davon, ob ein Prozess reversibel ist oder nicht, zunehmen oder auch abnehmen. Das liegt daran, dass für die Änderung der Gesamtentropie eines Systems nicht nur die erzeugte Entropie eine Rolle spielt, sondern auch die Entropie, die über die Systemgrenze rein kommt oder raus geht.

6.3 Die Berechnung von Entropieströmen

Als Erstes sehen wir uns den *ersten*(!) Hauptsatz für ein offenes System an

$$\frac{dE_{Sys}}{d\tau} = \dot{Q} + P + \dot{m}h \qquad \text{oder} \qquad E_{Sys,2} - E_{Sys,1} = Q_{12} + W_{12} + (mh)_{12} \quad ,$$

denn dann können wir uns den Entropien zuwenden, die mit den verschiedenen Energieformen über die Systemgrenze kommen. Mit Hilfe der Größen auf der jeweils rechten Seite beider Gleichungen ist zu erkennen, dass für die Entropiebilanz an einem *offenen* System für die Momentanbetrachtung „nur" die Entropieströme der Wärmeströme, der Leistungen und der Massenströme berücksichtigt werden müssen und für die vorher-nachher-Betrachtung die Entro-

---

[107] Die Definition von stationär war, dass alle *Zustands*größen sich nicht ändern. Die Entropie ist natürlich auch eine Zustandsgröße.

[108] Merksatz: „Ein Prozess läuft dann reversibel ab, wenn dabei keine Entropie im System erzeugt wird."

pien von Wärme, Arbeit und Masse. Ein Entropiestrom ist, analog wie bei der Energie und Energieströmen, die Menge an Entropie, die in einer bestimmten Zeit über die Systemgrenze geht.

Bevor wir zur Berechnung dieser Entropieströme kommen, machen wir in Abschnitt 6.3.1 noch einen Ausflug zu den Fundamentalgleichungen, also den höheren Weihen der Thermodynamik. Wer sich das antut, wird die Berechnungsgleichungen der Entropieströme, die in den Abschnitten 6.3.3 bis 6.3.4 drankommen, deutlich besser verstehen. Man kann sich das mit den Fundamentalgleichungen so vorstellen, dass diese alle Informationen über ein thermodynamisches System im Gleichgewicht enthalten, also zum Beispiel sämtliche Zustandsgleichungen. Eine solche Gleichung ist natürlich, weil sie so viele Informationen enthält, alles andere als mathematisch anspruchslos. Daher gibt es für Thermo- und Mathe-Anfänger eigentlich nur drei Möglichkeiten:

- Wenig verstehen und dafür alles auswendig lernen (erfordert wenig Mathe-Grips, dafür Zeit und Gedächtnis).
- Das Prinzip verstehen und dann in Mathe so fit sein, dass man dieses in einer Prüfung auch anwenden kann (ist so ziemlich unmöglich).
- Oder man sieht sich nächsten Abschnitt zumindest an und merkt sich vielleicht ein paar Zusammenhänge daraus.

6.3.1 Die Fundamentalgleichung

Achtung, dieses ist ein nicht-integralfreier Abschnitt. Er ist somit eher für die Angeber gedacht, die gerne Integrale malen und Differentiale berechnen und darf „zur Not" auch ausgelassen werden. Also, los geht's: Eine Fundamentalgleichung wird, wenn man es mal ganz wissenschaftlich und genau nimmt, immer für ein thermodynamisches System aufgestellt. Da in die Rubrik „System" letztlich aber alles fallen kann[109], wird die Fundamentalgleichung in der Praxis immer für einen bestimmten Stoff aufgestellt, der dann eben das System darstellt. Dann hat man also eine Fundamentalgleichung für Wasser, eine für

---

[109] Aus der Sicht der Thermodynamik kann sowohl ein Reagenzglas als auch der gesamte Planet Erde als „System" betrachtet werden. Man muss nur die Systemgrenze entsprechend wählen.

Kohlenstoff und eine für Ammoniak und so weiter. Sie ist nichts weiter als eine mathematische Darstellung aller Gleichgewichtszustände des jeweiligen Stoffes und sie wird entweder in der Form der **Fundamentalgleichung für die innere Energie**

$$u = u(s, v)$$

angegeben, bei der die spezifische innere Energie u eine Funktion der Zustandsgrößen Entropie s und Volumen v ist, oder in der Form der **Fundamentalgleichung für die Enthalpie**

$$h = h(s, p) \quad ,$$

bei der die Enthalpie h eine Funktion der Entropie s und des Drucks p ist. Dass wir jetzt zwei Gleichungen haben, von denen schon jede allein unser System komplett beschreibt, muss uns nicht weiter stören. Es handelt sich hier nur um zwei unterschiedliche mathematische Formulierungen desselben Sachverhaltes. Die Gleichungen, wie sie oben stehen, sehen ja noch harmlos aus, aber in der Realität beinhalten sie eine Unzahl von Termen und empirischen Koeffizienten, die durch mathematische Optimierungsverfahren an die Messwerte des jeweils behandelten Stoffs angepasst werden. Der Aufbau ist derart komplex, dass diese Gleichungen in einer Klausur ohne Hilfsmittel (zum Beispiel einen mit Sicherheit verbotenen PC, wenn's geht mit Netzwerkzugang zum nächsten Großrechner) kaum handhabbar sind.

Trotzdem stecken einige (mathematische) Zusammenhänge in den Fundamentalgleichungen, die sie selbst für uns interessant machen. Man kann diese beiden Gleichungen nämlich auch ableiten, also eine differentielle Betrachtung durchführen. Man bekommt dann für die Fundamentalgleichung der inneren Energie

$$du = \left(\frac{\partial u}{\partial s} \right)_v ds + \left(\frac{\partial u}{\partial v} \right)_s dv$$

und für die Fundamentalgleichung der Enthalpie

$$dh = \left(\frac{\partial h}{\partial s}\right)_p ds + \left(\frac{\partial h}{\partial p}\right)_s dp \quad .$$

Der Ausdruck in der ersten Klammer ∂u nach ∂s ist zum Beispiel die Änderung der inneren Energie bezogen auf eine kleine Änderung der Entropie und bei konstantem Volumen. Diese Klammerausdrücke in den beiden Gleichungen können durch gute alte Bekannte ersetzt werden. Das ist der Trick bei der ganzen Sache mit den Fundamentalgleichungen, denn hier hilft die höhere Mathematik ausnahmsweise einmal. Für die mündliche Prüfung kann man sich merken: „Die ersten Ableitungen der Fundamentalgleichung sind nichts weiter als Zustandsgleichungen des betrachteten Stoffes." Deswegen gilt zum Beispiel

$$\left(\frac{\partial u}{\partial s}\right)_v = T \quad ,$$

$$\left(\frac{\partial u}{\partial v}\right)_s = -p \quad ,$$

$$\left(\frac{\partial h}{\partial s}\right)_v = T \quad \text{und}$$

$$\left(\frac{\partial h}{\partial p}\right)_s = v \quad .$$

In der Anwendung dieser Beziehungen liegt der Vorteil, wenn man mit Fundamentalgleichungen arbeitet. Als nicht promovierter Mathematiker muss man nicht unbedingt sofort verstehen, warum das so ist. Wer das doch möchte, dem hilft zum Beispiel das Werk [1] weiter. Wenn man diese Ausdrücke in die beiden Fundamentalgleichungen einsetzt, dann sieht das Ganze mit

$$du = Tds - pdv$$

und

$$dh = Tds + vdp$$

auf einmal wieder halbwegs akzeptabel aus. Wenn wir jetzt zum Beispiel die Fundamentalgleichung der inneren Energie $du = Tds - pdv$ nach ds umstellen und dann du durch den aus Abschnitt 5.1 bekannten Ausdruck $c_V(T) \cdot dT$ ersetzen, dann haben wir eine neue Gleichung

$$ds = \frac{c_V(T)}{T}dT + \frac{p}{T}dv,$$

in der links nur noch die Entropie und rechts thermische und kalorische Zustandsgrößen stehen. Wenn man diese Gleichung zwischen zwei Zuständen integriert, nennen wir sie mal Zustand 1 und Zustand 2, dann haben wir eine Entropie-Zustandsgleichung mit der wir die Entropieänderung zwischen den beiden Zuständen berechnen können. Und genau dieser Weg führt im nächsten Abschnitt zu den Entropie-Zustandsgleichungen für das ideale Gas und das inkompressible Fluid.

6.3.2 Die Entropie der Materie

Die Entropie, die eine Masse oder ein Massenstrom mit sich trägt, ist vergleichsweise einfach zu berechnen, wenn man die Masse m oder den Massenstrom $\dot{m}$ und die spezifische Entropie s kennt. Die Entropie der Masse m beziehungsweise der Entropiestrom des Massenstroms $\dot{m}$ ist durch

$$S_m = sm \qquad \text{beziehungsweise} \qquad \dot{S}_m = s\dot{m}$$

gegeben. Die spezifische Entropie s kann man entweder mit einer Entropiezustandsgleichung berechnen (kommt in Abschnitt 6.3.2.1) oder aus Tabellen ablesen. Für beide Varianten muss man den Zustand der Materie kennen, d.h. eine Anzahl von Zustandsgrößen muss bekannt sein. Für einen Reinstoff etwa ist die Entropie s häufig als Funktion von Temperatur T und spezifischem Volumen v oder als Funktion von Temperatur T und Druck p gegeben.

KURZ VOR DEM URKNALL, IM AUSBILDUNGSCAMP
FÜR NATURGESETZE UND PHYSIKALISCHE GRÖSSEN...

Wer sich mit der Herleitung der Entropie-Zustandsgleichungen für die behandelten Modellfluide „ideales Gas" und „inkompressibles Fluid" befassen möchte, der sehe sich aus dem letzten Abschnitt die Gleichung

$$ds = \frac{c_\mathrm{V}(T)}{T}\,dT + \frac{p}{T}\,dv$$

in Ruhe an und überlege, an welcher Stelle hier wohl die stoffspezifischen Eigenschaften der Modellfluide stehen. Genau, bei der Wärmekapazität (erster Term) und beim Zusammenhang zwischen Druck, Temperatur und Volumen, also der thermischen Zustandsgleichung, im zweiten Term der Gleichung. Diese Zusammenhänge muss man in den beiden folgenden Abschnitten kennen, denn dort werden die Entropiezustandsgleichungen einmal für ideale Gase und einmal für inkompressible Fluide berechnet.

6.3.2.1 Entropiezustandsgleichung für das ideale Gas

Wenn man in die letzte Gleichung das ideale Gasgesetz einsetzt, kann p/T durch R/v ersetzt werden und wenn dann auch noch die spezifische Wärmekapazität c_V konstant ist, dann kann das Integral ausgerechnet werden. Man bekommt dann das Ergebnis

$$s_2 - s_1 = c_V \ln\frac{T_2}{T_1} + R\ln\frac{v_2}{v_1}$$

oder auch

$$s_2 - s_1 = c_P \ln\frac{T_2}{T_1} - R\ln\frac{p_2}{p_1} \quad,$$

wenn man noch ein wenig weiter mit dem idealen Gasgesetz spielt.

ICH HABE SIE GESEHEN.

WIE ZUR HÖLLE SAH SIE AUS ??!!

EINST WARD ECKEHARDT DIE ENTROPIE ERSCHIENEN

6.3.2.2 Entropiezustandsgleichung für das inkompressible Fluid

Für ein inkompressibles Fluid gibt es bekanntlich keinen Unterschied zwischen spezifischer isobarer und isochorer Wärmekapazität. Es wird daher nur der Buchstabe c ohne einen Index verwendet. Die Gleichung

$$ds = \frac{c(T)}{T}dT + \frac{p}{T}dv$$

kann weiter vereinfacht werden, da per Definition außerdem das spezifische Volumen konstant ist. Man darf also ruhigen Gewissens $dv = 0$ setzen und bekommt dann für die Entropiedifferenz bei einem inkompressiblen Fluid mit konstanter Wärmekapazität

$$s_2 - s_1 = c \cdot \ln\left(\frac{T_2}{T_1}\right) \ .$$

6.3.3 Die Entropie der Wärme

Man sollte sich merken, dass für die Entropie der Wärme entscheidend ist, bei welcher Temperatur T (in Kelvin!!!) sie auftritt. Ohne große Herleitung, die ist anderswo [1], [24] zu finden, gilt für die Entropie einer Wärme:

$$S_{Q,12} = \frac{Q_{12}}{T} \ .$$

S = KUH DURCH TEE

119

Für den Entropie*strom* eines Wärme*stroms* gilt dasselbe mit Punkten drüber:

$$\dot{S}_Q = \frac{\dot{Q}}{T} \; .$$

Für T wird die Temperatur der Stelle verwendet, wo man die Wärme gerade beobachtet, zum Beispiel an einer Systemgrenze. Achtung: Jetzt kommt ein nettes kleines Detail der Thermodynamik, das die meisten Profs sehr lieb haben und das dementsprechend gerne abgefragt wird. In mündlichen Prüfungen wird gerne eine Frage der Art gestellt „Die Erfahrung zeigt, dass Wärme sich nur dann in Bewegung setzt, wenn sie durch einen Temperaturunterschied dazu gebracht wird. Das passiert immer in Richtung fallender Temperatur. Warum....?" Antwort der Thermo-Experten: „Wann immer eine Wärme strömt, dann strömt mit ihr auch eine Entropie, und die wird wegen des T im Nenner immer größer, je kälter der Ort ist, an dem sich die Wärme gerade befindet. Damit ist nur bei einem Wärmestrom in Richtung *fallender* Temperatur die Aussage erfüllt, dass die Entropieproduktionsrate dieses Prozesses größer als Null sein muss." Wenn man hier angekommen ist, kann man den Sack ruhig zu machen und eventuell noch „Alles andere würde also einen Widerspruch zum zweiten Hauptsatz darstellen" als krönenden Abschluss nachliefern.

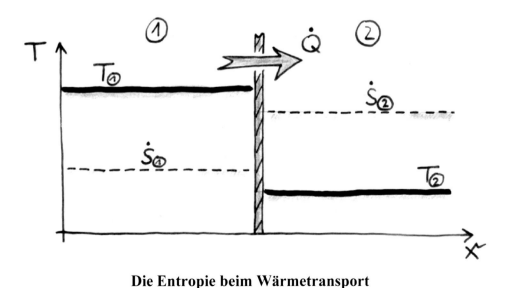

Die Entropie beim Wärmetransport

Unabhängig von der kleinen Prüfungsaufgabe wird damit hoffentlich klar, dass jeder Energietransport in Form von Wärme nicht nur Entropie *transportiert*, sondern auch *erzeugt*. Der Trick, damit die beim Wärmestrom erzeugte Entropie nicht in unserer Entropiebilanz auftaucht, ist der, dass wir die Wärme erst in dem Augenblick bilanzieren, wenn sie schon im System drin ist. Die Entropie wird dann draußen produziert und müsste nur bei einer Entropiebilanz für die Umgebung berücksichtigt werden.

Ein anderer, in mündlichen Prüfungen gerne verfolgter Gedanke, ist dieser: „Kann die Entropie in einem geschlossenen System der Temperatur T, die größer als die Temperatur der Umgebung T_U ist, abnehmen?" Wer jetzt kurz, knapp und korrekt mit „ja" antwortet, darf dann unter Garantie als Nächstes erläutern, ob das denn keinen Widerspruch zum zweiten Hauptsatz darstellt (von wegen Entropie darf nicht weniger werden). Das Geheimnis ist hier die getrennte Betrachtung von System und Umgebung. Aus dem System kann schließlich ein Entropiestrom $\dot{Q}/T$ verschwinden. Deswegen hat man vorhin ruhigen Gewissens mit „ja" antworten dürfen. Wenn der Wärmestrom jetzt in der kälteren Umgebung ankommt, nimmt der über kurz oder lang deren Temperatur T_U an. Damit erreicht ein Entropiestrom $\dot{Q}/T_U$ die Umgebung. Aus $T > T_U$ folgt, dass die aus dem System verschwindende Entropie kleiner ist als die in der Umgebung ankommende. Die Differenz der beiden Entropieströme ist der beim Wärmetransport irreversibel erzeugte Entropiestrom

$$\dot{S}^{irr} = \frac{\dot{Q}}{T_U} - \frac{\dot{Q}}{T} \,.$$

Ganz allgemein gilt, dass ein Wärmetransport nur dann ohne Entropieerzeugung passiert, wenn der Temperaturunterschied (zwischen T und T_U) unendlich klein wird. Das ist ein Grenzfall, der in der Realität nicht zu realisieren ist, in der Modellvorstellung aber sehr wohl. Man spricht dann von einer reversiblen Wärmeübertragung. Da dieser nur bei unendlich kleinen Temperaturdifferenzen abläuft, braucht er leider auch unendlich lange.

6.3.4 Entropieerzeugung durch Dissipation

Was für Wärme und für Wärmeströme gilt, hat leider auch in ähnlicher Form Gültigkeit, für die Arbeit und die Leistung, die eine Systemgrenze passieren. Arbeit in Form von kinetischer und elektrischer Energie ist grundsätzlich erst mal frei von Entropie. Wenn man sie aber in ein System bringt, dann geht immer ein Teil verloren. Dieser Anteil an der Gesamtarbeit ist die Dissipationsarbeit. Wie groß der Anteil ist, kann man nicht vorhersagen, da er von vielen Details des jeweiligen Prozesses abhängt. Wenn man sein Auto einmal ohne Getriebeöl laufen lässt, dann weiß man sehr schnell, dass es ein Unterschied ist, ob die vom Motor kommende mechanische Leistung durch das Getriebe *hindurch* und dann auf die Straße geht oder ob ein nennenswerter Anteil *im* Getriebe aufgrund erhöhter Reibung dissipiert wird.

Entscheidend ist auch bei Arbeit und Leistung die Temperatur, bei welcher der jeweilige Anteil dissipiert wird. Die Entropieerzeugungs*rate* durch die Dissipation einer Leistung, bzw. Entropieerzeugung durch dissipierte Arbeit ist

$$\dot{S}_{\mathrm{diss}} = \frac{P_{\mathrm{diss}}}{T} \qquad \text{bzw.} \qquad S_{\mathrm{diss},12} = \frac{W_{\mathrm{diss},12}}{T} \ .$$

Heißdüsen werden bemerkt haben, dass Wärme und Arbeit beim Aufstellen der Entropiebilanz unterschiedlich behandelt werden. Bei der Wärme kann die Entropie berechnet werden, die sie im Gepäck hat (Kuh durch Tee!). Bei der Arbeit muss man genau wissen, welcher Anteil davon durch Dissipation Entropie erzeugt und welcher Anteil sich reversibel benimmt.

6.4   Der 2. Hauptsatz, ganz allgemein

In Worten ist der zweite Hauptsatz schon in Abschnitt 6.2 vorgestellt worden. Mit unserem neuen Wissen über die Entropie kann der zweite Hauptsatz jetzt ganz (all-)gemein als Gleichung für ein offenes System formuliert werden. Entweder kann eine Momentanbetrachtung

$$\frac{dS_{\mathrm{Sys}}}{d\tau} = \dot{S}_{\mathrm{Q}} + \dot{S}_{\mathrm{diss}} + \dot{S}_{\mathrm{m}} + \dot{S}^{\mathrm{irr}} = \frac{\dot{Q}}{T} + \frac{P_{\mathrm{diss}}}{T} + \dot{m}s + \dot{S}^{\mathrm{irr}}$$

durchgeführt werden, oder die Bilanz wird für einen länger dauernden Prozess vom Zustand 1 zum Zustand 2

$$S_{\text{Sys,2}} - S_{\text{Sys,1}} = S_{\text{Q,12}} + S_{\text{diss,12}} + S_{\text{m,12}} + S_{12}^{\text{irr}} = \frac{Q_{12}}{T} + \frac{W_{\text{diss,12}}}{T} + m_{12}s + S_{12}^{\text{irr}}$$

aufgestellt. Beide Versionen sind hier nur für jeweils *einen* Wärmestrom, *eine* dissipierte Leistung und *einen* Massenstrom angegeben und sind entsprechend durch Summenzeichen zu erweitern, wenn mehrere der Größen auftreten.

6.5   Das T,s-Diagramm

Damit man sich die Änderung der Entropie bei einem Prozess gut vorstellen kann, wird dieser Vorgang auch gerne in Diagrammen dargestellt, wir sind ja schließlich Ingenieure (oder wollen welche werden[110]).

Bei den thermischen Gleichungen war die Herkunft der Diagramme leicht zu erklären, denn diese stellen einfach den mathematischen Zusammenhang in graphischer Form dar, der durch die jeweilige thermische Zustandsgleichung des Stoffes gegeben ist.

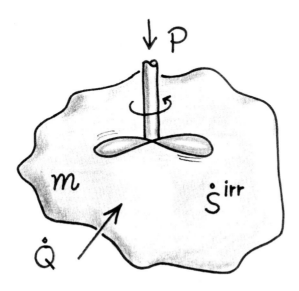

---

[110] Oder müssen: „Denk an deine Zukunft, Kind!"

Um einen ähnlichen Zusammenhang zur Darstellung von Entropieänderungen während eines Prozesses zu bekommen, wird der Prozess an der skizzierten Thermo-Kartoffel betrachtet. Wir haben uns hier ein Hilfskonstrukt aus einem geschlossenen System gebaut. Dargestellt ist ein Fluid, das bei einer Wärmezufuhr gleichzeitig Wellenarbeit[111] erfährt. Die Entropiebilanz für dieses System lautet

$$\frac{dS_{\text{Sys}}}{d\tau} = \frac{\dot{Q}}{T} + \dot{S}^{\text{irr}} \ .$$

Das Ganze mit spezifischen Größen auszudrücken geht auch noch ziemlich leicht (siehe Abschnitt 1.2.5), denn die Masse m ist bekannt. Außerdem ist in diesem System die einzige Quelle für Entropie*produktion* die hineingehende Leistung P. Der dissipierte Anteil dieser Leistung (siehe die Definitionen in den Abschnitten 4.4 und 6.3.4) ist verantwortlich für die im Inneren des Systems produzierte Entropie. Damit kann

$$m\frac{ds}{d\tau} = m\left(\frac{\dot{q}}{T} + \frac{P_{\text{diss}}}{mT}\right)$$

geschrieben werden. Bitte nicht wundern, dass die Leistung P nicht durch p ersetzt wurde, denn der Buchstabe steht ja schon für den Druck. Der Index „*Sys*" wurde nur aus ästhetischen Gründen weg gelassen. Als Nächstes wird die Masse wieder aus der Gleichung raus gekürzt und erst mit der Temperatur T und dann mit der Zeit $d\tau$ mal genommen. Dann wird daraus:

$$T\,ds = \dot{q}\,d\tau + \frac{P_{\text{diss}}}{m}\,d\tau \ .$$

Wenn jetzt die ganze Gleichung vom Zustand 1 (=Anfang) bis zum Zustand 2 (=Ende) integriert wird, dann steht dort statt der dissipierten Leistung P_{diss} die dissipierte Arbeit W_{diss} und wir können endlich auch hier durch die Masse teilen und die spezifische Größe w_{diss} schreiben:

---

[111] Hier wird gerührt, nicht geschüttelt.

$$\int\limits_{1}^{2} T\,ds = q_{12} + w_{\text{diss},12}$$

Es sieht auf den ersten Blick vielleicht nicht so aus, aber mit der oben stehenden Gleichung ist man tatsächlich schon am Ziel angelangt, die Änderung der Entropie eines Systems in einem Diagramm darstellen zu können[112].

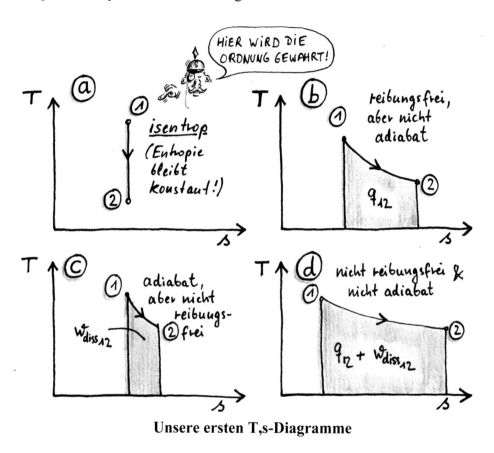

Unsere ersten T,s-Diagramme

Wenn man jetzt in einem Diagramm die beiden Achsen mit T und s beschriftet, dann darf man das Integral auf der linken Seite der letzten Gleichung als Fläche dort einzeichnen. Um ein T,s-Diagramm zu deuten, muss man sich zuerst die Fläche unter der Kurve ansehen. Dann muss man sich überlegen, unter welchen Randbedingungen diese Kurve wohl zustande kam. Dazu sollte man sich merken, dass bei einem adiabaten Prozess $q_{12} = 0$ ist, weil keine Wärme über die Systemgrenze geht und dass bei einem Prozess, der keine Energie dissipiert

---

[112] Ist das nicht wundervoll?

(dazu sagt man auch, er sei *reibungsfrei*) $w_{diss,12} = 0$ ist. Im Hinblick auf eine in ferner Zukunft einmal anstehende Prüfung, wo eines der Stichworte „*isentrop*", „*adiabat*" oder „*reversibel*" in einem Aufgabentext auftauchen könnte, ist außerdem folgendes Wissen hilfreich:

- Ein Prozess, der adiabat *und* reversibel ist, der ist immer und automatisch auch isentrop.
- Ein Prozess, der isentrop ist, muss nicht unbedingt adiabat und reversibel sein. Eine durch Dissipation erzeugte Entropie kann mit einem raus gehenden Wärmestrom aus dem System entfernt werden.
- Wenn ein Prozess isentrop *und* adiabat ist, dann ist er auch reversibel.
- Wenn ein Prozess isentrop *und* reversibel ist, dann ist er auch adiabat.

Damit sind die vier im Bild dargestellten Prozesse a) bis d) leicht zu deuten:

a) Wenn die Fläche Null ist, dann ist die Kurve eine senkrechte Linie und die zugehörige Zustandsänderung ist demzufolge isentrop.

b) Ein wichtiger Fall, denn hier wird ausschließlich eine Wärmemenge als Fläche im T,s-Diagramm dargestellt. Damit ist zum Beispiel ein Verdampfungsvorgang durch Wärmezufuhr leicht zu visualisieren.

c) Hier ist die Fläche unter der Kurve nur durch die dissipierte Leistung zustande gekommen, da die zugeführte Wärme q_{12} Null ist.

d) Das ist der allgemeinste und damit auch der schwierigste Fall, weil nur *eine* Fläche im Diagramm zu sehen ist und man daher nicht erkennen kann, welchen Anteil die Wärme und die dissipierte Energie daran jeweils haben.

6.6 Energie und Entropie im Nassdampfgebiet

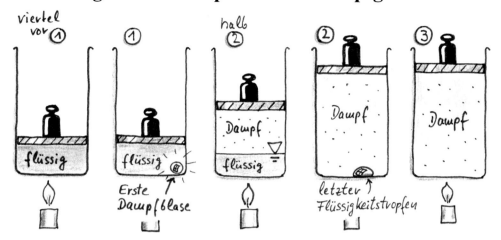

Eine isobare Verdampfung

Thermisch gesehen ist im Nassdampfgebiet schon alles klar. Deswegen kommen jetzt die kalorischen Größen dran. Dazu führen wir uns den Energieumsatz (1. Hauptsatz!) beim isobaren Verdampfen einer Flüssigkeit vor Augen. Dabei fällt vielleicht auf, dass beim Verdampfen der Deckel nach oben gedrückt wird. Die Systemgrenze wandert also bei diesem Prozess. Damit verrichtet das System eine Volumenänderungsarbeit $W_V = p_S \cdot (V_1 - V_2)$ an der Umgebung.

Der Druck p_S ist der Druck im Systeminneren, der gemeinsam durch den Umgebungsdruck und den Druck durch das Gewicht auf dem Deckel erzeugt wird. Damit ist man in der Lage, einen beliebigen Druck im Inneren des Systems einzustellen. Durch eine Betrachtung des Kräftegleichgewichtes am Deckel kommt man darauf, dass der Druck im System während des ganzen Vorganges konstant bleibt, solange man außen den Umgebungsdruck nicht ändert und man auch das Gewicht auf dem Deckel in Ruhe lässt.

Die Flüssigkeit im System ist zu Beginn des Vorganges, im Zustand „viertel vor 1", noch unterkühlt, also weit davon entfernt, dass sich Dampf bilden würde. Der Beginn der Verdampfung, wenn sich im System also die allererste Gasblase bildet, ist der Zustand 1. Mitten im Nassdampfgebiet, wenn also siedende Flüssigkeit und Dampf zugleich existieren, liegt der Zustand „halb 2", das Ende der eigentlichen Verdampfung, also wenn der letzte Tropfen Flüssigkeit gerade verschwindet, ist der Zustand 2. Wenn der Dampf anschließend überhitzt wird, dann ist das der Zustand 3.

Wichtig ist, dass die eigentliche Verdampfung zwischen den Zuständen 1 und 2 passiert. Die Energiebilanz für das verdampfende Fluid lautet für den gesamten Vorgang in der vorher-nachher Schreibweise:

$$U_2 - U_1 = p_S(V_1 - V_2) + Q_{12} \ .$$

Auflösen nach Q_{12}, Ausmultiplizieren der Klammer, Teilen durch die zu verdampfende Masse und sich merken, dass $p_1 = p_2 = p_S$ ist, führt zu einer Gleichung mit spezifischen Größen:

$$q_{12} = u_2 + p_2 v_2 - u_1 - p_1 v_1 \ .$$

Wenn die Definition der Enthalpie (h gleich u plus p mal v) eingesetzt wird, dann wird daraus:

$$q_{12} = h_2 - h_1 \ .$$

In Worten: Die beim isobaren Verdampfen erforderliche spezifische Wärme ist die Differenz der spezifischen Enthalpien am Ende und zu Beginn des Verdampfens. Neu ist hier auch, dass die Enthalpie jetzt bei einem geschlossenen System auftaucht. Das ist vielleicht ungewohnt, aber vollkommen korrekt!

Andererseits kann für die Wärme, zumindest wenn diese gaaanz laaaaangsam, also reversibel, zugeführt wird auch

$$h_2 - h_1 = q_{12} = \int_1^2 T \, ds$$

geschrieben werden. Doch, doch, das darf man wirklich! (Wer anderer Meinung ist, gehe zurück zu Abschnitt 6.5, gehe dabei nicht über „los" und ziehe nicht 2000 Euro ein). Damit ist die zum Verdampfen erforderliche Enthalpie als Fläche im T,s-Diagramm darstellbar.

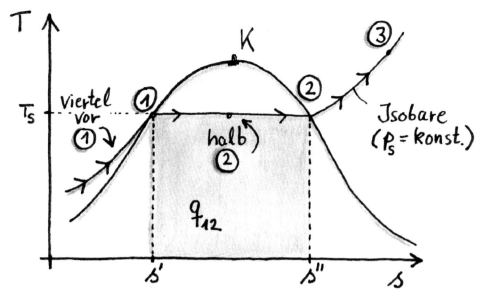

T,s-Diagramm mit isobarer Verdampfung

Nach unserer Definition liegt der Zustand 1 auf der Siedelinie und der Zustand 2 auf der Taulinie. Daher können statt 1 und 2 ab jetzt ' und '' als Index verwendet werden. Das Integral ist die Fläche des grauen Rechtecks im Bild. Am Ende steht dann ein neuer Ausdruck, genannt **Verdampfungsenthalpie** Δh_V, die manchmal auch als **Verdampfungswärme** r bezeichnet wird:

$$\Delta h_V = r = h'' - h' = T_S \left(s'' - s' \right) \, .$$

Die Temperatur T_S ist die Siedetemperatur. Sie wird durch den verdampften Stoff und den von außen eingestellten Druck p_S festgelegt und bleibt bei der isobaren Verdampfung konstant.

Genauso wie die thermischen Größen im Nassdampfgebiet mit Hilfe des Dampfmassengehaltes beschrieben werden, so kann das mit kalorischen Größen und der Entropie auch geschehen. Wir erinnern uns an die Berechnung des spezifischen Volumens im Nassdampfgebiet

$$v = (1 - x)v' + xv''$$

und machen das Gleiche für die innere Energie

$$u = (1-x)u' + xu''$$

und für die Enthalpie

$$h = (1-x)h' + xh'' = h' + x(h'' - h') = h' + x\Delta h_V$$

und für die Entropie

$$s = (1-x)s' + xs'' = s' + x(s'' - s') = s' + x\frac{\Delta h_V}{T} \ .$$

Wenn wir den Dampfgehalt x kennen, dann sind wir in der Lage, die Entropie, die Enthalpie und alle anderen Größen im Nassdampfgebiet zu berechnen. Voraussetzung ist, dass ein gnädiges Schicksal oder der Thermo-Prüfer[113] uns die Stoffwerte für den Siedezustand und den Zustand des gesättigten Dampfes mit auf den Weg gegeben hat.

Behaltet außerdem im Hinterkopf, dass für einen Reinstoff[114] der Siededruck aus der Siedetemperatur sehr leicht berechnet werden kann und umgekehrt genauso. Hierzu kann zum Beispiel die Antoine-Gleichung (Abschnitt 2.3.3) für den jeweiligen Stoff verwendet werden.

6.7 Das h,s-Diagramm

Ein weiteres Diagramm bekommt man, wenn man die Enthalpie über der Entropie aufträgt. Der Vorteil des h,s-Diagramms gegenüber dem T,s-Diagramm ist der, dass hier Enthalpiedifferenzen direkt als Strecke abgelesen werden können. Man kann also zum Beispiel eine Verdampfungsenthalpie direkt ablesen und muss dafür nicht erst, wie beim T,s-Diagramm erforderlich, irgendwelche Flächen ausrechnen. Ausgedacht hat sich dieses Diagramm der Herr Mollier, weswegen es oft auch **Mollier-Diagramm** genannt wird.

---

[113] Wobei das Eine mit dem Anderen ü-ber-haupt nichts zu tun hat.

[114] Der Begriff „*Reinstoff*" ist hier eminent wichtig. Für ein Gemisch ist die Temperatur bei der isobaren Verdampfung nämlich nicht konstant

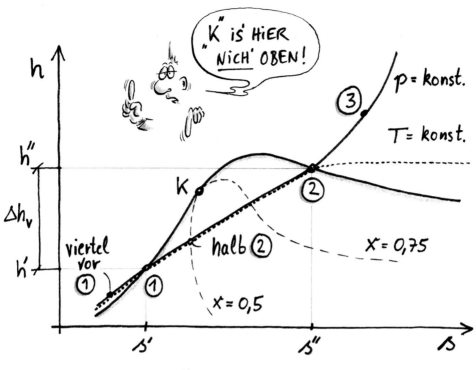

Ein h,s-Diagramm

Das h,s-Diagramm ist dem T,s-Diagramm zwar recht ähnlich, ein paar Unterschiede gibt es aber doch. Wenn man diese kennt, dann vermeidet man einige Fehler, die beim Skizzieren von Zustandsänderungen in diesem Diagramm-Typ gerne gemacht werden. Das kommt gerne mal in Klausuren dran, zum Beispiel in der Form „Zeichnen Sie die angegebenen Zustandsänderungen jeweils in ein qualitatives h,s-Diagramm und in ein T,s-Diagramm ein". Folgende Punkte sollte man beim schnellen Skizzieren beachten:

- Der kritische Punkt liegt im h,s-Diagramm nicht oben auf der Grenze des Nassdampfgebietes, sondern seitlich links.
- Links vom kritischen Punkt liegt die Siedelinie, rechts die Taulinie.
- Die Isobaren haben im h,s-Diagramm einen durchweg glatten Verlauf.
- Die Isothermen haben an den Grenzen zum Nassdampfgebiet Knicke.
- Isothermen und Isobaren laufen im Nassdampfgebiet zwar zusammen, aber nicht waagerecht.

Im letzten Diagramm sind die Zustände der isobaren Verdampfung übrigens mit eingezeichnet. Siehe Seite 127, das war der Topf mit der Kerze drunter.

6.8 Turbinen, Verdichter, isentrope Wirkungsgrade

JOHANN WOLFGANG AN SEINEM SCHWÄRZESTEN TAG.

Jetzt geht es um ein paar Bauteile, die in der Thermodynamik recht häufig vorkommen und die man deswegen gut kennen sollte! Das sind allesamt Bauteile, bei denen ein Massenstrom $\dot{m}$ durch Abgabe oder Aufnahme von mechanischer Leistung (Wellenleistung) entweder gefördert, verdichtet, komprimiert oder entspannt wird. Deswegen heißen die Dinger folgerichtig auch „Pumpe", „Verdichter", „Kompressor" und „Turbine". Frage: Welches von den Vieren passt nicht zu den anderen? Richtig, die Turbine, denn sie gibt als einzige eine Leistung ab, die anderen nehmen Leistung auf. Verdichter und Kompressor sind fast ein und dasselbe Bauteil. Verdichter, die große Massenströme verdichten, werden nämlich als Turbo-Kompressoren oder kurz als Kompressoren bezeichnet. In der Thermodynamik werden oft Zeichnungen verwendet, in denen einzelne Komponenten einer großen Anlage vereinfacht durch Symbole dargestellt werden, so wie die vier Bauteile im nächsten Bild.

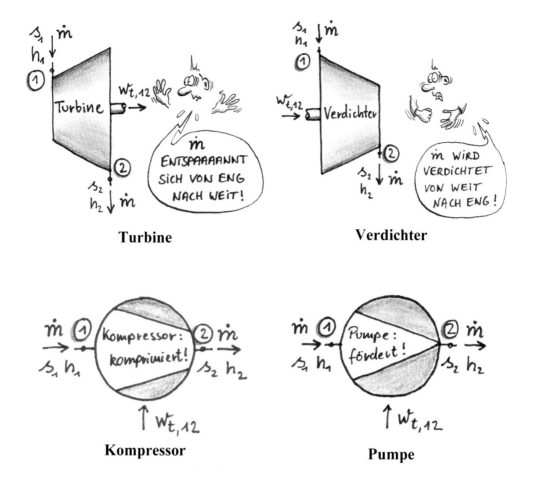

Turbine

Verdichter

Kompressor

Pumpe

Allen Symbolen gemeinsam ist, dass sie andeuten, ob sich das spezifische Volumen des Fluids erhöht oder kleiner wird, denn der Querschnitt für die Strömung ist immer mit dargestellt. Nur bei der Turbine wird dieser breiter, bei Verdichter, Kompressor und Pumpe wird er enger.

Die vorgestellten Bauteile haben eine durchaus angenehme Sache gemeinsam, denn es gibt zu deren (mathematischer) Behandlung eine enorm nützliche Erfindung: Den **isentropen Wirkungsgrad**. Er ermöglicht eine einfache Berechnung von Turbinen, Verdichtern und Co., wenn man mal gezwungen sein sollte, sich in einer Thermoklausur mit diesen Bauteilen zu beschäftigen. Der erste Hauptsatz für solch ein stationär arbeitendes Aggregat lautet

$$0 = P + \dot{m}(h_1 - h_2) = w_{t,12} + h_1 - h_2,$$

wenn man den Eintritt des Massenstroms mit 1 bezeichnet und den Austritt mit 2 und man davon ausgeht, dass das Ding adiabat ist. Für die technische Arbeit (die bei der Turbine raus kommt und allen Anderen rein gesteckt werden muss) erhält man den Ausdruck

$$w_{t,12} = h_2 - h_1 \ .$$

Dieser Wert wird jetzt verglichen mit dem Wert, den eine reversibel arbeitende Maschine beim selben Eintrittszustand des Arbeitsfluids liefern würde. Zur Unterscheidung zwischen reversibel und nicht reversibel arbeitender Maschine, wird für die reversibel arbeitende Maschine der Austrittsquerschnitt mit dem Index 2′ bezeichnet[115] und die reversible technische Arbeit ist dann

$$w_{t,12,\text{rev}} = h_{2'} - h_1 \ .$$

Damit das Ganze jetzt wirklich hilfreich wird, muss man wissen, dass in Klausuren oft der isentrope Wirkungsgrad angegeben wird. Dieser ist für eine *Turbine* definiert als das Verhältnis der von der Turbine tatsächlich gelieferten Arbeit und der Arbeit, die sie leisten würde, wenn sie reversibel wäre:

$$\eta_{\text{S,T}} = \frac{w_{t,12}}{w_{t,12,\text{rev}}} = \frac{h_2 - h_1}{h_{2'} - h_1} \ .$$

Beim isentropen *Verdichter*wirkungsgrad (ebenso natürlich für Pumpe und Kompressor) ist es genau umgekehrt, denn dieser ist definiert als das Verhältnis der zur Verdichtung im reversiblen Fall erforderlichen Arbeit, zur tatsächlich erforderlichen Arbeit:

$$\eta_{\text{S,V}} = \frac{w_{t,12,\text{rev}}}{w_{t,12}} = \frac{h_{2'} - h_1}{h_2 - h_1} \ .$$

Wenn man jetzt, egal ob für eine Turbine oder einen Verdichter, den Eintrittszustand kennt und ein isentroper Wirkungsgrad gegeben ist, dann kann man so

---

[115] Vorsicht: Der Strich ′ hat *hier* nichts mit der flüssigen Phase im Nassdampfgebiet zu tun.

rechnen, als ob die Anlage reversibel arbeitet. Der Vorteil dabei ist, dass im zweiten Hauptsatz das S^{irr} wegfällt und dass man die spezifische Entropie im Austritt schon kennt, die ist nämlich gleich der Entropie im Eintritt. Diese wiederum ist entweder bekannt oder kann (hoffentlich) aus anderen Angaben berechnet werden.

Wenn man auf diesem Weg zum Beispiel eine reversible technische Arbeit berechnet, dann kann man ganz einfach mit dem isentropen Wirkungsgrad die reale technische Arbeit berechnen. Als Beispiel wird die Verdichtung eines Massenstroms $\dot{m} = 0,1$ kg/s eines idealen Gases mit $R_{\mathrm{L}} = 0,2871$ kJ/(kgK) und mit konstanter Wärmekapazität $c_{\mathrm{P}} = 1,004$ kJ/(kgK) betrachtet, dessen Druck von $p_1 = 1,013$ bar auf $p_2 = 9,5$ bar erhöht wird. Die Temperatur der Luft vor dem Verdichten ist $t_1 = 20$ °C. Gefragt ist die erforderliche Antriebsleistung des Verdichters bei einem isentropen Verdichterwirkungsgrad $\eta_{\mathrm{S,V}} = 0,9$.

Die Lösung liegt in der Tatsache, dass die Entropie der Luft gleich bleibt. Dann gilt für die Entropie-Zustandsgleichung des idealen Gases

$$s_2 - s_1 = 0 = c_{\mathrm{P}} \cdot \ln \frac{T_2'}{T_1} - R \cdot \ln \frac{p_2}{p_1}$$

und wir bekommen für den isentropen Betrieb die Temperatur im Austritt:

$$T_2' = T_1 \cdot e^{\left(\frac{R}{c_{\mathrm{P}}} \cdot \ln \frac{p_2}{p_1} \right)} = 293,15\,\mathrm{K} \cdot e^{\left(\frac{0,2871}{1,004} \cdot \ln \frac{9,5}{1,013} \right)} = 556\,\mathrm{K} \ .$$

Damit wird die Antriebsleistung mit Hilfe des ersten Hauptsatzes berechnet, dieses mal aber unter Beachtung der realen Änderung der Entropie:

$$P = \frac{1}{\eta_{\mathrm{S,V}}} \cdot \dot{m} \cdot c_{\mathrm{P}} (T_2' - T_1) = \frac{1}{0,9} \cdot 0,1\,\mathrm{kg/s} \cdot 1,004\,\mathrm{kJ/(kgK)} \cdot (556\,\mathrm{K} - 293,15\,\mathrm{K})$$
$$= 29,32\,\mathrm{kW}$$

Das war doch jetzt eine ziemlich kompakte und übersichtliche Berechnung. Wenn man das Prinzip einmal verstanden hat, dann sind die isentropen Wirkungsgrade enorm hilfreiche Gesellen!

7 Exergie und Anarchie

Wenn man als Ingenieur mit Energie hantiert, dann hat man indirekt auch immer einen Batzen Geld in den Händen. Der Leiter eines fossil betriebenen Kraftwerkes muss die Kohlen zum Verheizen beschaffen und die Stadtwerke verkaufen den erzeugten Strom für teuer Geld an den Endverbraucher. Aus der Tatsache, dass Leute überhaupt bereit sind ein Kraftwerk zu betreiben, kann man eine einfache, mikro-ökonomische Schlussfolgerung ziehen. Der Verkauf einer gewissen Menge an elektrischer Energie muss deutlich mehr Geld einbringen, als man für den Kauf derselben Menge an chemischer Energie hinlegen muss.

Der Grund für diesen Preisunterschied ist mal wieder die Entropie, die entweder bei den verschiedenen Energiearten mal mehr mal weniger ausgeprägt, quasi als ungewünschte Dreingabe, mitgeliefert wird (je mehr Entropie, desto billiger) oder die Entropieerzeugung, die bei unseren technischen Möglichkeiten der Energiewandlung zwangsläufig passiert (je irreversibler die erforderliche Umwandlung, desto billiger ist die Energie entweder zu bekommen oder desto teurer wird das Endergebnis verkauft).

Allerdings hängt der „Wert" der Energie eines Systems genauso vom System selber ab, wie von dessen Umgebung: Eine Tasse mit Kaffee der Temperatur t = 20 °C ist unter den üblicherweise herrschenden Raumtemperaturen absolut uninteressant, sowohl vom Geschmack her, als auch vom Standpunkt der Energiewandlung aus gesehen. Wenn wir diese Tasse jetzt an den Nordpol stellen, dann schmeckt der Kaffe zwar noch immer nicht, wir haben aber in der eisigen Umgebung plötzlich ein System, dessen Energie wir nutzen können. Zum Beispiel, um unsere Finger für eine Weile vor dem Erfrieren zu schützen.

Ganz allgemein, schaut man in der technischen Thermodynamik nach, welche *entropiefreie* Arbeit aus einem System gewonnen werden kann. Klar ist, wenn das System mit seiner Umgebung im Gleichgewicht ist, dann ist dort auch nichts mehr heraus zu holen. Je kleiner die Entropieproduktionsrate des Prozesses ist, mit dem unser System in das Gleichgewicht mit der Umgebung gebracht wird, desto besser ist er aus der Sicht der Thermodynamik. Der beste Prozess ist daher ein reversibler Prozess, denn er erzeugt gar keine Entropie.

Die Arbeit, die man aus einem System maximal gewinnen kann, wenn man es mit seiner Umgebung durch einen reversiblen Prozess ins Gleichgewicht bringt, heißt die **Arbeitsfähigkeit** des Systems und wird auch **Exergie** genannt. Die restliche Energie des Systems, also diejenige die man nicht in Arbeit wandeln kann, hat den Namen **Anergie** bekommen. Wenn ein System den Zustand der Umgebung angenommen hat, dann ist es im thermodynamischen Gleichgewicht und gibt keine Arbeit mehr ab. Dann ist die Energie des Systems reine Anergie. Achtung: Das gilt natürlich auch für die Umgebung selber:

Die Energie der Umgebung ist reine Anergie.

Jede Energieform setzt sich anteilig aus Exergie und Anergie zusammen:

Energie = Exergie + Anergie .

Derselbe Zusammenhang lautet als Gleichung geschrieben:

$$E = E_{ex} + E_{an} \ .$$

7.1 Exergie-Rechnereien

Die Bestimmung der Anteile von Exergie und Anergie für die verschiedenen Energieformen, die wir kennen, ist Gegenstand der folgenden Abschnitte.

7.1.1 Exergie und Anergie eines geschlossenen Systems

Um die Exergie eines Systems zu bekommen, lässt man das System mit dem Ausgangszustand p_1 und T_1 nacheinander zwei reversible(!) Zustandsänderungen durchlaufen:

$1\rightarrow 2$: Eine reibungsfreie und adiabate (= reversible und isentrope) Volumenänderung, um die Temperatur des Systems T_1 auf die Temperatur der Umgebung T_U zu bringen (im T,s-Diagramm unten, Zustandsänderung $1\rightarrow 2$). Dabei ändert sich der Druck von p_1 auf p_2.

$2\rightarrow 3$: Eine isotherme und somit reversible aber nicht isentrope Wärmezufuhr oder Wärmeabfuhr, um den Druck des Systems p_2 auf Umgebungsdruck p_U zu bringen (im T,s-Diagramm unten, Zustandsänderung $2 \rightarrow 3$).

Es mag verwirrend erscheinen, dass eine Volumenänderung zum Einstellen der Temperatur verwendet wird und ein Wärmestrom bei konstanter Temperatur zum Einstellen des Drucks. Solche scheinbar im Widerspruch zur täglichen Erfahrung stehenden Vorgehensweisen sind eine Spezialität der Thermodynamik und sie tragen mit zu der Verwirrung bei, die dieses Fach stiftet. Bei reversiblen Prozessen klappt das mit der Änderung von Volumen und Druck aber außerordentlich gut, wie das T,s-Diagramm für diese Abläufe zeigt.

Überführung eines geschlossenen Systems auf den Umgebungszustand

Die Energiebilanz für die Überführung des geschlossenen Systems vom Zustand 1 in den Zustand der Umgebung 3 lautet:

$$U_3 - U_1 = W_{V,12} + W_{V,23} + Q_{23} \ .$$

Die Volumenänderungsarbeiten $W_{V,12}$ und $W_{V,34}$ während der isentropen Volumenänderung sind aus Abschnitt 4.4 bekannt. Interessant sind aber für die Berechnung der Exergie nicht die Volumenänderungsarbeiten, sondern die Nutzarbeiten, die aus dem System gewonnen werden können. Die Nutzarbeit (siehe deren Definition, ebenfalls in Abschnitt 4.4) unterscheidet sich von der Volumenänderungsarbeit des Systems, weil hier der Druck der Umgebung p_U beachtet werden muss:

$$W_{N,12} = W_{V,12} - p_U(V_1 - V_2) \qquad \text{und} \qquad W_{N,23} = W_{V,23} - p_U(V_2 - V_3) \ .$$

Damit kann in die Energiebilanz die Nutzarbeit hinein gebracht und die Volumenänderungsarbeit zugleich hinaus geworfen werden. Das führt dann zu

$$U_3 - U_1 = W_{N,12} + p_U(V_1 - V_2) + W_{N,23} + p_U(V_2 - V_3) + Q_{23} \; .$$

Wenn wir das nach den beiden Nutzarbeiten auflösen, dann haben wir einen Ausdruck für die reine Exergie, die aus dem System gewonnen werden kann, denn auch der isotherme Wärmeübergang (Zustandsänderung 2→ 3) liefert ansonsten nur Anergie bei der Umgebung ab, denn die ausgetauschte spezifische Wärme fließt bei Umgebungstemperatur. Parallel dazu können wir dann auch noch V_2 aus der Gleichung raus werfen, da es einmal mit einem Plus davor und einmal mit einem Minuszeichen vorkommt:

$$W_{N,12} + W_{N,23} = U_3 - U_1 + p_U(V_3 - V_1) - Q_{23} \; .$$

Einsetzen des Ergebnisses der Entropiebilanz

$$Q_{23} = T_U(S_3 - S_2)$$

für den reversiblen Prozess vom Zustand 2 zum Zustand 3 führt zu

$$W_{N,12} + W_{N,23} = U_3 - U_1 + p_U(V_3 - V_1) - T_U(S_3 - S_2) \; .$$

Die Exergie, die man vom System erhält, ist aufgrund unserer Vorzeichenkonvention gleich minus der Exergie, die unser System abgibt (die Summe der beiden Nutzarbeiten). Damit haben wir

$$E_{ex} = -(W_{N,12} + W_{N,23}) = U_1 - U_3 + p_U(V_1 - V_3) - T_U(S_2 - S_3)$$

für die Exergie, die wir bekommen. Jetzt muss man sich bloß noch erinnern, dass Zustand 3 gleich dem Umgebungszustand ist (man darf in den Gleichungen die Indices 3 und U also beliebig tauschen), dass $s_2 = s_1$ ist (das war eine reversible Zustandsänderung, darf man also auch tauschen) und man endet bei dem Ausdruck

$$E_{\text{ex}} = U_1 - U_{\text{U}} + p_{\text{U}}(V_1 - V_{\text{U}}) - T_{\text{U}}(S_1 - S_{\text{U}})$$

für die aus einem geschlossenen System herauszuholende Exergie. Man darf sich vor allem nicht durch die Vorzeichen verrückt machen lassen! Einmal kann man die Exergie aus der Sicht des abgebenden Systems sehen und einmal, ganz egoistisch, aus unserer eigenen Sicht, denn wir bekommen die Exergie ja vom System. Die Exergie ist ein und dieselbe, nur das Vorzeichen ändert sich mit der Blickrichtung.

Die Anergie desselben Systems ist die Differenz aus dessen Energie U_1 im Ausgangszustand 1 und der oben berechneten Exergie:

$$E_{\text{an}} = E_{\text{Sys}} - E_{\text{ex}} = U_1 - \left[U_1 - U_{\text{U}} + p_{\text{U}}(V_1 - V_{\text{U}}) - T_{\text{U}}(S_1 - S_{\text{U}}) \right] .$$

Damit ist dann die Anergie

$$E_{\text{an}} = U_{\text{U}} - p_{\text{U}}(V_1 - V_{\text{U}}) + T_{\text{U}}(S_1 - S_{\text{U}}) .$$

Ein vorletzter Hinweis noch: Bei den Betrachtungen in diesem Abschnitt war das System ruhend, also frei von kinetischer Energie und auch die potentielle Energie wurde außen vor gelassen. Bitte merken: Diese beiden Energieformen sind reine Exergie!

Letzter Hinweis: Wer Langeweile hat, kann sich ja mal Gedanken machen über die Exergie eines evakuierten Vakuum-Behälters in einer Umgebung, die unter Normaldruck steht. Die Exergiegleichung oben sagt uns nämlich, dass dieses Nichts (Vakuum) Exergie enthält. Es erscheint zuerst als ein Widerspruch, dass ein Nichts Exergie und damit Energie enthalten soll, ist es aber nicht, denn der *Unterschied* zum Umgebungszustand ist hier das Entscheidende.

7.1.2 Exergie und Anergie der Wärme

Die Exergie einer Wärme Q der Temperatur T bekommt man, indem man sie einer reversibel arbeitenden Maschine zuführt. Diese Maschine wandelt die Wärme Q in technische Arbeit W_t um. Sie heißt deswegen Wärme-Kraft-Maschine und wie sie funktioniert, kommt in Abschnitt 9.1 dran. Wenn die

Maschine a) reversibel läuft und b) die Wärme Q_{raus}, die von der Maschine an die Umgebung abgegeben werden muss, damit die Maschine die Entropie los wird, bei Umgebungstemperatur T_U abgegeben wird, dann ist die gelieferte Arbeit gleich der Exergie der zugeführten Wärme und die Abwärme Q_{raus} ist reine Anergie.

Die Energiebilanz für die stationär und reversibel arbeitende Maschine lautet

$$0 = Q - Q_{raus} - W_t$$

und die Entropiebilanz ist

$$0 = \frac{Q}{T} - \frac{Q_{raus}}{T_U} \quad .$$

Wir haben jetzt zwei Gleichungen für die beiden Unbekannten W_t (das ist die Exergie der Wärme) und Q_{raus} (das ist die Anergie der Wärme) und können umstellen. Einmal bekommen wir die Exergie

$$E_{ex} = W_t = Q - Q_{raus} = Q - \frac{T_U}{T} Q$$

$$\Leftrightarrow E_{ex} = \left(1 - \frac{T_U}{T}\right) \cdot Q$$

und einmal die Anergie

$$E_{an} = Q_{raus} = \frac{T_U}{T} Q \quad .$$

Beide Anteile zusammen ergeben wieder die Wärme Q. Die Betrachtung in diesem Abschnitt ist zur Abwechslung mit Wärmen und Arbeiten durchgeführt worden. Fast dasselbe Ergebnis wäre raus gekommen, wenn wir stattdessen Wärmeströme und Leistungen genommen hätten. Anstelle der Exergie und der Anergie hätten dann am Ende halt ein Exergiestrom und ein Anergiestrom gestanden.

7.1.3 Exergie und Anergie eines Massenstroms

Betrachtet wird der Massenstrom $\dot{m}$, der den hier dargestellten Kontrollraum durchströmt.

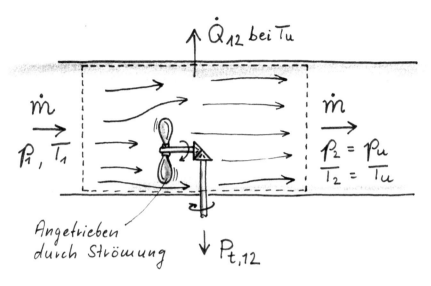

Kontrollraum zur Bestimmung der Exergie eines Massenstroms

Wenn man die Exergie dieses Massenstromes im Zustand 1 erhalten will, dann muss dieser am Austritt aus dem Kontrollraum im Umgebungszustand sein, also deren Druck p_U und deren Temperatur T_U angenommen haben. Die Abfuhr der Wärme muss ebenfalls bei Umgebungstemperatur erfolgen. Dann lautet die Energiebilanz für die stationäre Strömung

$$0 = H_1 - H_2 - \dot{Q}_{12} - P_{t,12} \ .$$

Umstellen nach der (entropiefreien!) technischen Leistung und merken, dass der Zustand 2 gleich dem Umgebungszustand ist, ergibt

$$P_{t,12} = H_1 - H_U - \dot{Q}_{12} \ .$$

Für die Strömung, die nicht nur stationär sein soll, sondern auch reversibel ablaufen muss, wenn man die im Eintrittsquerschnitt ankommende Exergie bestimmen will, liefert die Entropiebilanz erst mal Folgendes:

$$0 = S_1 - S_2 - \frac{\dot{Q}_{12}}{T_U} \ .$$

Das kann noch umgebaut werden, denn die Entropie im Austritt S_2 ist gleich der Entropie der Umgebung S_U, denn die Temperatur und der Druck des Stoffstromes sollen an dieser Stelle genauso wie die Umgebung sein. Wenn man damit dann (eine Gleichung weiter oben) den Wärmestrom eliminiert und auch noch durch den Massenstrom teilt, dann bekommt man die spezifische Exergie für eben diesen Massenstrom:

$$e_{ex} = w_{t,12} = h_1 - h_U - T_U(s_1 - s_U) \ .$$

Aufgepasst: Aus der *Leistung* ist durch das Teilen durch den Massen*strom* jetzt die *spezifische Arbeit* geworden!

Die spezifische Anergie ist die Summe sämtlicher anderer Energieformen, die (bei Umgebungsbedingungen) aus dem Kontrollraum gehen:

$$e_{an} = h_U + q_{12} = h_U + T_U(s_1 - s_U) \ .$$

Auch hier ist die Summe aus der Exergie und der Anergie

$$h_1 = e_{ex} + e_{an}$$

gleich der in Form der spezifischen Enthalpie h_1 des Massenstroms zugeführten Energie.

7.1.4 Ex und hopp - Exergieverluste

In den drei Abschnitten zuvor war immer Voraussetzung, dass die betrachteten Vorgänge reversibel ablaufen müssen, weil man sonst nicht die gesamte Exergie aus einem System heraus bekommen konnte. Umgekehrt bedeutet das auch, dass jede Irreversibilität Exergie in Anergie umwandelt, denn die Energie (die Summe aus Exergie und Anergie) bleibt insgesamt erhalten. Die Frage ist jetzt, wie viel Exergie bei einem realen, irreversiblen Prozess den Bach runter geht.

Die Antwort nennt man dann den Exergieverlust $e_{ex,V}$ oder den Exergieverlust*strom* $\dot{e}_{ex,V}$ des betrachteten Prozesses.

Dazu stellt man, wie immer bei Thermo, eine Bilanz auf. Dieses Mal für die Exergie. Für einen beliebigen Prozess kommt man dann nach einigen Umformungen auf die folgenden Ausdrücke für den Exergieverlust und den Exergieverluststrom:

$$E_{ex,V,12} = T_U S_{12}^{irr} \quad \text{oder} \quad \dot{E}_{ex,V} = T_U \dot{S}^{irr} \; .$$

In Worten: Der Exergieverlust ist gleich dem Produkt aus der Umgebungstemperatur und der erzeugten Entropie. Wenn man also aufgefordert wird, einen Exergieverlust zu bestimmen, dann darf man *immer* als Erstes den zweiten Hauptsatz bemühen, um die erzeugte Entropie zu bestimmen.

7.1.5 Der exergetische Wirkungsgrad

Wenn der Exergieverlust erst mal berechnet ist, dann kann ein Prozess damit sehr gut beurteilt werden, indem man den exergetischen Wirkungsgrad

$$\eta_{ex} = \frac{w_t}{e_{ex,rein}}$$

definiert, der die unter realen Bedingungen (irreversibel) gewonnene technische Arbeit auf die zugeführte Exergie bezieht. Bei einem vollständig reversiblem Prozess ist $\eta_{ex} = 1$, denn es geht keine Exergie verloren. Alles, was man an Exergie aufwendet, bekommt man in Form von Exergie wieder heraus.

8 Wärmeübertragung

Dieses Kapitel ist ein kleiner Ausflug in die Welt, die jenseits der Grundlagen der Thermodynamik wartet. Wer keine Lust dazu hat, kann sich gleich dem nächsten Abschnitt zuwenden und diesen hier auslassen. Wer mehr dazu wissen möchte, wird nach der Lektüre dieses Kapitels sicherlich in den zu dem Thema deutlich weiter führenden Werken [2] oder [26] fündig.

In der Thermodynamik ist immer nur die Rede davon, dass „ein Wärmestrom $\dot{Q}$ eine Systemgrenze bei einer Temperatur T überschreitet". Es wird aber nie weiter beleuchtet, was da *genau* passiert. Die Frage lautet also: „Wie kommt Wärme über eine Systemgrenze?" Antwort: Im Prinzip ganz einfach.... und zwar hat die Wärme genau drei verschiedene Möglichkeiten, um sich über eine Systemgrenze zu bewegen.

8.1 Wärmeleitung

Da wäre als Erstes die **Wärmeleitung** zu nennen. Bei der Wärmeleitung fließt ein Wärmestrom *innerhalb* eines Körpers, wobei der Körper selber still steht und sich auch im Inneren des Körpers (außer der Wärme) nichts bewegt. Physikalisch gesehen, regen hier erwärmte (und deswegen munter schwingende) Teilchen ihre Nachbarn ebenfalls zum Swingen an, bis der ganze Körper warm ist. Für den (einfachen) Sonderfall der eindimensionalen Wärmeleitung in einer ebenen Wand, die aus einem homogenen Material besteht, wird der Wärmestrom mit der Gleichung

$$\dot{Q} = -\lambda \cdot A_{\mathrm{Q}} \cdot \frac{dT}{dx}$$

berechnet. Man muss als Erstes die Wärmeleitfähigkeit λ des Materials kennen. Für einen guten Wärmeleiter wie Aluminium ist zum Beispiel $\lambda_{\mathrm{Alu}} \approx 200$ W/(mK), für einen schlechten Wärmeleiter wie Holz ist $\lambda_{\mathrm{Holz}} \approx 0{,}2$ W/(mK). Außerdem muss man die Änderung der Temperatur dT entlang des Wegs der Wärme dx kennen (das ist der Bruch in der Gleichung). Das kann man oft (nicht immer!) durch eine Gerade annähern: Wenn ein Ende eines 1 Meter langen Balkens <u>stationär</u> die Temperatur 100 °C hat und das andere Ende 20 °C, dann ist der Temperaturgradient $dT/dx = 80$ K/m.

Oft sind die Vorgänge bei der Wärmeleitung aber instationär, so wie bei dem hier dargestellten „Mitarbeiter-Wecker". Das Feuer am einen Ende des Trägers erwärmt diesen und nach einiger Zeit merkt unser Bauarbeiter dann auch am eigenen Hintern, dass sich die Mittagspause dem Ende nähert. In der Gleichung oben ist A_Q übrigens die *Querschnitt*fläche des Balkens, außerdem ist noch das Vorzeichen wichtig, das dafür sorgt, dass der Wärmestrom in Richtung fallender Temperatur geht. Sonst meckert nämlich der zweite Hauptsatz (siehe Abschnitt 6.3.3).

8.2 Konvektion

Die zweite Möglichkeit ist die Wärmeübertragung durch **Konvektion**[116]. Wer das Wasser in der Dusche auf heiß stellt, dem wird dann bald schön warm. Der Grund für diesen einfachen Sachverhalt ist eine Wärmeübertragung durch Konvektion. Konvektion bedeutet, dass Wärme durch bewegte Masse transportiert und von dieser an einen anderen Körper abgegeben wird.

Es werden zwei Fälle unterschieden: Wenn man den Massenstrom zwingen muss, sich in Bewegung zu setzen, dann heißt der Vorgang **erzwungene Konvektion**. Ein Beispiel ist die mit Hilfe eines Föhns erzwungene Konvektion heißer Luft an den zu trocknenden Kopf.

---

[116] Das ist doch mal wieder ein schönes Fremdwort. Dieses hier kommt direkt aus dem Lateinischen von „convehere" und bedeutet „zusammen bringen", weil eine Strömung die Wärme quasi mitbringt.

Wenn sich die Materie auf freiwilliger Basis bewegt, dann heißt das Ganze folgerichtig **freie Konvektion**. Die freie Konvektion wird von Segelfliegern sehr geschätzt, denn sie ist für die eminent wichtige Thermik (Aufwinde) verantwortlich. Die freie Konvektion entsteht, weil warme Luft sich ausdehnt (sagt auch das ideale Gasgesetz) und damit eine geringere Dichte als kalte Luft hat. Die Schwerkraft auf der Erde versucht grundsätzlich, alle Dinge so zu sortieren, dass Stoffe mit der größten Dichte unten liegen und Stoffe mit geringerer Dichte oben. Weil die warme Luft nach oben will (und die kalte Luft nach unten), kommt dann eine Bewegung zustande.

Der Wärmestrom, der durch Konvektion zu einem Körper hin oder von ihm weg transportiert wird, kann mit Hilfe der folgenden Gleichung berechnet werden:

$$\dot{Q} = \alpha \cdot A_{\mathrm{O}} \cdot \left(T_{\mathrm{K}} - T_{\mathrm{U}} \right) .$$

Dabei ist α der Wärmeübergangskoeffizient, dessen Berechnung in späteren Vorlesungen mit Namen wie „Wärmeübertragung" drankommt. Als Daumenwert kann man sich merken, dass der Wärmeübergangskoeffizient für freie Konvektion an die Luft einen Wert von ungefähr $\alpha = 10$ W/(m²K) hat. Die Fläche A_O, welche die Wärme überträgt ist die *Oberfläche* des Körpers. Man bekommt sie entweder vom Chef gesagt oder sucht sie sich, ganz ingenieurmäßig, aus technischen Zeichnungen raus. Die Temperaturdifferenz in der Klammer ist der Unterschied zwischen der Temperatur an der Oberfläche des Körpers, der Wärme aufnimmt (oder abgibt) und der Temperatur der Umgebung.

8.3 Wärmestrahlung

Die dritte Möglichkeit ist die Wärmeübertragung durch **Strahlung**. Der Vorteil dieses Transportweges ist, dass dazu keine Materie, wie bei der Wärmeleitung oder der Konvektion, nötig ist. Strahlung klappt auch im leeren Weltraum, zum Beispiel auf der Strecke von der Sonne zur Erde. Dafür ist sie leider aber auch die am schwersten zu behandelnde Art der Wärmeübertragung und hat den einen oder anderen Thermodynamiker[117] [11] und [15] schon an den Rand des Wahnsinns getrieben.

Wenn man den Wärmestrom berechnen will, den ein Körper in Form von Strahlung an seine Umgebung aussendet, dann sieht die Gleichung dafür eigentlich ganz harmlos aus:

$$\dot{Q} = \varepsilon \cdot A_O \cdot \sigma \cdot T_K^4 \ .$$

Hier ist ε der Emissionsgrad des Körpers, der zwischen 0 und 1 liegen kann. Ein Körper, dessen Emissionsgrad $\varepsilon = 1$ ist, heißt komischerweise „schwarzer Körper", obwohl er die bei der Temperatur T_K maximal mögliche Menge an Strahlung abgibt. Die Konstante σ hat den Wert $\sigma = 5{,}67051 \cdot 10^{-8}$ W/m²K^4 und hört auf den Namen Stephan-Boltzmann-Konstante. Das A_O steht auch hier für die Oberfläche des Körpers.

Für den Strahlungsaustausch zwischen zwei Körpern sind zusätzlich deren Eigenschaften (Flächen, Emissionsgrade) und deren geometrische Anord-

---

[117] Anmerkung des Lektors: „Und vermutlich auch Nicht-Thermodynamiker."

nung (Winkel und Entfernungen) wichtig. Mit anderen Worten, die Gleichungen werden so kompliziert, dass sie den Spezialvorlesungen über die Wärmeübertragung vorbehalten bleiben. Hier reicht es aus, sich zu merken, dass die Wärmeströme durch freie Konvektion und durch Strahlung bei Raumtemperatur (zum Beispiel bei einem Heizkörper) ungefähr gleich groß sind.

9 Kreisprozesse

Bislang wurde fast nur definiert und theoretisiert.[118] Wer sich terrorisiert fühlt, der sollte mal eine Pause machen, denn in diesem und den folgenden Kapiteln sollen konkrete Anwendungen durchleuchtet werden, damit nicht immer nur von einem abstrakten „System" die Rede ist.

Alle Prozesse zur Energiewandlung, haben eines gemeinsam: Wenn man sie von außen betrachtet, dann geht mindestens ein Wärmestrom hinein, mindestens einer geht hinaus und irgendwo geht auch eine Leistung in das System rein oder raus, je nachdem was man vorhat. Es werden zwei Arten dieser Maschinen unterschieden. Wenn man Wärme hineinsteckt, um eine Leistung zu gewinnen (Kraftwerk), dann wird das Ganze **Wärme-Kraft-Maschine** genannt. Wenn man eine Leistung hineinsteckt, um einen Wärmestrom zu bewegen (zum Beispiel beim Kühlschrank), dann wird das Ganze als **Kältemaschine** oder **Wärmepumpe** bezeichnet.

Man kann einen solchen Apparat, zum Beispiel ein reales Kraftwerk entweder im Detail betrachten und versuchen, für jede einzelne Schraube die thermodynamischen Bilanzen aufzustellen (und zu lösen) oder man sieht das ganze Kraftwerk als eine Black-Box an und behandelt es wie eine Wärme-Kraft-Maschine mit nur drei Energieströmen über die Systemgrenze.

In der technischen Welt findet nahezu jede Art der Energiewandlung durch eine bestimmte Art von Prozessen statt, die sich **Kreisprozesse** nennen. Der Name Kreisprozess kommt daher, dass sich bei diesem Prozess im Inneren des Systems ein Arbeitsmedium in einem Kreislauf bewegt (mal Wasser/Wasserdampf in einem Kraftwerk, mal Kühlmittel im Kühlschrank). Die Bezeichnung wird aber auch angewendet auf offene Systeme, zum Bcispiel das Triebwerk eines Flugzeugs, das Luft aus der Umgebung zur Verbrennung angesaugt und nachher die Abgase wieder an diese abgibt. Das ist deswegen erlaubt, weil die Umgebung quasi den Kreislauf schließt, auch wenn sich das Arbeitsmedium nicht in einem *auf Anhieb* zu erkennenden Kreislauf bewegt.

Ein weiteres Unterscheidungsmerkmal für Kreisprozesse ist die Art des Arbeitsfluids, das verwendet wird. In Kraftwerken kommt fast immer Wasser zum Einsatz, weil es billig zu haben und ungiftig ist und es außerdem mit einer

---

[118] Das heißt, der Mathematiker sitzt satt und zufrieden in der Ecke, und der Ingenieur fragt sich: „Was soll das Ganze, was kann <u>ich</u> damit anfangen?"

hohen Wärmekapazität und Verdampfungsenthalpie ausgestattet ist. Die beiden letzten Eigenschaften des Wassers erlauben es, vergleichsweise große Energiemengen mit einem kleinen Massenstrom zu transportieren, so dass bei der Auslegung von Turbinen, Pumpen und Rohrleitungen möglichst klein (und damit so billig wie möglich) gebaut werden kann.

Dass in Kältemaschinen Wasser eher selten bis gar nicht verwendet wird, liegt daran, dass es bei den gewünschten Temperaturen gefriert. Dann wird es ziemlich schwierig, das Wasser in einem geschlossenen Kreislauf zu bewegen. Hier ist das Einsatzgebiet der so genannten Kältemittel. Über Kältemittel wurden und werden reihenweise Bücher geschrieben, da diese sowohl politisch (wegen des möglichen Ozon-Abbau-Potentials) als auch ingenieur-technisch (Wärmekapazität, Mischungsverhalten mit verwendeten Schmiermitteln, Verträglichkeit mit Dichtungen, etc.) viel spannenden Gesprächsstoff bieten.

Außerdem können auch Gase eingesetzt werden. Diese liegen im gesamten Kreisprozess auch immer als Gase vor und werden nicht mal kondensiert und dann wieder verdampft. Da Gase aufgrund ihrer geringen Dichte nur eine vergleichsweise kleine Wärmekapazität haben, werden sie nur für Anlagen mit einem nicht zu großen Energieumsatz verwendet. Gase haben aber den enormen Vorteil, dass einzelne Bauteile, zum Beispiel die Schaufeln einer Turbine, nicht mit Kondensattröpfchen bombardiert werden können, was diese durch Tropfenschlagerosion meistens ziemlich schnell ziemlich alt aussehen lässt.

9.1 Linksherum und rechtsherum im Kreis

Wie im vorigen Abschnitt schon angedeutet wurde, gibt es zwei Arten von Kreisprozessen: Solche, in die ein Wärmestrom hinein geht und eine Leistung raus kommt und die, bei denen das genau umgekehrt ist. Hier muss man genau hinsehen, denn eigentlich gehen ja bei den meisten Maschinen mehrere Wärmeströme und Leistungen rein oder raus. Wichtig für die Betrachtung an dieser Stelle ist der Gesamt-Wärmestrom (also die Summe aller einzelnen Wärmeströme) und die Gesamt-Leistung (also die Summe aller einzelnen Leistungen).

Bei einem Kreisprozess kehrt das Fluid nach einiger Zeit wieder an eine Stelle zurück, wo es vorher schon einmal gewesen ist. Wenn der Prozess stationär ist, dann heißt das aber auch, dass es an jeder Stelle denselben Zustand haben muss wie beim letzten Aufenthalt an eben dieser Stelle. Deswegen muss die Darstellung eines stationären Kreisprozesses in einem dieser Diagramme immer einen in sich geschlossenen Kurvenzug ergeben. Damit erklären sich die Namen „rechts laufend" und „links laufend" quasi von selbst, wenn man die Zustandsänderung, die das Arbeitsfluid des jeweiligen Prozesses mitmacht, in einem p,v-Diagramm aufzeichnet. Je nachdem, wie rum dieser Kurvenzug vom Arbeitsfluid durchlaufen wird, nennt man einen Kreisprozess rechts laufend (läuft im Uhrzeigersinn) oder links laufend (gegen den Uhrzeigersinn).

9.1.1 Wärmekraftmaschinen

Die Wärmekraftmaschine ist eine Black-Box. Wir wissen nichts über das Innenleben der Box, außer das dort ein rechts laufender Kreisprozess „passiert". Um den 1. Hauptsatz für eine solche Maschine aufzustellen werden die Energieflüsse, wie bislang immer gemacht, als Pfeile an ein Ersatzsystem angezeichnet. Eine weitere Möglichkeit der Darstellung, die unter Energietechnikern durchaus verbreitet ist, haben wir in dem Bild auch verwendet. Die komischen Pfeildiagramme neben den bekannten Bildern werden Energiefluss- oder Sankey-Diagramm genannt. Die Breite der Pfeile gibt dabei die Größe des jeweiligen Energieflusses an.

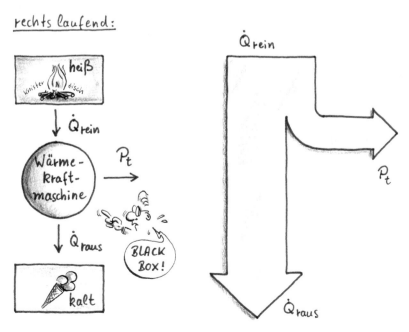

Ein rechts laufender Kreisprozess

Hier sind die wichtigsten Schlagworte zusammengefasst, damit man erkennen kann, wenn die „Experten" von einer Wärmekraftmaschine reden.

Wärme-Kraft-Maschine:
- Ist auch bekannt als „rechts laufender Kreisprozess".
- Prof(i)s verwenden gerne die Abkürzung WKM dafür.
- Es geht ein Netto-Wärmestrom rein: $\sum \dot{Q} > 0$.
- Es geht eine Leistung raus: $P_t < 0$.
- Prinzip: Ein Wärmestrom wird verwendet, um daraus eine mechanische Leistung zu gewinnen. Um die Entropie, die mit dem Wärmstrom in das System rein geht, wieder los zu werden, ist ein Abwärmestrom erforderlich, sonst würde unsere Wärmekraftmaschine in Entropie ersaufen.

Mit Hilfe des 1. Hauptsatzes für die stationär arbeitende Wärmekraftmaschine wird auch klar, warum der Pfeil für den hinein gehenden Wärmestrom breiter ist als der für den hinaus gehenden. Es gilt

$$0 = \dot{Q}_{rein} - \dot{Q}_{raus} - P_t$$

und damit

$$\dot{Q}_{rein} = \dot{Q}_{raus} + P_t \ .$$

Um den 2. Hauptsatz aufschreiben zu können, muss man noch die Temperaturen kennen, bei denen die beiden Wärmeströme über die Systemgrenze gehen. Wir benennen diese Temperaturen mit den gleichen Indices wie der jeweilige Wärmstrom, also ist T_{rein} die Temperatur des Wärmestroms $\dot{Q}_{rein}$ und genauso ist T_{raus} die Temperatur des Wärmestroms $\dot{Q}_{raus}$. Die Entropiebilanz lautet

$$0 = \frac{\dot{Q}_{rein}}{T_{rein}} - \frac{\dot{Q}_{raus}}{T_{raus}} + \dot{S}^{irr} \ ,$$

wenn der irreversibel erzeugte Entropiestrom durch $\dot{S}^{irr}$ angegeben wird.

9.1.1.1 Wirkungsgrade von Wärmekraftmaschinen

Wie schon in Abschnitt 4.7 vorsorglich erwähnt wurde, kann für *jeden* Prozess der Energiewandlung ein thermischer Wirkungsgrad angegeben werden. Wir beschränken uns hier aber darauf, dass nur *stationär* laufende Anlagen betrachtet werden. Die Definitionen unserer Wirkungsgrade gelten so nämlich nicht, wenn die Anlagen gerade hoch- oder runter gefahren werden, oder wenn sich der Betriebszustand ändert, weil zum Beispiel der Heizer nach der Mittagpause weniger Kohlen auf die Schaufel nimmt (gähn).

Die Definition eines Wirkungsgrades ist immer das Verhältnis von Ergebnis zu Aufwand. Für eine Wärmekraftmaschine ist der Aufwand der hinein gehende Wärmestrom und das Ergebnis ist die mechanische Leistung, so dass für den thermischen Wirkungsgrad

$$\eta_{\text{th, WKM}} = \frac{|P_{\text{t}}|}{\dot{Q}_{\text{rein}}} \qquad \text{oder auch} \qquad \eta_{\text{th, WKM}} = \frac{|w_{\text{t}}|}{q_{\text{rein}}}$$

gilt. Statt der Energieströme in der Definition links kann man auch die entsprechenden spezifischen Größen nehmen, indem man im Zähler und im Nenner des Bruchs den Massenstrom des Arbeitsfluids erst ausklammert und dann rauskürzt. Das ist legal, denn für eine stationär arbeitende Anlage ist der Massenstrom immer und überall gleich groß.

Aus dem 1. Hauptsatz im letzten Abschnitt wissen wir: $|P_{\text{t}}| < \dot{Q}_{\text{rein}}$. Damit gilt für den Wirkungsgrad einer Wärmekraftmaschine immer

$$0 < \eta_{\text{th, WKM}} < 1 \ .$$

Natürlich kann man die Definition des Wirkungsgrades von eben auch noch etwas ausfeilen. Dazu muss als erstes noch mal was zu den Betragsstrichen gesagt werden: Wenn wir beim Aufstellen unserer Bilanzgleichungen sämtliche Energieströme gleich so ansetzen, dass die Richtungen stimmen, dann werden alle Zahlenwerte in den Gleichungen größer als Null und man kann dann (und nur dann!) die Striche genauso gut einfach weg lassen. Klugerweise haben wir als mittlerweile alte Thermo-Hasen die Richtungen der Energieströme natürlich alle richtig angesetzt. Wenn wir mit dieser Vorzeichenregelung den 1. Hauptsatz in die Definition des Wirkungsgrades einsetzen, dann können wir auch

$$\eta_{\text{th,WKM}} = \frac{\dot{P}_{\text{t}}}{\dot{Q}_{\text{rein}}} = \frac{\dot{Q}_{\text{rein}} - \dot{Q}_{\text{raus}}}{\dot{Q}_{\text{rein}}} = 1 - \frac{\dot{Q}_{\text{raus}}}{\dot{Q}_{\text{rein}}}$$

schreiben. Um das Ganze jetzt auf die Spitze zu treiben, können wir auch den 2. Hauptsatz für diesen Prozess

$$0 = \frac{\dot{Q}_{\text{rein}}}{T_{\text{rein}}} - \frac{\dot{Q}_{\text{raus}}}{T_{\text{raus}}} + \dot{S}^{\text{irr}}$$

in die Definition des Wirkungsgrades einsetzen. Dazu formen wir die Entropiebilanz nach

$$\frac{\dot{Q}_{\text{raus}}}{\dot{Q}_{\text{rein}}} = \frac{T_{\text{raus}}}{T_{\text{rein}}} + \frac{T_{\text{raus}} \cdot \dot{S}^{\text{irr}}}{\dot{Q}_{\text{rein}}}$$

um, so dass wir das einsetzen können. Dann haben wir

$$\eta_{\text{th,WKM}} = 1 - \left(\frac{T_{\text{raus}}}{T_{\text{rein}}} + \frac{T_{\text{raus}} \cdot \dot{S}^{\text{irr}}}{\dot{Q}_{\text{rein}}} \right)$$

für eine stationäre, nicht reversible WKM. Wenn der Apparat jetzt auch noch reversibel ist, dann gilt $\dot{S}^{\text{irr}} = 0$ und wir haben mit

$$\eta_{\text{th,WKM}} = 1 - \frac{T_{\text{raus}}}{T_{\text{rein}}}$$

wieder eine hübsch einfache Gleichung in der nur noch die Temperaturen der beiden Wärmeströme stehen.

9.1.2 Kältemaschinen und Wärmepumpen

Links laufende Kreisprozesse sind Kältemaschinen oder Wärmepumpen, je nachdem wie man sie einsetzt. Genauso wie für Wärmekraftmaschinen kann man die Breite der Pfeile des Sankey-Diagramms für eine stationär arbeitende Kältemaschine (oder Wärmepumpe) herleiten.

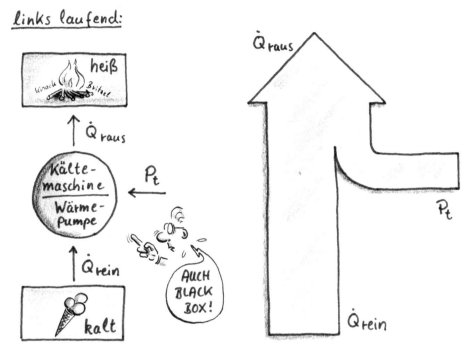

Ein links laufender Kreisprozess

Hier sind wieder die wichtigen „Experten-Schlagworte" für Kältemaschinen (KM) und Wärmepumpen (WP) zusammengefasst:

Kältemaschine/Wärmepumpe:
- Ist auch bekannt als „links laufender Kreisprozess".
- Es geht ein Netto-Wärmestrom raus: $\sum \dot{Q} < 0$.
- Es geht eine Leistung rein: $P_t > 0$.
- Prinzip: Eine mechanische Leistung wird verwendet, um einen Wärmestrom von einer tiefen Temperatur auf eine höhere Temperatur zu „heben". Der abgehende Wärmstrom ist dabei größer als der aufgenommene. Warum? Siehe erster und zweiter Hauptsatz.

- Ziel des Ganzen ist bei einer Kältemaschine, die Wärme bei einer möglichst tiefen Temperatur aufzunehmen (Kühlschrank) und bei einer Wärmepumpe, die Abgabe der Wärme bei möglichst hoher Temperatur (Heizung). Das dazu verwendete technische System kann aber in beiden Fällen das Gleiche sein.

Jetzt wird für eine irreversibel und stationär arbeitende Kältemaschine/Wärmepumpe erst mal die Energiebilanz

$$0 = \dot{Q}_{\text{rein}} - \dot{Q}_{\text{raus}} + P_{\text{t}} \; ,$$

aufgestellt und dann die Entropiebilanz, die da lautet

$$0 = \frac{\dot{Q}_{\text{rein}}}{T_{\text{rein}}} - \frac{\dot{Q}_{\text{raus}}}{T_{\text{raus}}} + \dot{S}^{\text{irr}} \; .$$

Damit können wir jetzt genau da machen, was bei der Wärmekraftmaschine auch zum Erfolg führte: Wir schauen uns im nächsten Abschnitt Aufwand und Ergebnis dieser beiden Prozesse an.

9.1.2.1 Leistungszahlen von Kältemaschinen/Wärmepumpen

Mit dem Aufwand und dem Ergebnis ist es bei einer Kältemaschine und einer Wärmepumpe genau anders herum, als bei der Wärmekraftmaschine. Das gewünschte Ergebnis ist jetzt ein Wärmstrom und der Aufwand, den man dafür treibt, ist mechanische Antriebsleitung.

Für Kältemaschinen und Wärmepumpen ist also jeweils einer von den beiden beteiligten Wärmeströme das Ziel und man könnte für beide Fälle jetzt direkt einen Wirkungsgrad definieren, wenn da nicht noch ein kleines emotionales Problem wäre: Ingenieure bestehen darauf, dass ein Wirkungsgrad immer zwischen Null und Eins liegt, sonst ist entweder irgendwo etwas faul an der Berechnung oder man hat ein Perpetuum Mobile gebaut und damit mal eben die ganze Welt (der Thermodynamik) verändert. So einfach geht es also nicht!

Im Energieflussbild ist es schon zu erkennen, was der 1. Hauptsatz dann auch bestätigt: Das gewünschte „Ergebnis" (der hinein gehende Wärmestrom bei einer Kältemaschine, der heraus kommende Wärmestrom bei einer Wärmepumpe) kann größer sein, als der dafür an mechanischer Leistung getriebene Aufwand. Damit unser Weltbild wieder passt, nennen wir das Ganze halt nicht mehr Wirkungsgrad, sondern verpassen ihm den neuen Namen **Leistungszahl** (kann größer als 1 sein) und den Buchstaben ε (Epsilon).

Wenn man jetzt nur auf den 1. Hauptsatz schielt, wenn man sich mit den Vorzeichen der Energieströme auskennt (alle positiv!) und wenn man auch noch mit Betragsstrichen umgehen kann (man also weiß, dass man sie für positive Größen auch gleich weglassen darf) dann kann man für die Leistungszahl einer Kältemaschine

$$\varepsilon_{\mathrm{KM}} = \frac{\dot{Q}_{\mathrm{rein}}}{P_{\mathrm{t}}} = \frac{\dot{Q}_{\mathrm{raus}} - P_{\mathrm{t}}}{P_{\mathrm{t}}} = \frac{\dot{Q}_{\mathrm{raus}}}{P_{\mathrm{t}}} - 1$$

schreiben und für die Leistungszahl einer Wärmepumpe gilt

$$\varepsilon_{\mathrm{WP}} = \frac{\dot{Q}_{\mathrm{raus}}}{P_{\mathrm{t}}} = \frac{\dot{Q}_{\mathrm{rein}} + P_{\mathrm{t}}}{P_{\mathrm{t}}} = \frac{\dot{Q}_{\mathrm{rein}}}{P_{\mathrm{t}}} + 1 \quad .$$

Für eine Leistungszahl gilt, genauso wie ~~sonst im Leben auch~~ für einen Wirkungsgrad: Je größer, desto besser... Der Unterschied zum Wirkungsgrad ist der, dass die Leistungszahlen auch größer als eins sein dürfen.

Jetzt kann natürlich auch hier wieder die Betrachtung mit Hilfe des 2. Hauptsatzes durchgeführt werden. Dazu formen wir die Ausdrücke für die Leistungszahlen erst mal um, sowohl für die Kältemaschine

$$\varepsilon_{\mathrm{KM}} = \frac{\dot{Q}_{\mathrm{rein}}}{P_{\mathrm{t}}} = \frac{\dot{Q}_{\mathrm{rein}}}{\dot{Q}_{\mathrm{raus}} - \dot{Q}_{\mathrm{rein}}} = \frac{1}{\dfrac{\dot{Q}_{\mathrm{raus}}}{\dot{Q}_{\mathrm{rein}}} - 1} \quad ,$$

als auch und für die Wärmepumpe

$$\varepsilon_{WP} = \frac{\dot{Q}_{raus}}{P_t} = \frac{\dot{Q}_{raus}}{\dot{Q}_{raus} - \dot{Q}_{rein}} = \frac{1}{1 - \dfrac{\dot{Q}_{rein}}{\dot{Q}_{raus}}} \quad .$$

In beiden Fällen wird der Wert der Leistungszahl unendlich groß, wenn $\dot{Q}_{rein} = \dot{Q}_{raus}$ ist. Dann folgt aus dem 1. Hauptsatz, dass $P_t = 0$ sein muss und der Prozess somit läuft ohne dass mechanische Leistung aufgewendet wird. Die Tatsache, dass man ein Ergebnis bekommt, ohne Aufwand dafür treiben zu müssen, wird durch die unendlich große Leistungszahl honoriert.

Wenn kein Wärmestrom aufgenommen wird, dann ist der Betrag des abgegebenen Wärmestroms gleich dem der aufgenommenen mechanischen Leistung. In diesem Fall wird die Leistungszahl für die Kältemaschine gleich Null, was auch Sinn ergibt, denn ohne aufgenommenen Wärmestrom erzielt dieser Prozess kein gewünschtes Ergebnis. Die Wärmepumpe hat in diesem Fall die Leistungszahl eins, da das gewünschte Ergebnis genauso groß ist wie der dafür getriebene Aufwand.

Jetzt nehmen wir die Entropiebilanz, die ja für beide Kreisprozesse gültig ist und formen diese um. Einmal zu der Fassung zum Einsetzen für die Kältemaschine

$$\frac{\dot{Q}_{raus}}{\dot{Q}_{rein}} = \frac{T_{raus}}{T_{rein}} + \frac{\dot{S}^{irr} \cdot T_{raus}}{\dot{Q}_{rein}}$$

und einmal zur Fassung zum Einsetzen für die Wärmepumpe

$$\frac{\dot{Q}_{rein}}{\dot{Q}_{raus}} = \frac{T_{rein}}{T_{raus}} - \frac{\dot{S}^{irr} \cdot T_{rein}}{\dot{Q}_{raus}} \quad .$$

Anschließend können wir das jeweilige Zwischenergebnis in die Definition der Leistungszahl einsetzen. Für eine irreversible Kältemaschine haben wir dann

$$\varepsilon_{KM} = \frac{1}{\dfrac{T_{raus}}{T_{rein}} + \dfrac{\dot{S}^{irr} \cdot T_{raus}}{\dot{Q}_{rein}} - 1}$$

und für eine reversibel arbeitende Kältemaschine gilt

$$\varepsilon_{\text{KM}} = \frac{1}{\dfrac{T_{\text{raus}}}{T_{\text{rein}}} - 1} \, .$$

Genauso bekommen wir die Leistungszahl für eine irreversibel arbeitende Wärmepumpe

$$\varepsilon_{\text{WP}} = \frac{1}{1 - \dfrac{T_{\text{rein}}}{T_{\text{raus}}} - \dfrac{\dot{S}^{\text{irr}} \cdot T_{\text{rein}}}{\dot{Q}_{\text{raus}}}}$$

und ebenso deren Leistungszahl für den reversiblen Fall

$$\varepsilon_{\text{WP}} = \frac{1}{1 - \dfrac{T_{\text{rein}}}{T_{\text{raus}}}} \, ,$$

wo nur noch Temperaturen in der Gleichung stehen. Die Gleichungen für die reversiblen Fälle sind besonders praktisch, weil man in diesem Fall nur die Temperaturen der beiden Wärmeströme kennen muss. Mehr braucht man nicht, weil alle anderen Informationen aus den beiden Hauptsätzen kommen und aus der Tatsache, dass $\dot{S}^{\text{irr}} = 0$ ist.

In den folgenden Abschnitten werden verschiedene Kreisprozesse mit den zugehörigen Zustandsdiagrammen, Wirkungsgraden oder Leistungszahlen vorgestellt. Dabei wird die volle Breitseite geliefert: Sowohl idealisierte Vergleichsprozesse, als auch real existierende Lösungen und sowohl rechts laufende wie auch links laufende Kreisprozesse. Alle diese Kreisprozesse lassen sich entweder als Wärmekraftmaschine oder als Kältemaschine oder Wärmepumpe verwenden. Einige Prozesse können real nicht ablaufen, weil sie auf Annahmen beruhen, die in der Realität allenfalls näherungsweise zutreffen, andere Prozesse die vorgestellt werden, zum Beispiel die Kreisprozesse in Dampfkraftanlagen, laufen tatsächlich so.

Den Ideen früherer Generationen von Ingenieuren, Tüftlern und Erfindern [7] waren beim definieren von Prozessen offensichtlich kaum Grenzen gesetzt und im Grunde ist das ja auch heute noch so, wo man als Ingenieur neben der fließenden Beherrschung von vier Fremdsprachen ein zügig erworbenes Prädikatsexamen vorweisen, mindestens ein Dutzend Soft-Skills besitzen und nebenbei, auch im Privatleben, jeden Tag auch noch Einfallsreichtum und Improvisationsfähigkeit zeigen muss.

9.2 Realisierungen rechts laufender Kreisprozesse

Um ehrlich zu sein: Eigentlich sind es fast nur Vergleichsprozesse, die im Rahmen der Thermo-Grundlagenvorlesung dran kommen. Immer, wenn eine

Zustandsänderung angeblich entweder isotherm, isobar, isentrop oder isochor oder sonst was ist, dann ist das eine Vereinfachung. In der Realität kann das allenfalls in „guter" Näherung so sein, niemals aber exakt so vorkommen. Zugegeben, so richtig echt ist das, was wir hier machen, also nicht, aber andererseits ermöglichen es erst diese Vereinfachungen, mit unseren bescheidenen Mitteln in angemessener Zeit (zum Beispiel während einer Klausur) einen Prozess zu berechnen.

Neben den Zustandsänderungen muss man auch noch die Stoffdaten des Arbeitsmediums kennen. Dazu ein wichtiger Hinweis: <u>Bei einem Prozess mit Phasenwechsel werden die Stoffdaten meistens in Form von Dampftafeln zur Verfügung gestellt, bei Gasprozessen wird fast immer mit dem Modell des idealen Gases gerechnet.</u>

9.2.1 Der Streber - Carnot

Der Carnot-Prozess ist deswegen ein Musterknabe unter den Kreisprozessen,

weil er Energie sehr effektiv umwandelt. Das kann er deswegen so gut, weil er vollständig reversibel arbeitet. Der Vorteil des Carnot-Prozesses ist also, dass dabei keine Entropie produziert wird. Der Nachteil ist, dass er nur in der Vorstellung, nicht aber in der Realität funktioniert. Benannt ist der Carnot-Prozess nach dem links im Bild zu sehenden Franzosen Sadi Carnot[119], der ihn sich ausgedacht hat, als er sich der Aufgabe widmete, den Wirkungsgrad von Dampfmaschinen zu verbessern. Sadi Carnot wurde als sehr introvertierter Mensch beschrieben, dem seine

wissenschaftlichen Studien oft wichtiger zu sein schienen als sein Umfeld. Ein Ingenieur eben...

---

[119] Das Portrait wurde unmittelbar angefertigt, nachdem Carnot eiskalt klar wurde, dass sein Prozess unmöglich ist. (Das Original stammt von Louis Leopold Boilly, 1813)

Damit dieser Kreisprozess reversibel abläuft, denkt man sich die folgenden Zustandsänderungen, die das Arbeitsfluid immer wieder durchläuft:

1 → 2:   isotherme Wärmeaufnahme: Der Wärmeübergang passiert bei unendlich kleiner Temperaturdifferenz. Die Entropie erhöht sich zwar, es wird aber keine Entropie zusätzlich erzeugt (mehr dazu war schon in Abschnitt 6.3.3 dran).

2 → 3:   isentrope Expansion: Das Volumen des Arbeitsfluids nimmt zu, Druck und Temperatur nehmen ab. Das passiert adiabat, also ohne dass ein Wärmestrom fließt und reibungsfrei, also ohne dass Energie dissipiert wird. Aus „adiabat" und „reversibel" folgt dann „isentrop".

3 → 4:   isotherme Wärmeabgabe: Auch hier passiert der Wärmeübergang bei unendlich kleiner Temperaturdifferenz, damit nur die Entropie aus dem System hinaus geht, die ohnehin mit der Wärme geht, aber keine Entropie dabei erzeugt wird (siehe oben).

4 → 1:   isentrope Kompression: Das Arbeitsfluid wird verdichtet, wobei Druck und Temperatur steigen. Das passiert ebenfalls adiabat und ohne dass Energie dissipiert wird.

Alle vier Zustandsänderungen haben gemeinsam, dass sie nur dann so wie beschrieben stattfinden können, wenn sie unendlich langsam ablaufen und wenn die Maschinen dafür unendlich groß sind. Die isothermen Zustandsänderungen passieren bei unendlich kleiner treibender Temperaturdifferenz. Damit dann Wärme überhaupt nennenswert bewegt wird, muss man entweder unendlich lange warten oder eine unendlich große Fläche für den Wärmeübergang zur Verfügung haben. Und wenn man versucht, die isentropen Zustandsänderungen zu realisieren, dann merkt man auch ziemlich schnell, dass man unendlich langsam arbeiten muss, damit keine Entropie (zum Beispiel durch Lagerreibung) erzeugt wird.

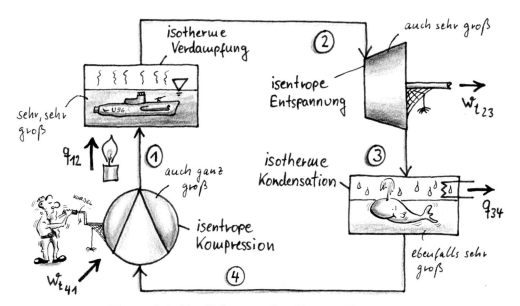

Versuchte Realisierung des Carnot-Prozesses

Näherungsweise kann ein Carnot-Prozess in einer Anlage, wie der hier oben dargestellten ablaufen, wenn man nicht vergisst, dass diese a) sehr, sehr groß sein und b) sehr, sehr laaaangsam arbeiten muss.

Man kann den Carnot-Prozess natürlich auch in Zustands-Diagrammen darstellen.

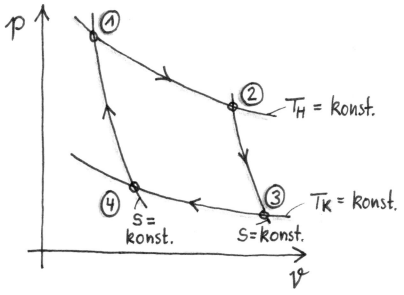

Der Carnot-Prozess im p,v-Diagramm...

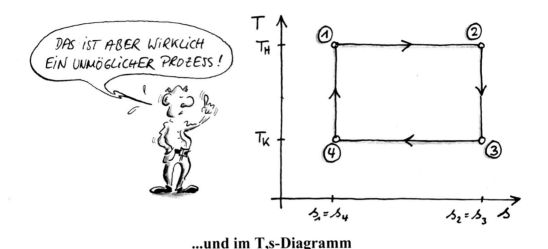

...und im T,s-Diagramm

In den Diagrammen ist sofort zu erkennen, dass der Carnot-Prozess mit der vorgegebenen Reihenfolge der Zustandsänderungen einen rechts laufenden Prozess darstellt. Es handelt sich hier also um den Idealfall einer Wärmekraftmaschine. Der 1. Hauptsatz für eine stationär arbeitende Wärmekraftmaschine lautet bekanntermaßen

$$0 = \dot{Q}_{\text{rein}} - \dot{Q}_{\text{raus}} - P_t \ .$$

Wenn die Wärmeaufnahme bei der Temperatur T_H (der Index H steht für *heiß*) erfolgt und die Wärmeabgabe bei der Temperatur T_K (K steht für *kalt*, logisch), dann lautet der 2. Hauptsatz

$$0 = \frac{\dot{Q}_{\text{rein}}}{T_H} - \frac{\dot{Q}_{\text{raus}}}{T_K} \ .$$

Da wir es mit einem komplett reversiblen Prozess zu tun haben, taucht die Entropieproduktionsrate gar nicht erst in der Gleichung auf. Wenn man dann noch die *allgemeine* Definition des thermischen (Index *th*) Wirkungsgrades (Ergebnis durch Aufwand)

$$\eta_{\text{th}} = \frac{|P_t|}{|\dot{Q}_{\text{rein}}|}$$

168

dazu tut, kann man die drei letzten Gleichungen zusammenwurschteln und man erhält dann einen neuen Ausdruck für den thermischen Wirkungsgrad des Carnot-Prozesses:

$$\eta_{\mathrm{th},C} = \frac{|P_t|}{|\dot{Q}_{\mathrm{rein}}|} = \frac{|\dot{Q}_{\mathrm{rein}} - \dot{Q}_{\mathrm{raus}}|}{|\dot{Q}_{\mathrm{rein}}|} = 1 - \frac{|\dot{Q}_{\mathrm{raus}}|}{|\dot{Q}_{\mathrm{rein}}|} = 1 - \frac{T_K}{T_H}$$

Der Index „th,C" soll daran erinnern, welche Art von Wirkungsgrad wir haben (thermisch) und für welchen Prozess er gilt (Carnot). Mit der Größe $\eta_{\mathrm{th},C}$ muss sich der thermische Wirkungsgrad jedes realen Prozesses messen lassen.

9.2.2 Kreisprozesse die Gas geben

Ein Gas-Prozess zeichnet sich vor allem dadurch aus, dass das Arbeitsfluid nicht als Flüssigkeit auftritt, sondern in jedem Zustand (1, 2, 3, 4) *immer* als Gas vorliegt. So etwas wie das Nassdampfgebiet kommt deswegen bei einem solchen Prozess nicht vor. Dafür darf aber mit dem Modell des idealen Gases gerechnet werden und das ist doch kein schlechter Tausch.

9.2.2.1 Ericsson-Prozess

Was bei Gas-Prozessen jedoch existiert, ist ein Super-Wirkungsgrad-Vergleichsprozess, ähnlich wie der Carnot-Prozess, nur eben speziell für Gasturbinen-Prozesse. Dieser, wie immer nur in der Vorstellung existierende Prozess, heißt Ericsson-Prozess und besteht aus den folgenden reversiblen(!) Zustandsänderungen, die ein Gas mit konstanter spezifischer Wärmekapazität durchläuft:

1 → 2:   isotherme Kompression: Das Gas wird verdichtet und zeitgleich muss die Wärme q_{12} abgeführt werden, damit die Temperatur konstant bleibt.

2 → 3:   isobare Wärmeaufnahme: Der Druck bleibt unverändert, während die Wärme q_{23} aufgenommen wird.

3 → 4: isotherme Expansion: Das Gas expandiert und zeitgleich muss die Wärme q_{34} zugeführt werden, damit die Temperatur konstant bleibt.

4 → 1: isobare Wärmeabgabe: Der Druck bleibt unverändert, während die Wärme q_{41} abgegeben wird.

Da hier ein Kreisprozess mit ausschließlich isobaren oder isothermen Zustandsänderungen vorliegt, bedeutet das, dass das Arbeitsfluid während des Prozesses nur zwei verschiedene Drücke und nur zwei verschiedene Temperaturen annimmt.

Im T,s-Diagramm sehen die vier Zustandsänderungen jedenfalls so aus, wie in den beiden nächsten Zeichnungen zu sehen ist. Der dargestellte Prozess ist dabei jedes Mal derselbe, nur wurden aus Gründen der Übersichtlichkeit nicht alle Wärmen in *ein* Diagramm gezeichnet. Warum man im T,s-Diagramm eine Fläche einfach so als Wärme bezeichnen darf, war übrigens im Abschnitt 6.5 dran.

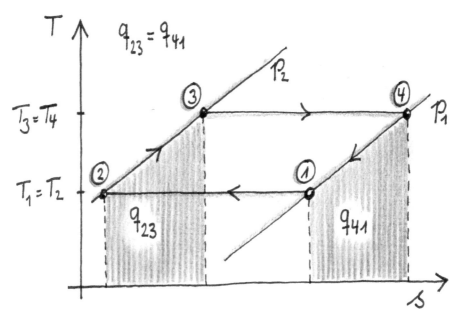

Der Ericsson-Prozess im T,s-Diagramm, Blick auf den Wärmetauscher

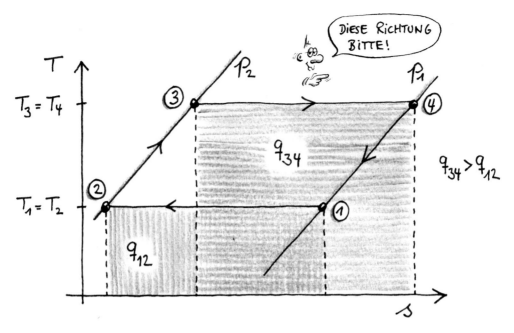

Der Ericsson-Prozess im T,s-Diagramm, Blick auf den Rest

Man kann sich einen Ericsson-Prozess mit dem folgenden Schaltbild realisiert vorstellen.

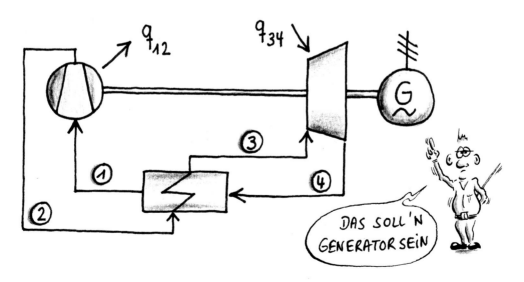

Versuch der Realisierung des Ericsson-Prozesses

Wenn man sich den Wärmetauscher[120] in der Mitte des Bildes oben einmal genauer ansieht, dann kann man aus dem 1. Hauptsatz für das nach außen adiabate Bauteil (das, wenn es so eingesetzt wird wie hier, übrigens gerne auch als „Regenerator" bezeichnet wird) ableiten, dass die vom Fluid abgegebene Wärme q_{41} gleich der aufgenommenen Wärme q_{23} ist. Der 1. Hauptsatz für das stationäre Gesamtsystem ergibt

$$0 = -q_{12} + q_{34} - w_t \; .$$

Der thermische Wirkungsgrad des Ericsson-Prozesses ist wieder mal das Verhältnis von dem was hinten raus kommt (der Betrag der technischen Arbeit w_t) zur aufgewendeten Energie (die Wärme q_{34}) und das bedeutet

$$\eta_{th,EP} = \frac{|w_t|}{q_{34}} = \frac{q_{34} - q_{12}}{q_{34}} = 1 - \frac{q_{12}}{q_{34}} \; .$$

Die isotherm zu- und abgeführten Wärmen, q_{12} und q_{34} kann man ersetzen durch die in Abschnitt 5.1.2.1 für ein ideales Gas hergeleiteten Ausdrücke. Achtung, während der vier Zustände, die das Arbeitsgas durchläuft, gibt es nur zwei verschiedene Drücke p_1 und p_2 und zwei verschiedene Temperaturen $T_{12} = T_1 = T_2$ und $T_{34} = T_3 = T_4$ (siehe T,s- und p,V-Diagramm, oben) und der Wirkungsgrad wird dann zu

$$\eta_{th,EP} = 1 - \frac{q_{12}}{q_{34}} = 1 - \frac{RT_{12} \ln\left(\dfrac{p_1}{p_2}\right)}{RT_{34} \ln\left(\dfrac{p_1}{p_2}\right)} \; .$$

---

[120] Das Wort „Wärmetauscher" hat sich eingebürgert, die meisten Profs hören es aber gar nicht gerne und sagen lieber „Wärmeübertrager", denn schließlich wird die Wärme von einem Fluid zum anderen übertragen und nicht ausgetauscht. Das ist so ähnlich wie mit „Schraubenzieher" und „Schraubendreher" oder „Zollstock" und „gelenkig faltbarer Gliedermaßstab mit metrischer Teilung".

Aus dieser Gleichung kann jetzt (fast) alles rausgekürzt werden und der Ausdruck für den Wirkungsgrad vereinfacht sich zu

$$\eta_{\text{th,EP}} = 1 - \frac{T_{12}}{T_{34}} \; .$$

Das ist vom Aufbau her genau das Gleiche wie der Carnot-Wirkungsgrad. Beim Ericsson-Prozess handelt es sich also auch um so einen Streber unter den Kreisprozessen. Ist eigentlich auch logisch, denn er ist (per Definition) vollständig reversibel.

9.2.2.2 Joule-Prozesse, offen oder geschlossen

Der Joule-Prozess ist auch wieder so ein Vergleichsprozess mit idealen Zustandsänderungen, der in guter Näherung in Gasturbinenanlagen realisiert werden kann. Es gibt zwei verschiedene Varianten zur Realisierung, den offenen und den geschlossenen Joule-Prozess. Beide werden jetzt der Reihe nach vorgestellt.

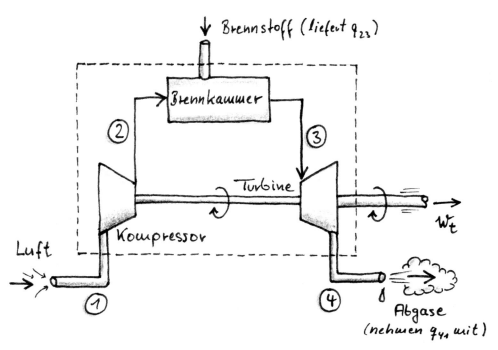

Der offene Joule-Prozess

Beim **offenen Joule-Prozess** wird Luft aus der Umgebung angesaugt, dann verdichtet und anschließend wird dieser verdichteten Luft in der Brennkammer der Brennstoff zugeführt und abgefackelt. Durch die Verbrennung wird dem Arbeitsgas, welches jetzt ein Gemisch aus der Luft und den Abgasen der Verbrennung ist, Wärme zugeführt. Anschließend wird das Arbeitsgas in der Turbine entspannt und dann mit Hilfe des Auspuff-Prinzips wieder an die Umgebung abgegeben. Die Wärmeabfuhr erfolgt beim offenen Joule-Prozess mit dem abgegebenen Gas. Man kann auch beim offenen Joule-Prozess von einem Kreisprozess sprechen, weil die Umgebung diesen Kreis, sagen wir mal, „virtuell" schließt. Das Abgas geht *in* die Umgebung und *aus* der Umgebung wird auch die Luft vom Kompressor angesaugt. Das Arbeitsmedium läuft zwar nicht im Kreislauf, aber dessen Zustand im Eintritt und im Austritt bleibt, genauso wie bei einem „richtigen" Kreisprozess, im stationären Betrieb unverändert.

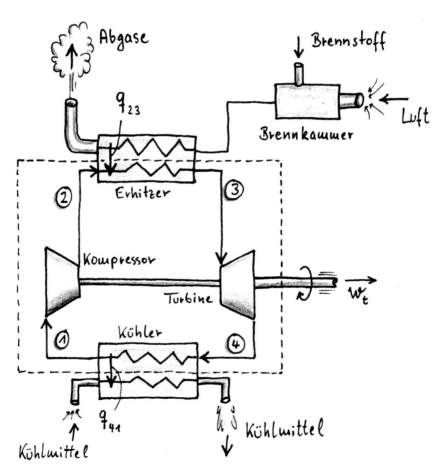

Der geschlossene Joule-Prozess

Beim **geschlossenen Joule-Prozess** wird, wie der Name schon andeutet, das Arbeitsmedium in einem geschlossenen Kreislauf geführt. Die Wärme wird außerhalb des Bilanzraumes in einer Brennkammer erzeugt und dann in einem als *Erhitzer* bezeichneten Wärmeübertrager in den Kreislauf gebracht. Die Wärmeabfuhr geschieht in einem zweiten Wärmetauscher, der *Kühler* genannt wird.

Beiden Varianten ist gemeinsam, dass in einer Turbine ein heißes, unter Druck stehendes Gas expandiert und dabei technische Arbeit gewonnen wird. Gemeinsam ist außerdem, dass ein Teil der gewonnenen technischen Arbeit zur Verdichtung des Gases in einem vorgeschalteten Kompressor dient.

Auch wenn die Bauweisen des offenen und des geschlossenen Joule-Prozesses verschieden sind, passieren bei beiden Versionen die gleichen Zustandsänderungen. Das Arbeitsmedium durchläuft beim *idealen* Joule Prozess die folgenden Zustandsänderungen:

$1 \rightarrow 2$:   isentrope Kompression: Das Gas wird reversibel verdichtet, dabei erhöhen sich sein Druck und die Temperatur.

$2 \rightarrow 3$:   isobare Wärmeaufnahme: Der Druck bleibt unverändert, während die Wärme q_{23} aufgenommen wird.

$3 \rightarrow 4$:   isentrope Expansion: Das Gas expandiert reversibel, dabei sinken sein Druck und die Temperatur.

$4 \rightarrow 1$:   isobare Wärmeabgabe: Der Druck bleibt unverändert, während die Wärme q_{41} abgegeben wird.

Diese 4 Zustandsänderungen sind eine Näherung für das Verhalten des *realen* Arbeitsgases, sowohl beim offenen als auch beim geschlossenen Joule-Prozess. In den beiden altbekannten Diagrammen sieht der *ideale* Prozess mit diesen Zustandsänderungen so aus, wie in den beiden nächsten Bildern. Der thermische Wirkungsgrad kann jetzt für beide Versionen (offen oder geschlossen) in einem Aufwasch berechnet werden.

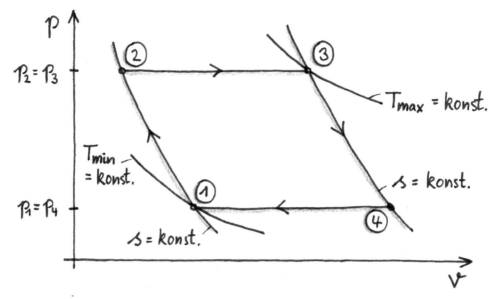

Das p,v-Diagramm für den Joule-Prozess...

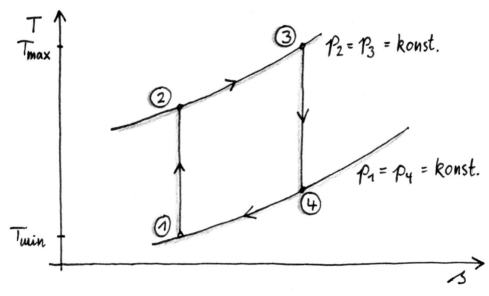

... und das entsprechende T,s-Diagramm

Zuallererst wird die Energiebilanz aufgestellt, und zwar für einen der in den beiden Bildern der Joule-Prozesse gestrichelt dargestellten Bilanzräume:

$$0 = q_{23} - q_{41} - w_t \ .$$

Der Wirkungsgrad als das Verhältnis von erhaltener Arbeit zu aufgewendeter thermischer Energie ist dann

$$\eta_{\text{th,JP}} = \frac{|w_t|}{q_{23}} = \frac{|q_{23} - q_{41}|}{q_{23}} = 1 - \frac{|q_{41}|}{q_{23}} = 1 + \frac{q_{41}}{q_{23}} \ .$$

Die Wärmen werden isobar zugeführt, also gelten für die Zustandsänderungen 2→3 und 4→1 die Gleichungen für ein ideales Gas aus Abschnitt 5.1.2.3 und wir dürfen statt der Gleichung oben

$$\eta_{\text{th,JP}} = 1 + \frac{q_{41}}{q_{23}} = 1 + \frac{c_p(T_4 - T_1)}{c_p(T_2 - T_3)} = 1 + \frac{T_4 - T_1}{T_2 - T_3}$$

$$\Leftrightarrow \quad \eta_{\text{th,JP}} = 1 - \frac{T_1 - T_4}{T_2 - T_3}$$

schreiben. Diese Gleichung hat einen ganz ähnlichen Aufbau wie die für den Wirkungsgrad von Carnot: Erst kommt eine eins und dann ein Bruch, wo im Zähler und im Nenner Temperaturen stehen. Damit der Wirkungsgrad des Joule-Prozesses zu dem des Carnot-Prozesses wird, muss anstelle der Temperaturdifferenzen $T_1 - T_4$ und $T_2 - T_3$ jeweils *eine* mittlere Temperatur stehen. Das bedeutet konkret, dass die beiden beteiligten isobaren Zustandsänderungen im Idealfall zusätzlich auch noch isotherm ablaufen müssten.

Näherungsweise kommt man dahin, wenn man anstelle *eines* Erhitzers und *einer* Turbine mehrere dieser Bauteile immer abwechselnd in Reihe schaltet und man dasselbe für den Kompressor und den Kühler macht. Das Arbeitsgas durchläuft dann mehrere Male abwechselnd „kleine" isobare und isentrope Zustandsänderungen und im T,s-Diagramm sieht das dann fast wie ein Sägeblatt aus. Wenn man nun die Anzahl der Verdichtungs- und Entspannungsstufen unendlich groß macht, dann werden aus den drei Sägezähnen im Bild unendlich viele, unendlich kleine Sägezähne. Man hat am Ende als mathematischen Grenzwert, wie gewünscht, nur noch jeweils *eine* Temperatur für die Wärmeaufnahme- und für die Wärmeabgabe anzusetzen.

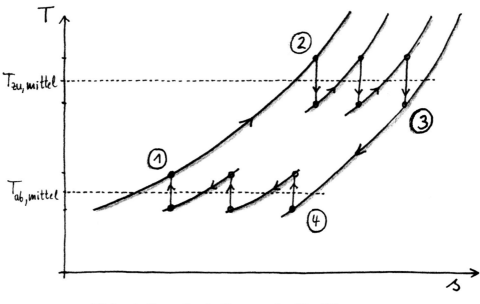

Mehrstufiger Joule-Prozess im T,s-Diagramm

Für diesen unendlich teuren, weil unendlich komplizierten Grenzfall ist der Wirkungsgrad des Joule-Prozesses gleich dem Wirkungsgrad des Carnot-Prozesses. Wir haben mit dem Joule-Prozess mit unendlich vielen Stufen also noch einen Streber-Prozess ausfindig gemacht.

9.2.2.3 Stirling-Prozess

Der Stirling-Prozess wurde im Jahre des Herren 1816 von einem schottischen Geistlichen gleichen Namens ersonnen. Da sieht man mal wieder, dass auch ohne ein mit Mathematik, Physik, Thermo und Mechanik vollgepacktes Studium geniale Erfindungen gemacht werden können, wenn das Umfeld[121] stimmt.

Der Stirling-Prozess ist ein idealer Vergleichsprozess, der in ziemlich guter Näherung mit dem Stirling-*Motor* realisiert werden kann. Auch beim idea-

---

[121] Viel Ruhe, die frische Luft der Highlands und mutmaßlich der eine oder andere Malt-Whisky.

len Stirling-Prozess gibt es 4 Zustandsänderungen, die nacheinander durch das Arbeitsmedium (gerne Luft, weil billig und ungiftig) durchlaufen werden:

$1 \rightarrow 2$:   isotherme Expansion: Das Gas expandiert, gibt dabei Arbeit ab und die Wärme q_{12} wird zugeführt.

$2 \rightarrow 3$:   isochore Abkühlung: Das Gas gibt an den Regenerator[122] die Wärme q_{23} ab. Das ist ein interner Vorgang, diese Wärme erscheint bei einer von außen gesehenen Bilanzierung nicht.

$3 \rightarrow 4$:   isotherme Kompression: Das Gas wird unter Arbeitsaufwand verdichtet, zeitgleich muss die Wärme q_{34} abgeführt werden.

$4 \rightarrow 1$:   isochore Erwärmung: Das Gas nimmt vom Regenerator die Wärme q_{41} wieder auf. Das ist auch ein interner Vorgang.

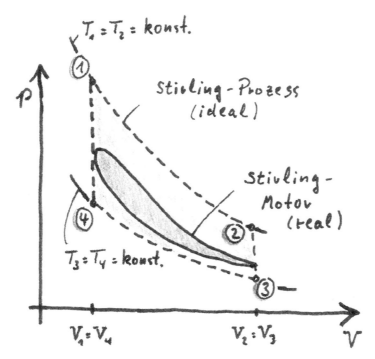

Stirling-Prozess und Stirling-Motor im p,V-Diagramm

---

[122] Ein Regenerator ist ein interner Wärmespeicher. Wie er aufgebaut ist und wie man sich einen aus einem Schal selber bauen kann, kommt auf den nächsten Seiten.

179

Für den *idealen* Prozess sieht das p,V-Diagramm dann so aus, wie im Bild *gestrichelt* eingezeichnet. Zum Vergleich ist auch noch der Verlauf für einen realen Stirling-Motor dargestellt, damit man mal sehen kann, wie sich *idealer* Prozess und *realer* Motor unterscheiden.

Und wo wir gerade von Wirkungsgraden sprechen: Wie groß ist denn der Wirkungsgrad für den idealen Stirling-Prozess?

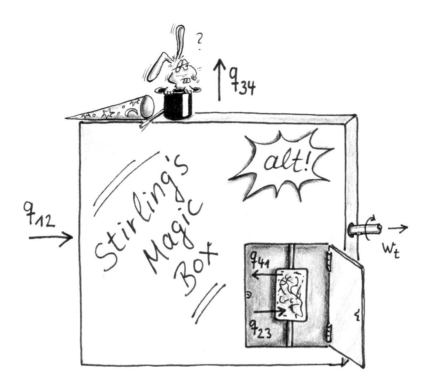

Der ideale Stirling-Prozess als Black-Box

Da wir weder über den idealen Stirling Prozess, noch über dessen Realisierungsmöglichkeiten allzu viel wissen, malen wir uns den Bilanzraum als Black-Box[123] auf. Hier können wir ziemlich easy bilanzieren

$$0 = q_{12} - q_{34} - w_t ,$$

---

[123] Auch das ist ein ureigenes Werkzeug der Thermodynamik: Wenn ich etwas nicht kenne, dann packe ich es in eine Kiste, mach den Deckel ganz fest zu und sehe mir die Sache *allenfalls* von außen an.

unter der Annahme, alles sei stationär. Der Wirkungsgrad des idealen Stirling-Prozesses

$$\eta_{th,SP} = \frac{|w_t|}{q_{12}} = \frac{|q_{12} - q_{34}|}{q_{12}} = 1 + \frac{q_{34}}{q_{12}}$$

als das Verhältnis von Nutzarbeit und zugeführter thermischer Energie ist ein alter Hut und ebenso die Sache mit den Vorzeichen ($q_{34} < 0$ und somit $\eta_{th,SP} < 1$) und den Betragsstrichen. Um den Wirkungsgrad zu berechnen, müssen wir uns jetzt die Wärmen ansehen, die bei den isothermen Zustandsänderungen 1→2 (Expansion) und 3→4 (Kompression) über die Systemgrenze gehen. Dazu haben wir zum Glück unseren Abschnitt 5.1.2.1 und da heißt es:

$$q_{12} = RT_{12} \ln\left(\frac{v_2}{v_1}\right) \qquad \text{und} \qquad q_{34} = RT_{34} \ln\left(\frac{v_4}{v_3}\right).$$

Die beiden anderen Zustandsänderungen 2→3 und 4→1 sind isochor. Deswegen gilt $v_2 = v_3$ und $v_4 = v_1$ und wir können

$$q_{12} = RT_{12} \ln\left(\frac{v_3}{v_1}\right) \qquad \text{und} \qquad q_{34} = RT_{34} \ln\left(\frac{v_1}{v_3}\right)$$

schreiben und das dann einsetzen:

$$\eta_{th,SP} = 1 + \frac{q_{34}}{q_{12}} = 1 + \frac{RT_{34} \ln\left(\frac{v_1}{v_3}\right)}{RT_{12} \ln\left(\frac{v_3}{v_1}\right)}.$$

Hier kann jetzt sehr viel rausgekürzt werden und wenn man sich mit Logarithmusfunktionen auskennt, ist das negative Vorzeichen vor dem Bruch in der nächsten Gleichung keine Hexerei. Am Ende steht dann

$$\eta_{\text{th,SP}} = 1 - \frac{T_{34}}{T_{12}}$$

für den Wirkungsgrad. Das ist vom Aufbau her wieder mal dasselbe, wie der Carnot-Wirkungsgrad (gähn).

Realisiert wird der Stirling-*Prozess* durch den Stirling-*Motor*, der auch gerne mal als Heißluft-Motor bezeichnet wird. Auch hier handelt es sich um eine periodisch arbeitende Wärmekraftmaschine, die Wärmeenergie in mechanische Energie umwandelt.

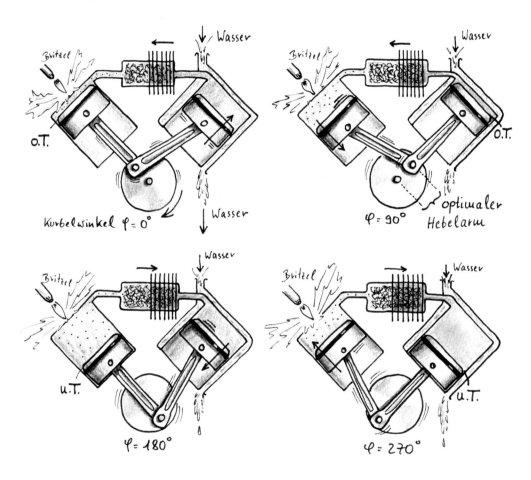

Er besteht je nach Bauart aus einem oder zwei Zylindern, auf jeden Fall aber aus mindestens zwei Kolben. Bevor dieses Buch jetzt als eine vermeintliche Ansammlung kompletten Unsinns in die Ecke geworfen wird, möchten wir noch erwähnen, dass es durchaus möglich ist, in einem Zylinder mehr als einen

Kolben unterzubringen. Man muss diese nur geschickt untereinander anordnen. Der untere von den beiden (also der, der näher an der Kurbelwelle sitzt) muss dann auch noch so gebaut sein, dass er von dem Arbeitsgas durchströmt werden kann. Weil das Ganze aber leichter zu überblicken ist, wird hier der von der Funktionsweise her ähnliche Stirling-Motor mit zwei Kolben in zwei *getrennten* Zylindern vorgestellt. Beide Kolben sitzen auf einer gemeinsamen Kurbelwelle und zwar um 90° versetzt. Dieser Typ des Stirling-Motors ist also ein V-Motor, wie er auch in Autos oder Motorrädern vorkommt, dort allerdings als Diesel- oder Otto-Motor.

Wegen der Phasenverschiebung von 90° sind die Geschwindigkeiten der beiden Kolben unterschiedlich. Wenn sich der eine Kolben gerade in einem seiner Totpunkte befindet, dann hat der andere im selben Augenblick seine maximale Geschwindigkeit erreicht. In dem einen Zylinder wird das Arbeitsgas durch Wärmezufuhr von außen erwärmt, in dem anderen wird es abgekühlt. Die Erwärmung des eines Zylinders und Kühlung des anderen passieren zugleich und kontinuierlich. Die Erwärmung kann auf verschiedene Arten erfolgen, zum Beispiel durch Sonnenenergie oder durch eine Verbrennung. Die Kühlung kann durch Konvektion an die Umgebungsluft oder mit Kühlwasser durchgeführt werden.

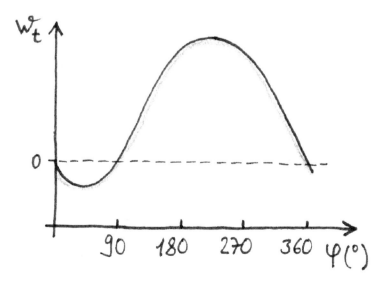

Nutzarbeit beim Stirling-Motor als Funktion des Kurbelwinkels

Damit dieser Motor laufen kann, ist das dargestellte Schwungrad erforderlich. Das liegt daran, dass während der einzelnen Arbeitstakte mal netto Arbeit vom Gas an der Kurbelwelle verrichtet wird und ein anderes mal ist es erforderlich, dass die Kurbelwelle Arbeit am Gas verrichtet. Im zeitlichen Mittel ist aber die an die Kurbelwelle abgegebene Arbeit größer, so dass der Stirling-Motor auch tatsächlich verwendet werden kann, um irgendein nachgeschaltetes Aggregat anzutreiben. Diese zeitlichen Schwankungen von Arbeitsaufnahme und Arbeitsabgabe gleicht das Schwungrad aus, so dass der Prozess nicht stehen bleibt, wenn mal kurzzeitig Arbeit *am* Gas verrichtet werden muss (siehe Bild).

Dass ein solcher Motor letztlich Arbeit verrichten kann liegt daran, dass der Hebelarm zwischen Kolben und Kurbelwelle immer dann optimal ist, wenn der jeweilige Kolben gerade unter hohem Druck steht. Der Druck im Inneren der beiden Zylinder schwankt nämlich periodisch (siehe das p,V-Diagramm zum Stirling-Prozess und zum Stirling-Motor, ein paar Seiten vorher). Das liegt vor allem daran, dass sich das Gesamtvolumen in beiden Zylindern ebenfalls periodisch ändert. Die Heizdüsen unter euch können das mit Hilfe von spezifischen Zustandsgrößen und thermischen Zustandsgleichungen ~~leicht~~ nachweisen.

Durch die versetzte Bewegung der beiden Kolben wird über die Verbindungsleitung ständig Luft hin und her bewegt. Von links kommt heiße Luft und von rechts kalte Luft. Damit das auch so bleibt, befindet sich in der Rohrleitung ein weiteres wichtiges Bauteil. Es handelt sich um den Regenerator, also einen alten Bekannten. Der Regenerator ist hier nichts weiter als ein periodisch durchströmtes Volumen, das mit Metallwolle oder -spänen (häufig Kupfer wegen der guten Wärmeleitfähigkeit und der einigermaßen hohen Wärmekapazität) gefüllt ist. Wenn Luft durch den Raum mit der Kupferwolle strömt, dann nimmt diese dabei Wärme von der Luft auf und kann diese im nächsten Arbeitsgang wieder an sie abgeben. Genau deswegen heißt das Ganze ja auch Regenerator, denn die Wärme der heißen Luft geht nicht verloren, sondern wird kurze Zeit später wieder regeneriert. Der Regenerator arbeitet instationär, weil immer abwechselnd Wärme eingespeichert und wieder rausgeholt wird.

Einen Do-it-yourself-Regenerator kann man sich im Winter leicht selber bauen, indem man endlich mal auf Mutti hört und sich einen dicken Schal vor den Mund wickelt bevor man das Haus verlässt. Beim Einatmen durch den Schal spürt man die Kälte der Luft nicht so sehr, wie ohne Schal. Das ist zwar erst mal eine triviale Erkenntnis, aus der Sicht der Thermodynamik wirkt der Schal aber wie ein Regenerator. Beim Ausatmen erwärmt unsere warme Luft den Schal vor Mund und Nase. Beim Einatmen gibt der Schal seine zuvor gespeicherte Wärme an die kalte Luft ab und wir spüren, dass die Luft nicht ganz so kalt in unsere Nase kommt, wie ohne den Schal. Die Arbeit unseres Regenerators ist aber nicht optimal, denn die wieder eingeatmete Luft ist zwar wärmer als die Umgebungsluft, aber nicht so warm wie die vorher ausgeatmete Luft[124].

Für einen idealen Regenerator wäre das anders. Wenn dieser einen Wirkungsgrad von eins hätte, dann ist er nach außen hin adiabat und die Wärmemenge, die er zunächst aus dem Gas aufnimmt, wird danach zu 100% wieder an das Gas abgegeben.

9.2.3 On the road - Verbrennungsmotoren

Endlich kommt wieder etwas vor, das zumindest vom Namen her vertraut wirkt. Es ist der gute alte Verbrennungsmotor, bekannt aus dem Auto, Motorrad, Rasenmäher (sofern nicht elektrisch angetrieben) oder dem Mofa aus Jugendtagen. Die Schrauber unter euch werden wissen, dass die meisten Verbrennungsmotoren, die hierzulande rumtuckern, nach dem Viertakt-Prinzip[125] arbeiten. Ein Takt entspricht dem Hub des Kolbens vom oberen Totpunkt (oT) zum unteren Totpunkt (uT) oder umgekehrt. Was dabei passiert ist Folgendes:

1. Takt: oT → uT
   - Öffnen des Einlassventils.
   - Ansaugen von Frischluft (oder Gemisch).

2. Takt: uT → oT
   - Schließen des Einlassventils.

---

[124] Das könnte aus evolutionstheoretischer Sicht auch die Erklärung für den Rauschebart eiszeitlicher Jäger und Sammler sein.

[125] Auch wenn der Zweitaktmotor unstrittige Vorteile hat: Eine höhere mögliche Powerausbeute, höhere zulässige Drehzahlen und der Geruch nach verbranntem Öl... In der Realität zeigt sich vor allem der nostalgisch verklärende Ostzonengeruch (räng-däng-däng) und hier zeigt Schumis Daumen dann allerdings in eine andere Richtung, denn leider wird das Alles mit einer deutlich größeren Umweltsauerei, als beim Viertakt-Motor, erkauft.

- Verdichten der Luft (oder des Gemisches).
- (Beim Dieselmotor oder Otto-Motor mit Einspritzung): Einspritzen des Brennstoffs in den Brennraum.

3. Takt: oT → uT
   - elektrische Zündung (beim Otto-Motor) oder Selbstzündung (beim Dieselmotor) des Gemisches.
   - Verbrennung und Expansion des Gemisches.

4. Takt: uT → oT
   - Öffnen des Auslassventils.
   - Auspuffen der Abgase (bis Druckausgleich mit der Umgebung erfolgt ist).
   - Ausstoßen der Abgase (durch Kolbenbewegung aufwärts).

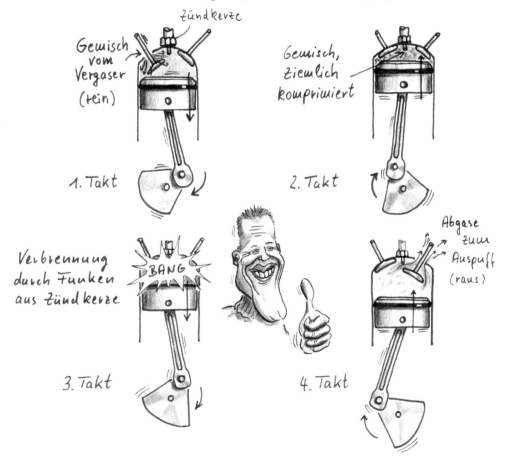

Zündkerze

Gemisch vom Vergaser (rein)

1. Takt

Gemisch, ziemlich komprimiert

2. Takt

Verbrennung durch Funken aus Zündkerze

BANG

3. Takt

Abgase zum Auspuff (raus)

4. Takt

In einem p,V-Diagramm (mit dem Volumen, nicht spezifisch!) sehen die vier Takte dann ungefähr so aus:

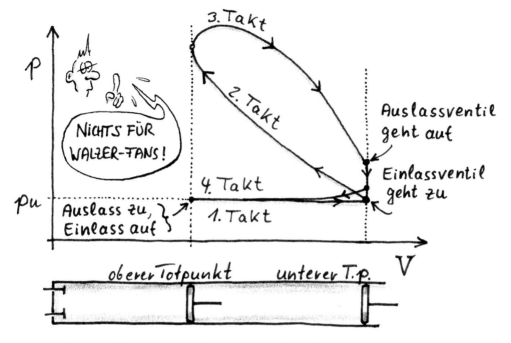

Das p,V-Diagramm für einen 4-Takt Verbrennungsmotor

Beim Zweitaktmotor läuft das ganz ähnlich ab, nur dass jeweils zwei der vier Takte zugleich ablaufen und sich überlagern. Weil es übersichtlicher ist, werden die weiteren Betrachtungen daher nur für Viertaktmotoren durchgeführt.

Genauso wie an der Tankstelle muss man auch in der Thermodynamik aufpassen, ob es sich um einen Benzinmotor oder einen Dieselmotor handelt, denn die beiden Antriebsarten werden durch unterschiedliche thermodynamische Prozesse modelliert.

Der Benzinmotor wird durch den Otto-Prozess angenähert und der Dieselmotor, logisch, durch den Diesel-Prozess. Als dritter im Bunde existiert noch der Seiliger-Prozess, mit dem sich die Vorgänge im Dieselmotor sogar besser (= realitätsnäher) beschreiben lassen, als mit dem Dieselprozess, in den kommenden Abschnitten werden aber nur die beiden erstgenannten Prozesse vorgestellt. Der Seiliger-Prozess erklärt sich dann fast von selbst (sofern er in der Vorlesung überhaupt dran war und von Interesse ist).

9.2.3.1 Otto-Prozess

Um einen Otto-Prozess mit den Hilfsmitteln der Thermodynamik modellieren zu können, müssen (wie immer) zuerst ein paar vereinfachende Annahmen getroffen und Begriffe definiert werden.

Das **Verdichtungsverhältnis** ε ist das Verhältnis (sagt der Name ja schon) des Volumens über dem Kolben im unteren Totpunkt zu dem im oberen Totpunkt. Wenn man sich jetzt noch merkt, dass das durch den Kolben bewegte Volumen „Hubvolumen" oder „Hubraum" genannt wird und das Volumen oberhalb des Kolbens, wenn dieser im oberen Totpunkt steht, das „Kompressionsvolumen" ist, dann ist das Verdichtungsverhältnis durch

$$\varepsilon = \frac{V_{\text{Hub}} + V_{\text{Komp}}}{V_{\text{Komp}}} = \frac{V_{\text{max}}}{V_{\text{min}}}$$

gegeben. Damit aus den *realen* Abläufen im Motor der *idealisierte* Otto-Prozess werden kann, macht man in der Thermodynamik die folgenden Annahmen zur Modellierung der Zustandsänderungen:

$1 \to 2$:   isentrope Verdichtung: Die Verdichtung des Gemisches ruft eine Erhöhung von Druck und Temperatur hervor. Mit steigendem Druck wird die Entropie kleiner, mit steigender Temperatur wird sie größer. Da beide Effekte sich näherungsweise aufheben, wird diese Zustandsänderung als isentrop betrachtet. Das Ganze passiert während des 2. Taktes.

$2 \to 3$:   isochore Wärmezufuhr: Die Verbrennung wird als eine reine Zufuhr der Wärme q_{23} behandelt. Diese findet so schnell statt, dass sich das Volumen dabei nicht wesentlich ändert. Die entsprechende Zustandsänderung kann daher (idealisiert) als isochor behandelt werden. Diese Zustandsänderung passiert zu Beginn des 3. Taktes.

$3 \to 4$:   isentrope Expansion: Während der Expansion des verbrennenden Gemisches sind alle Ventile geschlossen. Das spezifische Volumen vergrößert sich, Druck und Temperatur sinken. Auch hier wird diese Zustandsänderung, die während der restlichen Zeit des 3. Taktes passiert, als isentrop betrachtet.

$4 \to 1$:   isochore Wärmeabgabe: Diese Zustandsänderung passiert während des 4. und des 1. Taktes, es ist also entweder das Einlass- oder das Auslassventil geöffnet und daher ändert sich sowohl das Volumen als auch die Masse im Zylinder, so dass das *spezifische* Volumen annähernd konstant bleibt. Der Austausch der heißen Abgase durch neue, kalte Luft oder neues Gemisch wird vereinfachend durch die isochore Abgabe der Wärme q_{41} ersetzt.

Wie immer kommen diese Zustandsänderungen jetzt im Gewand von Zustandsdiagrammen daher.

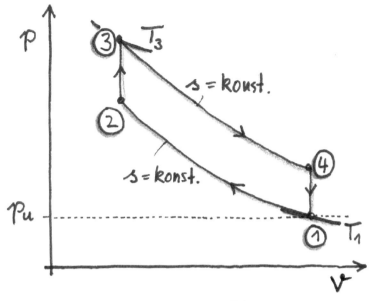

Der Otto-Prozess im p,v-Diagramm...

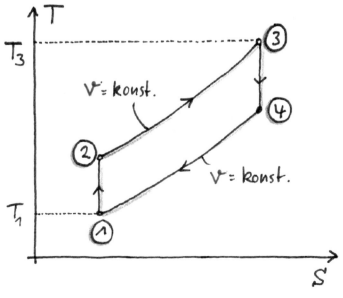

...und im T,s-Diagramm

Der thermische Wirkungsgrad kann entweder aus den Flächen unter den Kurven im T,s-Diagramm oben ermittelt werden oder direkt aus der Energiebilanz:

$$0 = q_{23} - q_{41} - w_t \; .$$

Um auch hier nicht mit den Betragsstrichen in der Gleichung für den Wirkungsgrad mächtig in Schwierigkeiten zu kommen, muss man sich kurz Gedanken über die Vorzeichen in dieser Gleichung machen. Jetzt nicht maulen, sondern gegebenenfalls noch mal im Mathe-Buch nachschlagen: Wenn $q_{41} < 0$, das ist für die abgegebene Wärme der Fall, dann gilt $|q_{41}| = -q_{41}$ und somit für den Wirkungsgrad

$$\eta_{th,OP} = \frac{|w_t|}{q_{23}} = \frac{|q_{23} - q_{41}|}{q_{23}} = 1 - \frac{|q_{41}|}{q_{23}} = 1 + \frac{q_{41}}{q_{23}} \; .$$

Die Wärmen in der Gleichung werden, nach unseren vereinfachenden Annahmen, bei einer isochoren Zustandsänderung ausgetauscht. Ein kurzer Blick in Abschnitt 5.1.2.2 verrät, dass stattdessen auch

$$\eta_{th,OP} = 1 + \frac{q_{41}}{q_{23}} = 1 + \frac{c_V (T_4 - T_1)}{c_V (T_2 - T_3)} = 1 + \frac{T_4 - T_1}{T_2 - T_3}$$

geschrieben werden darf, zumindest dann, wenn die Drücke im Zylinder nicht zu groß werden und das ideale Gasgesetz noch gilt[126]. Weiter geht es mit der Tatsache, dass für die spezifischen Volumen

$$v_2 = v_3 \qquad \text{und} \qquad v_4 = v_1$$

gilt, da die Zustandsänderungen 2→3 und 4→1 isochor sind. Für die beiden anderen, die isentropen Zustandsänderungen 1→2 und 3→4 gilt (siehe Abschnitt 5.1.2.4)

---

[126] Man sollte diese Umformungen ruhig 2-3 mal selbst auf einem Zettel durchführen. Das bringt irre viel und birgt enormes Angeber- und Glanzpotential für mündliche Prüfungen.

$$\left(\frac{v_2}{v_1}\right)^{(\kappa-1)} = \frac{T_1}{T_2} \quad \text{und} \quad \left(\frac{v_4}{v_3}\right)^{(\kappa-1)} = \frac{T_3}{T_4}.$$

In der linken Gleichung kann man jetzt v_3 durch v_3 und v_1 durch v_4 ersetzen und man sieht dann hoffentlich, dass die Gleichung links der Kehrwert von rechts ist. Deshalb gilt

$$\frac{T_4}{T_1} = \frac{T_3}{T_2}$$

und man kann die Gleichung für den Wirkungsgrad weiter umformen zu

$$\eta_{\text{th,OP}} = 1 + \frac{T_4 - T_1}{T_2 - T_3} = 1 + \frac{T_1}{T_2}\left(\frac{T_4/T_1 - 1}{1 - T_3/T_2}\right) = 1 - \frac{T_1}{T_2}\left(\frac{T_4/T_1 - 1}{T_3/T_2 - 1}\right).$$

Es ist zu erkennen, dass in der letzten (runden) Klammer exakt 1 steht. Wir kommen also auf der Zielgeraden mit

$$\eta_{\text{th,OP}} = 1 - \frac{T_1}{T_2}$$

raus. Um noch ein bisschen mehr Verwirrung zu stiften, wird vor dem Überqueren der Ziellinie noch das Temperaturverhältnis ersetzt und anschließend das Verdichtungsverhältnis ε vom Anfang dieses Abschnittes wieder aus der Versenkung hervor geholt:

$$\eta_{\text{th,OP}} = 1 - \left(\frac{v_2}{v_1}\right)^{(\kappa-1)} = 1 - \frac{1}{\varepsilon^{(\kappa-1)}}.$$

Was bleibt ist die Erkenntnis, dass der Wirkungsgrad des Otto-Prozesses mit dem Verdichtungsverhältnis ansteigt. Leider gilt dasselbe auch für den Verschleiß der Motorbauteile, weil mit dem Verdichtungsverhältnis auch der maximale Druck und damit die mechanische Belastung im Inneren des Motors steigt.

9.2.3.2 Diesel-Prozess

Die bei der Behandlung des Otto-Prozesses gewonnene Erkenntnis, dass eine Erhöhung des Verdichtungsverhältnisses dem Wirkungsgrad ausgesprochen gut tut, wird beim Diesel-Motor direkt umgesetzt. Dieser arbeitet nämlich generell mit einem deutlich höheren ε als der Otto-Motor. Mehr zu dem Thema ist bei [28] zu finden.

Aufgrund der hohen Verdichtung herrschen im Motor hohe Temperaturen. Das ist der gleiche Effekt, wie man ihn beim Spielen mit der Luftpumpe bemerken kann: Wenn man ein Gas komprimiert, dann erwärmt es sich. Wenn man es *stark* komprimiert (was im Diesel Motor der Fall ist), dann erwärmt es sich *stark*. Damit sich das Gemisch im Brennraum des Motors nicht frühzeitig von alleine entzündet, wird beim Dieselmotor der Brennstoff erst kurz vor dem Ende der Verdichtung direkt eingespritzt und die Verbrennung beginnt dann von alleine. Das passiert kurz vor dem oberen Totpunkt, wo der Druck am höchsten ist und der Kolben sich eher langsam bewegt. Aus diesem Grund wird die Wärmezufuhr während der Verbrennung als *isobar* behandelt. Damit haben wir folgende Zustandsänderungen:

$1 \rightarrow 2$: isentrope Verdichtung: Läuft genauso ab, wie beim Otto-Prozess, siehe Abschnitt 9.2.3.1.

$2 \rightarrow 3$: isobare Wärmezufuhr: Das ist anders als beim Otto-Prozess! Die Verbrennung des Gemisches wird als die Zufuhr der Wärme q_{23} bei konstantem (hohen) Druck behandelt.

$3 \rightarrow 4$: isentrope Expansion: Läuft genauso ab, wie beim Otto-Prozess.

$4 \rightarrow 1$: isochore Wärmeabgabe: Läuft genauso ab, wie beim Otto-Prozess.

Der Diesel-Prozess sieht dem Otto-Prozess recht ähnlich, es gibt aber ein oder zwei kleine aber feine Unterschiede, wie die beiden nächsten Diagramme zeigen.

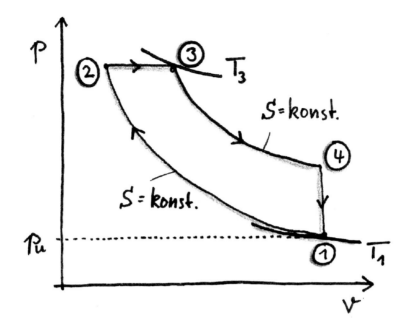

Der Diesel-Prozess im p,v-Diagramm...

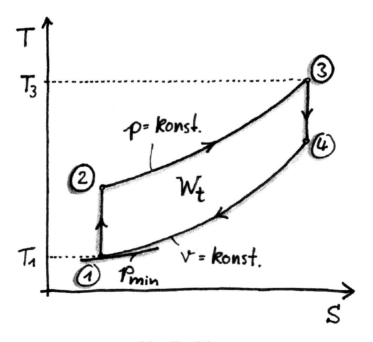

...und im T,s-Diagramm

Jetzt kommt, wie immer an dieser Stelle, eine Abhandlung über den Wirkungsgrad des Prozesses. Vieles ist aber schon bei Otto dran gewesen, der Hauptunterschied liegt in der Tatsache, dass jetzt an einer Stelle anstatt einer isochoren eine isobare Zustandsänderung abläuft. Deswegen taucht an einer Stelle auch eine isobare Wärmekapazität auf. Die Definition des thermischen Wirkungsgrades für den Diesel-Prozess lautet damit

$$\eta_{\text{th,DP}} = 1 + \frac{q_{41}}{q_{23}} = 1 + \frac{c_V(T_4 - T_1)}{c_P(T_2 - T_3)} \quad .$$

Die Wärmekapazitäten kann man ersetzen und wir haben dann

$$\eta_{\text{th,DP}} = 1 - \frac{1}{\kappa} \frac{(T_4 - T_1)}{(T_3 - T_2)} \quad .$$

In dieser Gleichung steht ganz klar noch zu wenig drin. Deswegen wird jetzt das gemacht, was immer gemacht wird: Erst wir das Ganze aufgepumpt und dann werden mehrere Variablen zu einer zusammengefasst, um wieder etwas Übersichtlichkeit zu erhalten.

Das Verhältnis des Volumens am Ende der Verbrennung zum Volumen zu deren Beginn (also auch am Ende und zu Beginn der Wärmezufuhr) wird als das **Einspritzverhältnis** φ bezeichnet und ist durch

$$\varphi = \frac{V_3}{V_2} = \frac{v_3}{v_2}$$

definiert. Wenn man behauptet, dass die Verbrennung unmittelbar *nach* dem Ende der Einspritzung beginnt, dann bleibt die Masse im Zylinder während der Verbrennung konstant und man darf, wie oben geschehen, auch mit den spezifischen Volumen arbeiten. Die Zustandsänderung (2→3) des idealen Gases ist isobar und deswegen gilt außerdem

$$\varphi = \frac{v_3}{v_2} = \frac{T_3}{T_2} \quad .$$

Für die isentrope Zustandsänderung (3→4) gilt der Zusammenhang

$$\frac{T_4}{T_3} = \left(\frac{v_3}{v_4}\right)^{\kappa-1} = \left(\frac{v_3 \cdot v_2}{v_2 \cdot v_4}\right)^{\kappa-1} = \varphi^{\kappa-1}\left(\frac{v_2}{v_4}\right)^{\kappa-1} \; .$$

Da die Zustandsänderung (4→1) isochor ist, gilt $v_4 = v_1$ und das kann hier jetzt eingesetzt werden. Wenn man jetzt die isentrope Zustandsänderung (1→2) betrachtet, dann können die beiden Volumen in der letzten Klammer durch Temperaturen ersetzt werden. Wir erhalten zunächst

$$\frac{T_4}{T_3} = \varphi^{\kappa-1} \cdot \frac{T_1}{T_2}$$

und können jetzt umstellen zu

$$\frac{T_4}{T_1} = \varphi^{\kappa-1} \cdot \frac{T_3}{T_2} = \varphi^{\kappa-1} \cdot \frac{v_3}{v_2} = \varphi^{\kappa-1}\varphi = \varphi^{\kappa} \; .$$

Mit dieser Gleichung bekommen wir zwei neue Ausdrücke. Einmal

$$\frac{T_4}{T_1} = \varphi^{\kappa} \qquad \text{und außerdem} \qquad \frac{T_3}{T_2} = \varphi \; .$$

Mit diesen Ausdrücken kann die Definition des Wirkungsgrades vorerst zu

$$\eta_{\mathrm{th,DP}} = 1 - \frac{1}{\kappa}\frac{(T_4 - T_1)}{(T_3 - T_2)} = 1 - \frac{1}{\kappa}\frac{T_1}{T_2}\left(\frac{T_4/T_1 - 1}{T_3/T_2 - 1}\right) = 1 - \frac{1}{\kappa}\frac{T_1}{T_2}\left(\frac{\varphi^{\kappa} - 1}{\varphi - 1}\right)$$

umgeschrieben werden.

Jetzt kann man die beiden in der Gleichung verbleibenden Temperaturen mit Hilfe der isentropen Zustandsänderung (1→2) und des Verdichtungsverhältnisses ε ersetzen und man bekommt als amtliches Endergebnis

$$\eta_{\text{th,DP}} = 1 - \frac{1}{\kappa\,\varepsilon^{\kappa-1}} \cdot \left(\frac{\varphi^{\kappa} - 1}{\varphi - 1} \right).$$

Was will uns das jetzt sagen? Der Wirkungsgrad des Diesel-Prozesses steigt mit dem Verdichtungsverhältnis und sinkt mit dem Einspritzverhältnis. Also: Eine hohe Verdichtung ist günstig und eine schnelle Verbrennung (damit wenig Zeit für die Volumenänderung während der Wärmezufuhr bleibt) auch!

9.2.4 Kreisprozesse in XXL - Dampfkraftanlagen

Die Überschrift sagt es schon: Hier geht es um Kreisprozesse bei denen ordentlich Dampf gemacht wird. Beispiele dafür finden sich in jedem Kraftwerk, aber auch in der guten alten Dampfmaschine, wie sie einst in jeder Lokomotive zu finden war. Wenn man zum Beispiel versucht, einen Carnot-Prozess mit Wasser als Arbeitsfluid zu realisieren, dann bekommt man einen Prozess, um den es sich im Folgenden in verschiedenen Varianten dreht. Bei diesem Prozess wird davon ausgegangen, dass die Wärmeaufnahme und die Wärmeabgabe isobar erfolgen, also keine Druckverluste in den Wärmeübertragern auftreten. Wenn die beiden anderen Zustandsänderungen als reversibel modelliert werden, dann haben wir einen **Clausius-Rankine-Prozess**, ansonsten spricht man ganz allgemein von einem **Dampfkraft-Prozess**.

9.2.4.1 Einfacher Dampfkraft- und Clausius-Rankine-Prozess

Man kann die Betrachtungen für den Clausius-Rankine-Prozess und für den so genannten einfachen Dampfkraft-Prozess in einem Abwasch erledigen. Der Unterschied zwischen den beiden Prozessen liegt nur in der Entropie, die in der Speisewasserpumpe und in der Turbine erzeugt wird. Im nächsten Bild ist die Realisierung eines einfachen Dampfkraft-Prozesses dargestellt.

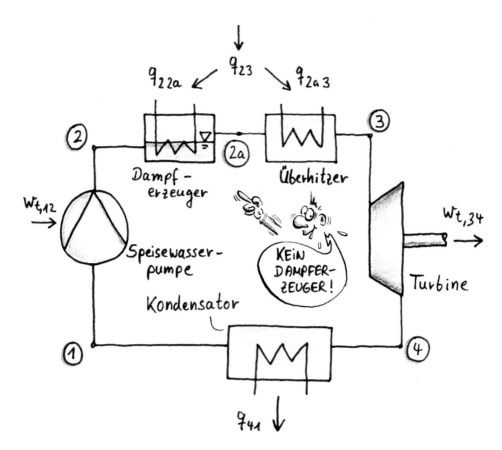

Realisierung des einfachen Dampfkraft-Prozesses

Es wird davon ausgegangen, dass in der gesamten Anlage keine Wärmeverluste nach außen stattfinden. Alle Bauteile sind so gut isoliert, dass sie als adiabat behandelt werden dürfen. Wir haben dann folgende Zustandsänderungen:

1 → 2:   Erhöhung des Drucks der Flüssigkeit. Dabei wird die technische Arbeit $w_{t,12}$ aufgenommen. Bei Clausius-Rankine passiert das reversibel.

2 → 2a → 3: isobare Wärmezufuhr: Das passiert aus technischen Gründen in zwei nacheinander vom Arbeitsmedium durchlaufenen Apparaten. Zuerst wird die Flüssigkeit im Dampferzeuger verdampft und dann im Überhitzer überhitzt. Der Zustand 2a (zwischen den beiden Apparaten) liegt theoretisch *genau auf* der Taulinie.

3 → 4:   Expansion des überhitzten Dampfes: Die technische Arbeit $w_{t,34}$ wird abgegeben. Bei Clausius-Rankine passiert auch das reversibel.

4 → 1:   isobare Wärmeabgabe: Der entspannte Dampf wird kondensiert. Der Druck an dieser Stelle wird durch die Temperatur des Kühlmediums bestimmt. Wenn die Umgebungsluft in einem Kühlturm zum Beispiel eine Temperatur von 15 °C hat, dann beträgt der Druck im Kondensator ca. 17 mbar (mit der Antoine-Gleichung aus Abschnitt 2.3.3 berechnet).

Der thermischen Wirkungsgrade, sowohl des Clausius-Rankine-Prozesses als auch des einfachen Dampfkraft-Prozesses, sind durch

$$\eta_{th,DK} = \eta_{th,CR} = \frac{\left| w_{t,34} - w_{t,12} \right|}{q_{23}}$$

definiert, also als der Betrag vom Ergebnis des Prozesses, bezogen auf den Aufwand. Die technische Arbeit der Speisewasserpumpe $w_{t,12}$ ist sehr klein, weil das flüssige Wasser nahezu inkompressibel ist. Das gilt zumindest im Vergleich zu der von der Turbine abgegebenen Leistung $w_{t,34}$. Daher wird die Arbeit der Speisewasserpumpe in der Energiebilanz oft vernachlässigt und der Wirkungsgrad der beiden Prozesse ist in diesem Fall durch

$$\eta_{th,DK} = \eta_{th,CR} = \frac{\left| w_{t,34} \right|}{q_{23}} = \frac{h_3 - h_4}{h_3 - h_2}$$

gegeben. Sehr elegant sieht diese Definition der Wirkungsgrade ja nicht aus. Anstelle der Temperaturen, die wir zum Beispiel beim Carnot-Wirkungsgrad haben, stehen hier spezifische Enthalpien. Warum das so ist, erkennt man, wenn man den einfachen Dampfkraft-Prozess im nächsten T,s-Diagramm betrachtet. Das Diagramm sieht für den Clausius-Rankine-Prozess übrigens fast genauso aus, nur dass die isentropen Zustandsänderungen (1→2) und (3→4) dann senkrechte Linien wären.

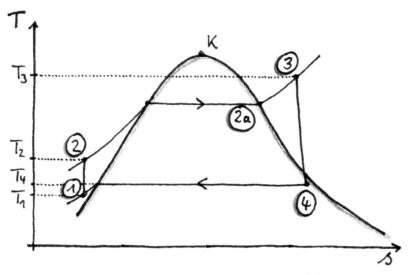

Der einfache Dampfkraft-Prozess im T,s-Diagramm

Beim Carnot-Prozess finden Wärmeaufnahme und Wärmeabgabe bei konstanten Temperaturen statt. Beim einfachen Dampfkraft-Prozess haben wir zu Beginn der Wärmeaufnahme (Zustand 2) zuerst einen Temperaturanstieg, bis das Nassdampfgebiet erreicht ist. Beim Verdampfen bleibt die Temperatur dann tatsächlich konstant und erst im Überhitzer (ab dem Zustand 2a) steigt sie wieder an. Die Wärmeaufnahme erfolgt also bei einer gleitenden Temperatur. Genauso auch die Wärmeabgabe, denn der aus der Turbine kommende entspannte Dampf (Zustand 4) muss nach dem vollständigen Kondensieren noch unterkühlt werden, wobei die Temperatur der Flüssigkeit dann sinkt.

Wie kann der Wirkungsgrad dieses Prozesses, der ohnehin schlechter ist als der des Carnot-Prozesses, denn ein wenig verbessert werden? Ganz einfach, indem man ihn entweder dem Carnot-Prozess von der Optik her möglichst ähnlich macht, oder, indem man die mittlere Temperatur der Wärmeaufnahme möglichst erhöht und die mittlere Temperatur der Wärmeabgabe möglichst weit absenkt.

Um den Prozess dem Carnot-Prozess ähnlich zu machen, ist es sinnvoll, Verdichtung und Entspannung, soweit technisch machbar und auch bezahlbar, möglichst reversibel ablaufen zu lassen, also *tatsächlich* einen Clausius-Rankine-Prozess zu realisieren. Außerdem wäre es gut, die Überhitzung und die Unterkühlung des Dampfes zu vermeiden. Hier sprechen aber allerdings technische Aspekte dagegen, dies allzu weit zu treiben. In einem Zweiphasengebiet, wo zugleich Dampf und Flüssigkeit herrschen, können aber weder Pumpen noch Turbinen auf Dauer arbeiten. Der Verschleiß an den Turbinenschaufeln durch Tropfenschlagerosion oder in der Pumpe durch Kavitation zerstört diese teuren Aggregate ziemlich schnell.

Wenn man das aber trotzdem macht, dann ist im T,s-Diagramm für diesen Fall zu erkennen, dass die Verdichtung in der Speisewasserpumpe und die Entspannung in der Turbine mitten im Nassdampfgebiet passieren.

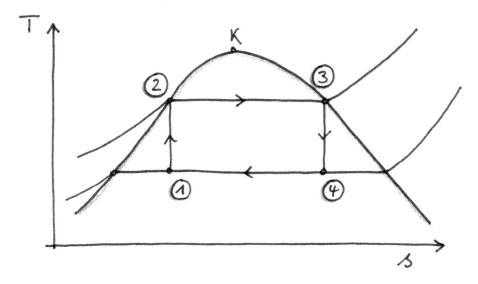

Clausius-Rankine goes Carnot

Also bleibt als Ausweg nur die Änderung der mittleren Temperaturen. Das ist dasselbe Prinzip wie beim Carnot-Prozess, dessen thermischer Wirkungsgrad durch $\eta_{th,C} = 1 - T_{ab}/T_{zu}$ gegeben ist. Eine Möglichkeit ist es daher, die Temperatur der Wärmeabgabe zu senken. Leider ist diese meistens festgelegt, da Wärmeabgabe an die Umgebung erfolgt, also bei der Umgebungstemperatur, die sich nicht beeinflussen lässt. Man kann also nur noch an der Temperatur der Wärmeaufnahme drehen. Zwei Möglichkeiten, um diese zu erhöhen, werden in den nächsten beiden Abschnitten vorgestellt.

9.2.4.2 Dampfkraft-Prozess mit Zwischenüberhitzung

Will man die mittlere Temperatur der Wärmeaufnahme erhöhen, dann kann man statt einer, zwei Turbinen nehmen und diese nacheinander schalten und dazwischen noch mal Wärme zuführen. Eine solche Anlage ist hier im Bild dargestellt, danach folgt sofort das zugehörige T,s-Diagramm.

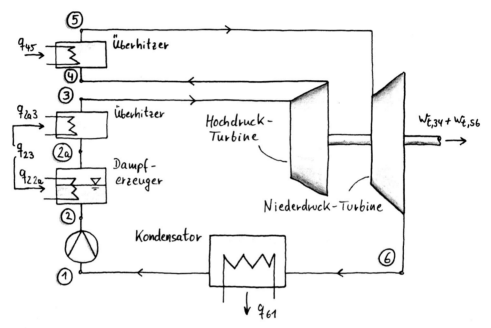

Dampfkraft-Prozess mit Zwischenüberhitzung

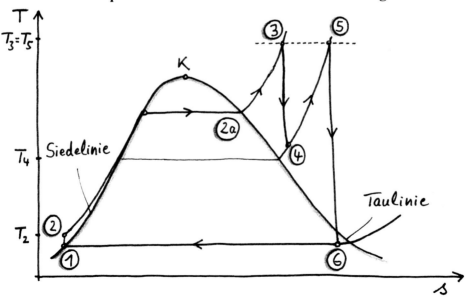

T,s-Diagramm für den Dampfkraft-Prozess mit Zwischenüberhitzung

Während die mittlere Temperatur der Wärmeaufnahme für q_{23} irgendwo zwischen T_2 und T_3 liegt, erfolgt die Zufuhr von q_{45} zwischen den Temperaturen T_4 und T_5. Da $T_4 > T_2$ ist, erhöht sich die mittlere Temperatur der *insgesamt* aufgenommenen Wärme leicht. Der thermische Wirkungsgrad dieser Anlage ist

$$\eta_{\text{th}} = \frac{(h_3 - h_4) + (h_5 - h_6)}{(h_3 - h_2) + (h_5 - h_4)} .$$

Wenn man das mit dem thermischen Wirkungsgrad für den einfachen Dampfkraft-Prozess vergleicht (zum Beispiel anhand der Flächen unter den Kurven im T,s-Diagramm) dann erkennt man, dass der Wirkungsgrad hier tatsächlich höher ist. Erkauft wird die Verbesserung des Wirkungsgrades durch einen höheren apparativen und damit finanziellen Aufwand.

9.2.4.3 Dampfkraft-Prozess mit Speisewasservorwärmung

Wenn man folgerichtig den apparativen Aufwand noch höher treibt, dann kann der Wirkungsgrad auch noch höher werden. Ein Beispiel dafür ist im Bild unten zu erkennen, wo bereits drei Turbinenstufen, drei Speisewasserpumpen und diverse Wärmetauscher vorkommen.

Die Turbine ist hier in drei Teile geteilt, die Hochdruckturbine (HD), die Mitteldruckturbine (MD) und die Niederdruckturbine (ND). Nachdem der Dampf die Hochdruckturbine durchlaufen hat, wird ein Teil abgezweigt und zur Erwärmung des Speisewassers[127] verwendet. Der Rest geht dann zur Mitteldruckturbine und zwischen der Mitteldruckturbine und der Niederdruckturbine wiederholt sich das Spiel dann noch einmal. Da hier jetzt verschiedene Massenströme mit unterschiedlichen Drücken und Temperaturen bewegt werden, muss auch mehr als eine Pumpe und mehr als ein Wärmeübertrager eingesetzt werden.

Dieser Prozess sieht ziemlich kompliziert aus. Das ist der Preis dafür, dass er der Realität in heutigen Kraftwerken schon bedenklich nahe kommt. Aber keine Sorge: Auch dieser Prozess kann zur Not *nur* von außen betrachtet und als Black-Box behandelt werden.

---

[127] Hat nichts mit Speiseeis zutun.

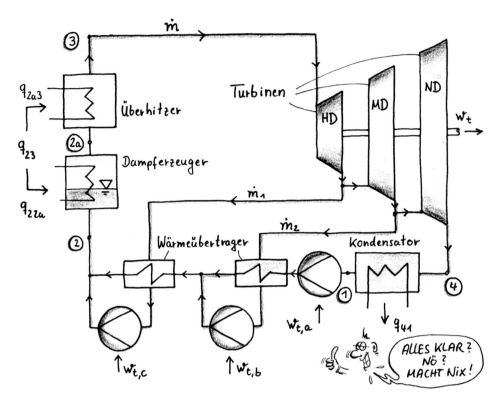

Dampfkraft-Prozess mit Speisewasservorwärmung

9.2.4.4 Der Gesamtwirkungsgrad von Dampfkraftanlagen

Was für Dampfkraftanlagen in den letzten Abschnitten schon dran war, das ist der jeweilige thermische Wirkungsgrad, also das, was sich auf dem Gebiet der Thermodynamik abspielt. Um genau zu sein: Es sind die thermischen Wirkungsgrade für die verschiedenen Ausbaustufen des Dampfkraft-Prozesses behandelt worden.

Wenn man sich jetzt aber mal ein beliebiges Wald-und-Wiesen-Kraftwerk von außen, also jenseits des Stacheldrahtzaunes ansieht, dann geht dort mitnichten nur ein Wärmestrom hinein und ein Abwärmestrom und eine Turbinenleistung hinaus, sondern es geht ein Brennstoffstrom hinein und heraus kommt eine elektrische Leistung und natürlich der Abwärmestrom an die Umgebung und das Abgas aus dem Schornstein. Vor dem eigentlichen Kreisprozess liegt erst mal die Erzeugung der Wärme durch Verbrennung und hinter unserem Kreisprozess liegt noch der Generator, der aus der mechanischen Leistung der Turbine eine elektrische Leistung erzeugt.

Die Verbrennung wird im Kapitel 12 noch behandelt, hier wird erst mal nur eine Größe dazu eingeführt, die es ganz einfach erlaubt, deren Effektivität in Zahlen zu fassen. Diese Größe ist der **Kesselwirkungsgrad** η_K, der Wärmeverluste berücksichtigt, die durch eine nicht perfekte Isolation des Kessels und durch heiße Abgase und heiße Asche entstehen können. Er ist definiert als das Verhältnis der dem Kreisprozess zugeführten Wärme zur chemischen Energie, die der Brennstoff mit sich bringt:

$$\eta_K = \frac{\dot{Q}_{23}}{\dot{m}_{Br}\, h_U} = \frac{q_{23}}{h_U}\,.$$

Die chemische Energie h_U wird Heizwert genannt. Er ist eine Stoffeigenschaft des Brennstoffes[128] und hat die Einheit kJ/kg. Man kann die Zahlenwerte dazu in Tabellen finden, bei einer ordentlichen Klausuraufgabe werden die Werte hoffentlich mitgeliefert.

Der Wirkungsgrad des elektrischen Generators wird logischerweise **Generatorwirkungsgrad** η_G genannt und ist das Verhältnis der vom Generator erzeugten elektrischen Leistung zur ihm zugeführten mechanischen Antriebsleitung, die von der Turbine kommt:

$$\eta_G = \frac{|P_{el}|}{P_t} = \frac{|w_{el}|}{w_t}\,.$$

Dieser Wirkungsgrad berücksichtigt die „Eisen- und Kupferverluste" im Ständer der Maschine, Lagerreibung und Streuverluste des elektrischen Feldes bei der eigentlichen Wandlung nach dem Dynamo-Prinzip. Alle einzelnen Wirkungsgrade für einen Dampfkraftprozess kann man auch zusammenfassen zum **Gesamtwirkungsgrad** des Prozesses, der dann alle Verluste beinhaltet:

$$\eta = \eta_K \cdot \eta_{th} \cdot \eta_G = \frac{q_{23}}{h_U} \cdot \frac{w_t}{q_{23}} \cdot \frac{|w_{el}|}{w_t} = \frac{|w_{el}|}{h_U}\,.$$

---

[128] Der Heizwert gibt schlicht und einfach an, wie viel Energie (Wärme) beim Heizen aus dem Brennstoff herauszuholen ist (mehr dazu in Abschnitt 12.4).

9.3 Realisierungen links laufender Kreisprozesse

Jetzt kommen wir zu Kreisprozessen, die alle andersherum sind, weil sie links-rum laufen. Mit diesen Prozessen wird keine mechanische Leistung erzeugt, sondern mit Hilfe einer mechanischen Leistung werden Wärmeströme bewegt. Deswegen wird hier kein Wert auf Wirkungsgrade gelegt, sondern auf *Leistungszahlen* (siehe Abschnitt 9.1.2.1). Die links laufenden Prozesse werden anhand der Tatsache unterschieden, ob als Arbeitsmedium immer ein Gas bewegt wird oder ob ein Phasenwechsel stattfindet. Liegt *immer* ein Gas vor, dann heißt der Prozess **Kaltgasprozess**, sonst wird er **Kaltdampfprozess** genannt.

Für die Kaltgasprozesse gilt fast alles, was auch für Heißgasprozesse, gesagt wurde, zum Beispiel für den geschlossenen Joule-Prozess. Das liegt schlicht und einfach daran, dass ein linksläufiger Joule-Prozess die Realisierung eines Kaltgasprozesses ist. So wie sich der Kaltgasprozess durch einen links laufenden Joule-Prozess realisieren lässt, so ist ein Kaltdampfprozess, allerdings nur im Idealfall, ein links laufender Carnot-Prozess. Wesentlich häufiger begegnen einem im Alltag aber die Kalt*dampf*prozesse, zum Beispiel in Form des guten alten Kühlschranks, um dessen Funktionsprinzip es im nächsten Abschnitt gehen soll.

9.3.1 Der Kompressorkühlschrank

Dass der gute alte Kühlschrank, wie er in fast jeder Küche steht, in der Thermodynamik einen etwas längeren Namen bekommt, liegt an dem Versuch sich möglichst wissenschaftlich und exakt auszudrücken. Ein Kühlschrank hält ein Volumen (das wird auch von Thermodynamikern im Allgemeinen nicht bestritten) auf einer Temperatur die unterhalb der Umgebungstemperatur liegt. Man kann aber unterscheiden, und jetzt kommt die Sache mit der Exaktheit, welches Funktionsprinzip dem Ganzen denn zu Grunde liegt. Wenn der Kühlschrank, was meistens der Fall ist, einen Kompressor hat, dann heißt der Kompressorkühlschrank. Eine andere Bauform, die sich aber nur in Spezialfällen wie für Hotel-Minibar-Kühlschränke durchgesetzt hat, ist der Absorberkühlschrank. Er wird durch einen Wärmestrom angetrieben anstelle eines lärmenden Kompressors. Da die allermeisten Kühlschränke mit einem

Kompressor arbeiten, wird im Folgenden der Einfachheit halber nur noch von einem *Kühlschrank* gesprochen, auch wenn es eigentlich um einen *Kompressor*kühlschrank geht, in dem ein links laufender Kaltdampfprozess eine Kältemaschine realisiert.

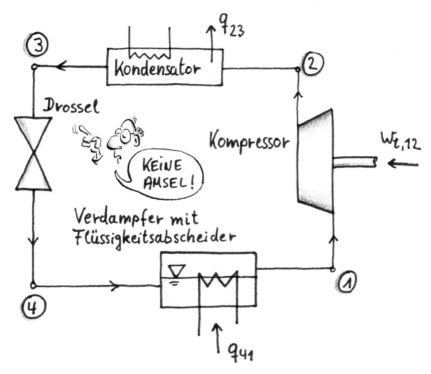

Anlagenschema für den Kaltdampfprozess

Die Zustandsänderungen für diesen *realen* Prozess sind:

1 → 2:   Verdichtung des im Zustand 1 trocken gesättigten Dampfes.

2 → 3:   isobare Wärmeabgabe: Zuerst wird der komprimierte Dampf abgekühlt, dann kondensiert und dann unterkühlt.

3 → 4:   Entspannung der unterkühlten Flüssigkeit. Dabei wird durch die Senkung des Druckes das Nassdampfgebiet erreicht.

4 → 1:   isobare Wärmeaufnahme: Das Arbeitsmedium wird (so gerade eben) vollständig verdampft.

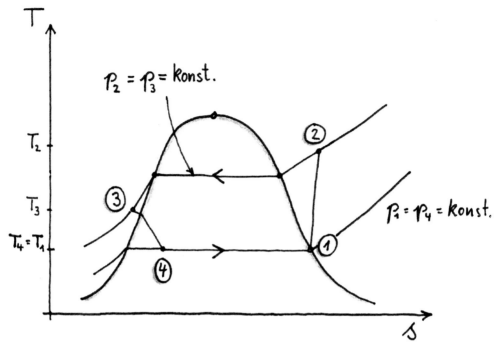

Das T,s-Diagramm für den Kaltdampfprozess

Die Druckminderung passiert hier nicht in einer Turbine, sondern in einer schnöden, hochgradig irreversibel arbeitenden Drossel. Die Drossel ist schlicht und einfach ein Engpass für die Strömung und bewirkt dadurch den Druckabfall, wenn sie durchströmt wird. Deren Irreversibilität kann man gut im zugehörigen T,s-Diagramm bei der Zustandsänderung 3→4 erkennen.

Außerdem muss, nur aus technischen Gründen, im Zustand 3 unterkühlt werden, denn sonst würde beim Drosseln schon jede Menge Dampf entstehen und nicht erst im Verdampfer, also dort wo es gewünscht wird. Wenn der Kaltdampfprozess als Kältemaschine genutzt wird, dann ist die Zielgröße die „kalte" Wärme q_{14}, die im Verdampfer aufgenommen wird und die Leitungszahl dieses Prozesses ist

$$\varepsilon_{\mathrm{KM}} = \frac{q_{41}}{w_{t,12}} = \frac{h_1 - h_4}{h_2 - h_1} \ .$$

Wird der Prozess als Wärmepumpe genutzt, dann ist die Zielgröße die „heiße" Wärme q_{23}, die im Kondensator abgegeben wird und die Leistungszahl ist dann durch

$$\varepsilon_{\mathrm{WP}} = \frac{q_{23}}{w_{t,12}} = \frac{h_2 - h_3}{h_2 - h_1}$$

gegeben. So, jetzt darf kurz zum Kühlschrank gegangen werden, um eine kleine Pause zu machen und sich eine Erfrischung zu gönnen. Danach geht es dann weiter mit einem weiteren Beispiel eines Kaltdampfprozesses, bei dem Luft verflüssigt wird.

9.3.2 Luftverflüssigung nach Linde

Zuerst muss geklärt werden, was das denn überhaupt für ein Prozess sein soll und wofür er gut ist. Wie der Name *Luftverflüssigung* schon sagt, geht es darum, Luft flüssig zu machen. Luft ist, so wie wir sie kennen und atmen, ein Gemisch (siehe die späteren Abschnitte 10.2.1 und 11.1) aus verschiedenen Gasen, vor allem Stickstoff und Sauerstoff[129]. Wenn man ein Gas verflüssigen will, dann geben Natur und Thermodynamik uns dazu zwei Möglichkeiten. Wir können die Temperatur des Gases erniedrigen oder dessen Druck erhöhen, bis es kondensiert.

Der technische Zweck des ganzen Aufwandes liegt darin, dass man bei der Gelegenheit die Luft in ihre (dann flüssigen) Bestandteile zerlegen kann und außerdem, dass sowohl Transport als auch Lagerung in diesem Zustand vergleichsweise einfach möglich sind. Das spezifische Volumen der Flüssigkeit ist nämlich viel, viel kleiner als das des Gases, also sparen wir bei einem Tank eine Menge Bauraum.

Wenn man den Druck erhöht hat, muss der Tank aber dem Druck auch standhalten können. Er muss druckfest sein und für die Zulassung, zum Bei-

---

[129] Diese Tatsache wird aber erst mal ignoriert. Erst wenn wir uns mit Gemischen besser auskennen, also ungefähr ab dem Ende von Kapitel 10, wird es sinnvoll, die Eigenschaften des Gemisches zu berücksichtigen. Hier wird erst mal nur ganz allgemein von einem Gas geredet, das wie ein Reinstoff behandelt wird.

spiel im Straßenverkehr, vorher eine Menge teurer Prüfungen über sich ergehen lassen. Dafür muss er im Fall der Druckerhöhung aber wenigstens nicht thermisch isoliert werden. Wenn man die flüssige Luft durch eine Erniedrigung der Temperatur (umgangssprachlich: durch Kühlen) erzeugt hat, kann diese sogar bei Umgebungsdruck gelagert werden, man muss also keine dicken Tankwände vorsehen, aber dafür muss man eine sehr gute Isolierung haben. Der Grund für die erforderliche Isolierung ist der, dass die Siedepunkte der Bestandteile der Luft bei Umgebungsdruck im Bereich von -195,79 °C für Stickstoff bis -182,96 °C für Sauerstoff liegen. Das ist verdammt kalt und wenn man nicht ordentlich isoliert, erwärmt sich die Flüssigkeit recht schnell wieder und verdampft dann natürlich auch. Das wäre nicht gut für unseren Plan, flüssige Luft zu erzeugen. Aus Gründen des Explosionsschutzes (und, eigentlich ganz unwichtig, wegen der Kosten) wird die Luft daher meistens durch das Absenken der Temperatur verflüssigt.

Ein Verfahren mit dem das geschehen kann, ist das jetzt vorgestellte, welches nach seinem Erfinder Carl von Linde benannt worden ist. Das Verfahren wurde im Jahr 1902 erfunden und schon ein Jahr später wurde die erste Anlage in der Nähe von München in Betrieb genommen. Das technische Prinzip zur Realisierung dieses Verflüssigungsprozesses ist im nächsten Bild dargestellt. Man kann erkennen, dass wir hier einen offenen Prozess haben. Ein Massenstrom (Umgebungsluft) geht hinein und zwei Massenströme kommen raus (einmal Luft, extrem kalt und in flüssiger Form und einmal Luft, etwas weniger kalt und gasförmig).

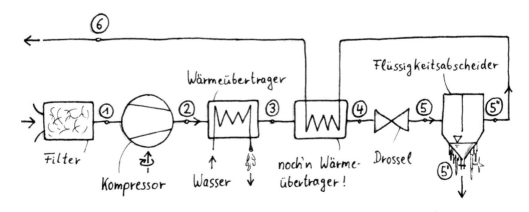

Anlage zur Luftverflüssigung nach Linde

Um sich zu überlegen, was denn mit dem Arbeitsmedium bei diesem Prozess passiert hilft das nächste Diagramm, in dem alle Zustände eingetragen sind. Dabei kann davon ausgegangen werden, dass diese Anlage schon eine ganze Weile läuft und der Prozess stationär ist.

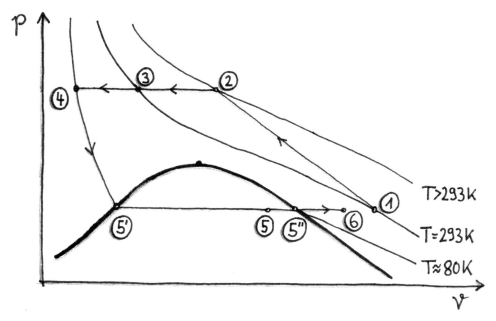

Die Luftverflüssigung nach Linde im p,v-Diagramm

Die Luft wird aus der Umgebung angesaugt und zum Reinigen durch einen Filter geschickt, damit man nachher im Endprodukt nicht auch noch Staub und Pollen (je nach Jahreszeit) hat. Nach dem Filter beginnt unser eigentlicher Prozess mit der Luft im Zustand 1. Im Kompressor wird die Luft auf ca. 200 bar gebracht und dabei erwärmt sie sich. Das ist dann der Zustand 2. Warum das Gas sich erwärmt, wurde im Abschnitt 5.2 erläutert, das ist der Joule-Thomson Effekt, der dafür verantwortlich ist, dass bei einem realen Gas eine Druckänderung eine Temperaturänderung bewirkt.

Da das Gas aber letztlich soweit gekühlt werden soll, bis es das Nassdampfgebiet erreicht, wird es erst mal durch einen gewöhnlichen Wärmeübertrager wieder abgekühlt Es liegt dann im Zustand 3 unter hohem Druck (200 bar) und ungefähr der Temperatur vor, die es vor dem Verdichten auch hatte. Dann wird noch ein Wärmeübertrager durchlaufen und zwar ein so genannter Gegenstrom-Wärmeübertrager, der das Gas dann auf den Zustand 4 abkühlt.

211

Dieser Zustand ist überkritisch, wie die vorherigen Zustände auch. Deswegen tritt bis hierher auch nirgendwo eine als solche erkennbare Flüssigkeit auf (siehe auch Abschnitt 2.3.1). Welches Medium sich auf der anderen Seite des Wärmeübertragers[130] befindet, und warum es so kalt ist, dass das Gas bis zu dessen Siedetemperatur gekühlt werden kann, das ist der eigentliche Trick, auf den der Herr Linde gekommen ist. Dazu kommen wir aber erst gleich.

Zunächst fließt die Luft durch eine Drossel. Der Druck fällt von 200 bar auf ca.1 bar und wegen der massiven Druckerniedrigung haben wir einen massiven Joule-Thomson Effekt und damit eine massive Temperaturerniedrigung. Das Fluid erreicht jetzt den Zustand 5, der mitten im Nassdampfgebiet liegt. Deswegen treten dann auch sofort zwei Phasen auf. Die eine Phase besteht aus flüssiger Luft (strike!) und die andere aus gesättigtem Dampf. Beide Phasen liegen bei einem Druck von ungefähr 1 bar und einer Temperatur von ca. 80 K vor und werden im Flüssigkeitsabscheider voneinander getrennt. Die Flüssigkeit im Zustand 5' wird dann für teuer Geld verkauft und der gesättigte Dampf wird im Zustand 5'' durch den Gegenstrom-Wärmeübertrager geschickt, um die nachkommende Luft zu kühlen. Am Ende wird der Großteil (über 90%) des Massenstroms der ursprünglich angesaugten Luft im Zustand 6 an die Umgebung zurück gegeben.

Damit sind die wichtigsten Kreisprozesse mehr oder minder vollständig und mehr oder minder ausführlich dran gewesen. Natürlich gibt es auf der Welt noch eine Unzahl von Prozessen mehr, die hier aber nicht dargestellt werden. Irgendwann wiederholt sich das Prinzip einfach, wie in der Thermodynamik diese Prozesse behandelt werden.

Was bislang in allen Abschnitten dieses Buches vollkommen außen vor geblieben ist, das ist die Frage was passiert, wenn man keinen Reinstoff als Arbeitsmedium verwendet, sondern ein Gemisch aus verschiedenen (ehemals reinen) Stoffen. Die Antwort dazu soll, zumindest ansatzweise, das nächste Kapitel geben, in dem es um Gemische geht und darum, wie man sie mit unseren bescheidenen Mitteln behandeln kann.

---

[130] Die technische Realisierung dieses Apparates erfolgt im Prinzip durch zwei ineinander gesteckte Rohre. Im inneren, kleineren Rohr läuft das eine Fluid von links nach rechts. Im äußeren Rohr fließt das andere Fluid von rechts nach links, dem ersten entgegen.

10 Gemischte Gefühle oder gefühlte Gemische

Ein Gemisch unterscheidet sich von den bislang betrachteten Reinstoffen dadurch, dass es aus mehreren Komponenten besteht. Die Anzahl der beteiligten Komponenten wird ab jetzt mit j bezeichnet. Die meisten Gemische bestehen aus vielen Komponenten, wie zum Beispiel Luft, die bekanntlich aus Stickstoff, Sauerstoff, Kohlendioxid und verschiedenen Edelgasen besteht[131]. Neben solchen komplexen Gemischen, was sowohl die Anzahl der beteiligten Komponenten angeht, als auch deren Art, gibt es auch vergleichsweise einfache Fälle, die deswegen auch gleich eigene Namen[132] bekommen haben. Wenn ein Gemisch aus nur zwei Komponenten besteht, dann ist es ein *binäres Gemisch*, bei drei Parteien heißt es *ternäres Gemisch* und wer angeben will, merkt sich auch noch, dass man bei vier Komponenten *quarternäres Gemisch* dazu sagen kann.

10.1 Die Beschreibung von Gemischen

Wenn man mit Gemischen hantieren will, dann muss man zuerst mal in der Lage sein, die Zusammensetzung eines Gemisches zu beschreiben, egal wie viele Reinstoffe sich darin tummeln. Das gilt sowohl im Reagenzglas des Chemikers, als auch in den Gleichungen der Thermodynamik. Wie meistens, wenn Ingenieure beteiligt sind, gibt es auch hier mehr als eine Möglichkeit, wie das getan werden kann.

10.1.1 Die Bäckermethode

Diese Methode funktioniert, ganz kurz gesagt, so: Man wiegt die Zutaten für ein Gemisch zuerst ab und rührt dann alles zusammen. Wenn man also ganz unwissenschaftlich (das kommt später) sämtliche einzelnen Zutaten beim Backen als jeweils einen Reinstoff behandelt, dann kann ein Kuchenteig mit den Zutaten: 500 Gramm Mehl, 200 Gramm Butter, 200 Gramm Zucker und 100

---

[131] Außer in Bremerhaven: Da kommen noch einige ichtyologische Anteile dazu.

[132] Wer das kleine oder große Latinum hat, darf sich jetzt ganz toll fühlen und den nächsten Satz auslassen. Wer wenigstens schon mal Asterix gelesen hat, darf bei den „binä'en" und „te'nä'en" Gemischen weitermachen.

Gramm undefinierbare Krümel durch den Massenanteil der einzelnen Stoffe beschrieben werden[133]. Der Massenanteil der Komponente *i* wird durch Teilen der Masse der Komponente *i* durch die Gesamtmasse (hier ein Kilogramm) berechnet. Allgemein ausgedrückt ist die Gesamtmasse

$$m = \sum_{i=1}^{j} m_i$$

und der Massenanteil der einzelnen Komponente ist

$$\xi_i = \frac{m_i}{m} \ .$$

Der komische Kringel in der letzten Gleichung ist übrigens der griechische Buchstabe Xi[134]. Für unseren Kuchenteig ist die Gesamtmasse $m = 0{,}5$ kg + 0,2 kg + 0,2 kg + 0,1 kg = 1 kg und der Massenanteil des Mehls zum Beispiel ist $\xi_{Mehl} = 0{,}5$. Und schon haben wir eine banale Aktion (backe, backe Kuchen) in einen wissenschaftlichen Rahmen gesetzt. So einfach ist das! Wer aber noch ein wenig wissenschaftlicher wirken möchte, der postuliert außerdem noch die so genannte Schließbedingung

$$\sum_{i=1}^{j} \xi_i = 1,$$

die sich aus der Gleichung für die Gesamtmasse des Gemisches (oben) ergibt, wenn man diese durch *m* teilt. Die Schließbedingung hilft einem weiter, wenn nicht alle Massenanteile in einer Aufgabe gegeben sind, denn *ein* fehlender Anteil kann damit berechnet werden. Einfaches Beispiel: Wenn in einem binären Gemisch der Anteil der einen Komponente A mit $\xi_A = 0{,}6$ gegeben ist, dann ist Dank der Schließbedingung der Anteil der anderen Komponente B automatisch $\xi_B = 0{,}4$.

---

[133] Dass Kuchenteig meistens besser schmeckt als der fertige Kuchen, ist eine Kinderweisheit, deren Begründung trotz verzweifelter Erklärungsversuche das ganze Leben ein Rätsel bleibt.
[134] Gesundheit!

10.1.2   Die Erbsenzählermethode

Diese Methode funktioniert ganz ähnlich wie die Bäckermethode, nur dass hier die Bestimmung der Anteile der einzelnen Komponenten nicht mit Hilfe der Masse erfolgt, sondern über die Stoffmenge. Stoffmenge? Rrrrichtig! Das war die Anzahl an Mol (= $6{,}023{\cdot}10^{23}$ Teilchen). Die Gesamtstoffmenge n in einem Gemisch ist die Summe der einzelnen Stoffmengen

$$n = \sum_{i=1}^{j} n_i \; .$$

Der Molanteil der einzelnen Komponente i wird entweder mit dem Buchstaben x_i angegeben, wenn wir ein Flüssigkeitsgemisch betrachten oder mit y_i, wenn wir ein Gemisch von Gasen haben:

$$x_i = \frac{n_i}{n} \qquad \text{oder} \qquad y_i = \frac{n_i}{n} \; .$$

Auch für die Molanteile gilt die Schließbedingung

$$\sum_{i=1}^{j} x_i = 1 \qquad \text{bzw.} \qquad \sum_{i=1}^{j} y_i = 1 \; .$$

10.1.3   Backerbsen - wiegen oder zählen?

Die Umrechnung von Massenanteilen in Molanteile ist ziemlich unspektakulär, wenn man sich erinnert, dass für jede Komponente (gekennzeichnet durch den Index i) der folgende Zusammenhang zwischen Masse m_i und Molmenge n_i

$$m_i = M_i n_i$$

mit Hilfe der Molmasse M_i gegeben ist. Dann kann der Massenanteil so

$$\xi_i = \frac{m_i}{m} = \frac{M_i n_i}{m}$$

geschrieben werden und wenn man jetzt in der Gleichung oben die Molmenge n_i ersetzt, dann wird daraus

$$\xi_i = \frac{M_i \cdot n}{m} y_i = \frac{M_i}{M} y_i \ .$$

Was man also zur Umrechnung von Massenanteilen in Molanteile (und umgekehrt) benötigt, ist die Molmasse der Komponente M_i, die Gesamtmasse des Gemisches m und dessen Molmenge n. Das Verhältnis der Größen n/m ist der Kehrwert der Molmasse M des Gemisches. Wenn man n und m kennt, dann ist M einfach zu berechnen. Oft ist aber nur die Zusammensetzung des Gemisches gegeben. Dann kommt man weiter, wenn man die letzte Gleichung ein wenig umstrickt und dann über alle Komponenten summiert:

$$\sum_{i=1}^{j} M \xi_i = \sum_{i=1}^{j} M_i y_i \ .$$

Das kann man links vereinfachen, da M einen konstanten Wert darstellt:

$$M \sum_{i=1}^{j} \xi_i = \sum_{i=1}^{j} M_i y_i \ .$$

Die Schließbedingung ergibt dann die gesuchte Gleichung zur Berechnung der Molmasse des Gemisches

$$M = \sum_{i=1}^{j} M_i y_i \ .$$

Mit dieser Gleichung braucht man nur noch die Zusammensetzung des Gemisches und die Molmassen der beteiligten Reibstoffe zu kennen, um die Molmasse des Gemisches zu berechnen.

10.2 Ideale Gemische von Gasen und von Flüssigkeiten

Wenn man in der Lage ist, die Zusammensetzung eines Gemisches zu beschreiben, dann kann man sich auch Gedanken darüber machen, wie sich denn die Tatsache, dass wir ein Gemisch haben, auf die anderen Gleichungen auswirkt, die bislang nur für Reinstoffe behandelt worden sind. Um es vorweg zu nehmen (und um größerem Frust vorzubeugen): die Sache wird sehr schnell sehr kompliziert. Wenn man sich mal überlegt, dass eine thermische Zustandsgleichung für einen Reinstoff schon mindestens zwei Parameter enthält (siehe Abschnitt 2.5) und man uns einfach glaubt, dass die Anzahl solcher Parameter mit jeder weiteren Komponente im Gemisch nahezu exponentiell ansteigen wird, dann kann man sehr, sehr schnell die Lust an solchen Betrachtungen verlieren. Die Sache wird schlicht und einfach unübersichtlich. Aber: Don't panic! In der Grundlagen-Vorlesung kommen die wirklich harten Dinger normalerweise nicht vor. Das bleibt späteren Veranstaltungen vorbehalten, die dann so schöne Titel wie „Thermodynamik der Gemische" tragen.

In den beiden kommenden Abschnitten werden die einfachsten Modelle für Mischungen von Gasen und von Flüssigkeiten vorgestellt. Diese Modelle helfen, insbesondere bei Gemischen von Flüssigkeiten, im wirklichen Leben zwar fast gar nichts, weil sie ungenau sind, sie werden von den Thermodynamikern aber trotzdem sehr geliebt, denn auf diese einfache Modelle aufbauend kann man sich dann mit Korrekturfaktoren[135] der Realität annähern. Für die Thermo-Grundlagen reicht es zum Glück aber aus, die einfachen Modelle zu verstehen.

10.2.1   Das ideale Gasgemisch

Wir beschränken uns in diesem Abschnitt auf die einfache thermische Zustandsgleichung des idealen Gases (für einen Reinstoff) und erweitern diese Gleichung jetzt so, dass sie auch für ein Gemisch aus idealen Gasen angewendet werden kann.

---

[135] Korrekturfaktoren, auch bekannt als Fummelfaktoren, sind, neben den Black-Boxen, ein äußerst beliebtes Werkzeug der Wissenschaft. Man stellt ein ebenso einfaches wie in der Realität falsches Modell auf, das dafür jeder Depp verstehen kann, und packt dann alle wirklich wichtigen Informationen in die Korrekturfaktoren.

Was passiert, wenn sich zwei (bis dahin) reine Stoffe mischen? Dazu mal wieder ein Gedankenexperiment. In einer nach außen adiabaten Kiste sind zwei verschiedene ideale Gase eingesperrt. Wir haben ein abgeschlossenes System, über dessen Grenze weder Energie noch Masse gelangen. In diesem Kisten-System befinden sich die beiden idealen Gase (A und B genannt), die erst mal voneinander durch eine für Materie undurchlässige und zugleich sehr dünne, aber trotzdem wärmeundurchlässige Wand getrennt sind. Die beiden Gase haben die Drücke p_A und p_B und die Temperaturen T_A und T_B und in jeder Abteilung der Kiste gilt das ideale Gasgesetz. Obwohl wir hier nur zwei Komponenten (A und B) haben, kann man das ideale Gasgesetz auch ganz allgemein

$$p_i v_i = m_i R_i T_i$$

für die i-te Komponente eines Gemisches schreiben, das aus beliebig vielen Reinstoffen zusammengesetzt sein kann.

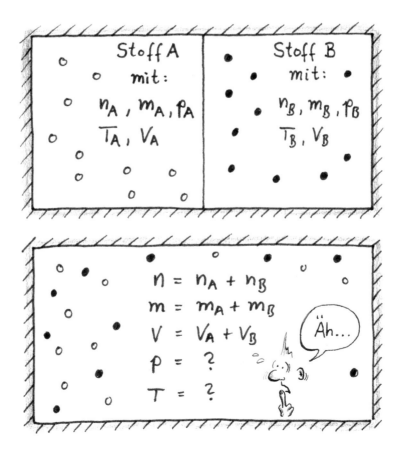

218

Wenn die Wand weggezogen wird, dann werden sich die vorher getrennten Gasmoleküle nach und nach vermischen. Das könnt ihr euch so vorstellen, wie einen Trupp Maschinenbaustudenten (nur Männer), die es „versehentlich" auf eine Erziehungswissenschaftlerinnen-Party verschlagen hat: Erst stehen alle verklemmt in der Ecke und reden (möglichst laut und unüberhörbar) über die unglaublichen Erfolgsaussichten und Zukunftschancen für Ingenieure. Nach ein paar Stunden und Drinks mischt man sich dann nach und nach unter das Volk, um spätestens ab 2 Uhr morgens nicht mehr weiter aufzufallen.

Den idealen Gasmolekülen geht es genauso! Sie verteilen sich nach und nach im zur Verfügung stehenden Volumen. Dabei ist es ihnen komplett egal, ob ein zweites Molekül, mit dem sie zufällig zusammen stoßen, von der eigenen Sorte ist, oder von einer anderen Komponente[136]. Das liegt in der Natur der idealen Gase, deren Verhalten nur von der Dichte *insgesamt* abhängt, nicht aber von der Art der Teilchen.

---

[136] Hier ist unser Party-Modell allerdings nicht mehr ohne Weiteres anwendbar!

Zurück zu unserem Beispiel mit der Kiste und der soeben weg gezogenen Zwischenwand. Wichtig für unsere Betrachtung ist, dass wir hier chemische Reaktionen, zum Beispiel eine Verbrennung, ausschließen. Dann kann die Temperatur des Gemisches nach dem Mischen[137] mit Hilfe von Bilanzen berechnet werden. Zuerst kommt die Massenbilanz. Für die Gesamtmasse nach dem Mischen gilt

$$m = \sum_{i=1}^{j} m_i = m_A + m_B \ .$$

Ebenso gilt für das insgesamt zur Verfügung stehende Volumen

$$V = \sum_{i=1}^{j} V_i = V_A + V_B \ ,$$

wenn wir uns daran erinnern, dass die Trennwand *dünn* sein sollte, also ein vernachlässigbares Eigenvolumen hat.

Jetzt kommt zuerst einmal eine Definition, damit wir auch beim Druck weiterkommen. Als **Partialdruck** p_i der Komponente i wird der Druck bezeichnet, den das Gas haben würde, wenn es das ganze Volumen V für sich alleine hätte. Für unsere Kiste heißt das, dass man zur Bestimmung des Partialdruckes von A *zuerst* alle Moleküle der Komponente B entfernt und *dann* die Trennwand. Umgekehrt gilt das natürlich genauso, wenn man A und B tauscht. Wenn ein beliebiger, realer Stoff eine Änderung seines Volumens erfährt, dann „überlegt" sich dieser Stoff, in welcher Form er darauf reagiert. Meistens geschieht das durch eine Änderung, sowohl des Druckes als auch der Temperatur. Beim idealen Gas sieht das etwas anders aus, denn hier geschieht nur eine Änderung des Druckes, nicht aber der Temperatur, wenn das Volumen adiabat geändert wird. Das liegt mal wieder an der Modellvorstellung des idealen Gases (siehe Abschnitt 5.1.1). Dort steht, dass die innere Energie des idealen Gases nur von der Temperatur abhängt. Weil sich die innere Energie des idealen Gases (in der nach außen adiabaten Kiste) nicht ändert, bleibt die Temperatur

---

[137] Was kommt nach dem Mischen? Richtig, „Geben, Hören, Sagen, Weitersagen, 18, 20, Zwo, Null, Vier ... und weg"

T_i für jeden der Reinstoffe unverändert. Vor dem Herausnehmen der Trennwand (Zustand 1) gilt für jede Komponente

$$p_{i,1}V_i = m_i R_i T_i$$

und nach dem Herausnehmen der Trennwand (Zustand 2) gilt für jede Komponente

$$p_{i,2}V = m_i R_i T_i \ .$$

Zusammen ergibt das dann

$$p_{i,1}V_i = p_{i,2}V \qquad \text{oder anders geschrieben} \qquad \frac{p_{i,2}}{p_{i,1}} = \frac{V_i}{V} \ .$$

Anmerkung zur letzten Gleichung: Hier sind $p_{i,1}$ und $p_{i,2}$ eigentlich noch gar keine Partialdrücke, sondern die Drücke des Reinstoffes i vor und nach dem Rausziehen der Trennwand.

Wenn man jetzt wieder dazu zurückkehrt, die Trennwand zu entfernen, *ohne* dass vorher eine der Komponenten aus der Kiste genommen wurde, dann ändert sich am Verhalten des einzelnen idealen Gases nichts. Das Schöne bei den Molekülen eines idealen Gases ist nämlich, dass sie sich eher autistisch verhalten und ihre Umwelt weitgehend ignorieren. Wenn man jetzt also zu einem idealen Gas in einem Volumen ein weiteres ideales Gas dazu tut, dann erhöht sich zwar der Gesamtdruck, aber nicht der Partialdruck des einzelnen Gases. Mit anderen Worten: Wenn in einem Volumen V die Masse m eines idealen Gases bei der Temperatur T vorhanden ist, dann liegt dadurch der Partialdruck dieses Gases fest, egal was dort sonst noch so an idealem Gas herumschwirrt. Umgekehrt heißt das aber auch, dass der Gesamtdruck nach dem Mischen

$$p = \sum_{i=1}^{j} p_i$$

221

gleich der Summe der Partialdrücke ist. Das ist übrigens das Gesetz von Dalton[138]. Das Gesetz von Dalton kann man auch noch anders schreiben. Es bleibt nämlich noch die Frage zu klären, wie man an den Partialdruck p_i rankommt. Für ein Gemisch idealer Gase kann dieser aus der Zusammensetzung des Gemisches berechnet werden:

$$p_i = \frac{V_i}{V} p = \frac{n_i}{n} p = y_i p \; .$$

Achtung: Hier muss man den Molanteil der betrachteten Komponente des Gemisches y_i nehmen!

Damit kann das ideale Gasgesetz für den Zustand nach dem Mischen hingeschrieben werden:

$$pV = mRT \; .$$

---

[138] War es Averall oder William oder Jack oder ... verdammt, wie hieß der Vierte?

In dieser Gleichung kennen wir schon das Volumen des Gemisches V, dessen Gesamtmasse m und den Druck p. Was aber noch fehlt, sind die Temperatur T und die Gaskonstante R des Gemisches. Die Gaskonstante

$$R = \sum_{i=1}^{j} \xi_i R_i$$

ist recht einfach zu bestimmen, wenn man die Zusammensetzung mit den *Massen*anteilen und die individuellen Gaskonstanten der beteiligten Reinstoffe kennt. Um die Temperatur T des Gemisches zu bestimmen, bedienen wir uns bei der Energiebilanz für die Zustände 1 (vor dem Mischen) und 2 (nachher), die uns ziemlich direkt sagt

$$U_2 - U_1 = 0 \qquad \text{oder} \qquad U_2 = U_1 \,,$$

denn die adiabate Kiste ist ein abgeschlossenes System, und ohne eine chemische Reaktion im Inneren kann sich die innere Energie durch das Mischen alleine nicht ändern. Die innere Energie in der Kiste vor dem Mischen wird durch die Differenz zur inneren Energie beim Bezugszustand U_0 ausgedrückt

$$U - U_0 = \sum_{i=1}^{j} m_i \, c_{V,i} \left(T_i - T_0 \right) = \sum_{i=1}^{j} m_i \, c_{V,i} T_i \,.$$

Hier war T_0 eine willkürlich gewählte Bezugstemperatur, für die man auch genauso gut 0 K ansetzen kann, was wir dann ganz rechts in der letzten Gleichung auch gemacht haben, damit das Ganze etwas kompakter in der Darstellung wird. Will man jetzt dieselbe Betrachtung *nach* dem Mischen anstellen, dann muss man sich zuerst die Wärmekapazität des Gemisches ansehen. Auch hier bestimmt das Modell des idealen Gases das Verhalten und legt fest, dass sich die Wärmekapazitäten der Komponenten gewichtet mit dem jeweiligen Massenanteil addieren:

$$c_V = \sum_{i=1}^{j} \xi_i c_{V,i} \,.$$

Damit gilt nach dem Mischen

$$U_2 - U_0 = mc_V(T - T_0) = mc_V T$$

und durch Gleichsetzen von U_1 und U_2 und Auflösen nach T fällt U_0 raus und daraus wird dann

$$T = \frac{\sum\limits_{i=1}^{j} m_i\, c_{V,i} T_i}{mc_V} \ .$$

Für unsere beiden Komponenten A und B ausführlich hingeschrieben, ergibt das dann den Ansatz[139]

$$T = \frac{m_A\, c_{V,A} T_A + m_B\, c_{V,B} T_B}{m_A c_{V,A} + m_B c_{V,B}}$$

für die Temperatur eines binären Gemisches. Auch hier ist es sehr sinnvoll, sowohl fürs Verständnis als auch fürs Einbrennen in der Festplatte hinter der Stirn, diese Umformungen einmal selbst durchzuführen!

Für Gemische idealer Gase wird zur Bestimmung der Gemisch-Eigenschaften meistens einfach alles gewichtet aufaddiert. Das führt uns zu einem Konzept, das sich **Mischungsgröße** nennt. Wenn man alles, was vor dem Mischen da war, stumpf aufaddiert, dann wird der Unterschied zwischen der tatsächlichen Größe des Gemisches zu der Summe der ungemischten Einzelgrößen einfach Mischungsgröße genannt und durch ein Δ vor der jeweiligen Größe gekennzeichnet. Alle bisherigen Mischungsgrößen, zum Beispiel das Mischungsvolumen ΔV, die Mischungsenthalpie ΔH und die Misch-Innere-Energie ΔU sind beim Mischen idealer Gase zum Glück Null:

$$\Delta H = 0, \quad \Delta U = 0, \quad \Delta V = 0 \ .$$

---

[139] Das läuft genauso, wie in der Mechanik die Berechnung eines gemeinsamen Massenmittelpunktes aus den Mittelpunkten der Teilmassen, nur dass hier mit den Wärmekapazitäten gewichtet wird.

Anders sieht das für die Entropie aus, denn wie man sich leicht vorstellen kann, nimmt die Unordnung (und damit die Entropie) in unserer Kiste zu, wenn zwei reine Gase zu einem Gemisch vermengt werden. Es ist jetzt also noch zu klären, wie groß die Zunahme der Entropie beim Mischen ist. Per Definition fragen wir damit nach einer Mischungsgröße und zwar nach der Mischungsentropie. Für die Mischungsentropie ΔS eines binären Gemisches (ist übersichtlicher mit nur zwei Komponenten) gilt:

$$\Delta S = S_{A,2} + S_{B,2} - \left(S_{A,1} + S_{B,1} \right) = S_{A,2} - S_{A,1} + S_{B,2} - S_{B,1} \ .$$

Hier steht die Definition der Mischungsgröße ΔS als die Differenz zwischen den noch ungemischten Reinstoffen (Zustand 1) und den *ehemaligen* Reinstoffen, die jetzt vermischt sind (Zustand 2). Die Entropie eines idealen Gases war in Abschnitt 6.3.2.1 dran. Für das Gas A gilt

$$S_{A,2} - S_{A,1} = m_A \left(c_{P,A} \ln \frac{T_{A,2}}{T_{A,1}} - R_A \ln \frac{p_{A,2}}{p_{A,1}} \right)$$

und für B

$$S_{B,2} - S_{B,1} = m_B \left(c_{P,B} \ln \frac{T_{B,2}}{T_{B,1}} - R_B \ln \frac{p_{B,2}}{p_{B,1}} \right) \ .$$

Das kann jetzt in die Gleichung oben eingesetzt werden. Wenn dann noch beachtet wird, dass die Temperatur des Gasgemisches T ist, dann ist

$$\Delta S = m_A \left(c_{P,A} \ln \frac{T}{T_{A,1}} - R_A \ln \frac{p_{A,2}}{p_{A,1}} \right) + m_B \left(c_{P,B} \ln \frac{T}{T_{B,1}} - R_B \ln \frac{p_{B,2}}{p_{B,1}} \right)$$

die Mischungsentropie. Es ist zwar auf den ersten Blick nicht zu erkennen, aber der Ausdruck hier ist immer größer als Null, das heißt die Entropie nimmt beim Mischen zu. Das liegt daran, dass die Änderungen von Temperaturen und Drücken beim Mischen nicht beliebig passieren, sondern nach zwei schon hergeleiteten Gesetzmäßigkeiten. Diese Gesetzmäßigkeiten sind das Gesetz von Dalton für den Druck und die Gleichung zur Berechnung der Mischungstemperatur.

Mischt man nicht nur zwei, sondern j Komponenten miteinander, dann bekommen wir mit

$$\Delta S = \sum_{i=1}^{j} m_i \left(c_{P,i} \ln \frac{T}{T_{i,1}} - R_i \ln \frac{p_{i,2}}{p_{i,1}} \right)$$

einen allgemeinen Ausdruck für die Mischungsentropie idealer Gase

10.2.2   Die ideale Lösung

Jetzt, wo wir mit Hilfe des einfachen Modells des idealen Gasgemisches wissen, wie sich ideale Gase beim Mischen verhalten, kann man eine ganz ähnliche Betrachtung *auch* für Flüssigkeiten durchführen. Diese Form eines idealen Gemisches heißt dann natürlich nicht mehr „ideales Gasgemisch", sondern bekommt stattdessen den neuen Namen „ideale Lösung".

Ein ideales Gas ist dadurch definiert, dass es keine Wechselwirkungen zwischen dessen Molekülen gibt, außer wenn diese zusammenstoßen. Ähnlich, aber doch ein bisschen anders, lautet die Definition der idealen Lösung. Hier werden die Wechselwirkungen zwischen den Molekülen der Flüssigkeit nicht mehr vernachlässigt. Das wäre ja auch ein wenig unsinnig, denn nur, wenn diese Wechselwirkungen vorhanden sind, kann man überhaupt von einer Flüssigkeit sprechen. Stattdessen wird davon ausgegangen, dass die Wechselwirkungen zwischen allen Molekülsorten gleich groß sind[140].

Die Aussage über die Wechselwirkungen (alle gleich groß) ist zwar eine andere als beim idealen Gas (alle gleich Null), aber die Auswirkungen auf die mathematische Modellierung sind sehr ähnlich. Mit diesem Ansatz ist das Verhalten einer idealen(!) Lösung nämlich genauso easy zu beschreiben, wie für ein ideales(!) Gasgemisch.

---

[140] In unserem Party-Modell aus dem letzten Abschnitt entspricht das einem Maschinenbaustudenten (männlich), dem es egal ist, ob er mit einer Germanistik-Studentin oder einem E-Techniker tanzt.

10.2.3 Das Phasengleichgewicht

Der Einfachheit halber, und weil es in Diagrammen einfacher darzustellen ist, werden ab jetzt nur noch binäre Gemische betrachtet, das heißt, dass nur zwei unterschiedliche Komponenten beteiligt sind. Neu ist in diesem Abschnitt, dass jetzt nicht mehr die gesamte Materie in unserem System als Gas vorliegt, sondern dass ein Teil kondensiert sein kann, also als Flüssigkeit vorliegt. Dabei können zwei verschiedene Fälle anhand der Löslichkeit der beiden Komponenten in der flüssigen Phase unterschieden werden.

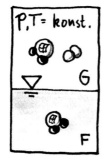 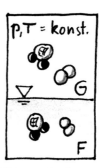

BINÄRES GEMISCH MIT
FLÜSSIGKEIT ALS REINSTOFF

BINÄRES GEMISCH MIT EIN-
ANDER LÖSLICHEN KOMPONENTEN

Der erste Fall sind Gemische, bei denen eine Komponente in der Flüssigkeit als Reinstoff vorliegt. Das bedeutet, dass die andere Komponente immer als Gas (kann man auch als Dampf bezeichnen) vorliegt, weil sie nicht kondensieren kann. Das beste und bekannteste Beispiel hierfür ist die feuchte Luft. Bei der Behandlung der feuchten Luft wird das Wasser als „reines Wasser" und die Luft, die eigentlich ja ein Gemisch aus allerlei Gasen ist, wird wie ein nicht kondensierbarer Reinstoff behandelt. (Keine Panik, das kommt alles noch in Kapitel 11) Natürlich kann man Luft auch verflüssigen, allerdings erst bei Temperaturen weit, weit unterhalb der Temperatur, bei der Wasser kondensiert. Und genau das ist es, worauf es ankommt, wenn man die flüssige Phase als Reinstoff behandeln möchte: <u>Die Siede- oder Kondensationstemperaturen der beteiligten Reinstoffe müssen nur weit genug auseinander liegen.</u>

Der zweite Fall sind vollständig lösliche Gemische. Hier kommen beide Komponenten in beiden Phasen vor. Beispiel: Bier, als Gemisch aus Wasser und Alkohol, das man (ohne Luft) in einen dichten Behälter packt. Dann kommen beide Komponenten in beiden Phasen vor. Um diesen Fall geht es in den kommenden Abschnitten.

Bei einem idealen Gasgemisch wird die Zusammensetzung durch den Molanteil y_i oder den Massenanteil ξ_i der Komponenten angegeben. Wenn im betrachteten System mehr als eine Phase vorkommt, dann muss man natürlich auch noch mit angeben, welche Phase gerade gemeint ist, wenn man eine Zusammensetzung angibt. Man darf nie vergessen, dass die Zusammensetzungen der beiden Phasen nämlich fast immer unterschiedlich sind. Um zu kennzeichnen, ob wir die Zusammensetzung der flüssigen Phase oder die der Gasphase angeben, werden bei den Massenanteilen zwei neue ~~Indexe Indices~~ Bezeichnungen verwendet. Der Index „F" steht für die flüssige Phase und der Index „G" steht für die Gas-Phase.

Um Schreibarbeit zu sparen, wird für das in der Gemischthermodynamik deutlich wichtigere Konzentrationsmaß, den Molanteil, noch eine weitere Vereinbarung getroffen: Der Molanteil der Komponente i in der flüssigen Phase wird durch x_i angegeben, der in der Gasphase durch y_i.

Wenn wir jetzt zu unserem Kisten-Modell mit den beiden Komponenten A und B aus Abschnitt 10.2 zurück kehren und das Ganze jetzt um die Möglichkeit erweitern, dass ein Teil der Moleküle im Inneren auch kondensieren (also zu Flüssigkeit werden) kann, dann haben wir jetzt eine ganze Reihe von Möglichkeiten für die Angabe der Zusammensetzungen. Diese Möglichkeiten sind in der Tabelle hier zusammengefasst.

Was?		**Formelzeichen**
Massenanteil...	...der Komponente A in der Flüssigkeit	$\xi_{A,F}$
	...der Komponente B in der Flüssigkeit	$\xi_{B,F}$
	...der Komponente A in der Gas-Phase	$\xi_{A,G}$
	...der Komponente B in der Gas-Phase	$\xi_{B,G}$
Molanteil...	...der Komponente A in der Flüssigkeit	x_A
	...der Komponente B in der Flüssigkeit	x_B
	...der Komponente A in der Gas-Phase	y_A
	...der Komponente B in der Gas-Phase	y_B

Natürlich gilt für jede der beiden Phasen die Schließbedingung, einmal mit Massenanteilen geschrieben

$$\sum_i \xi_{i,F} = \xi_{A,F} + \xi_{B,F} = 1 \quad \text{und} \quad \sum_i \xi_{i,G} = \xi_{A,G} + \xi_{B,G} = 1$$

und einmal mit den Molanteilen

$$\sum_i x_i = x_A + x_B = 1 \quad \text{und} \quad \sum_i y_i = y_A + y_B = 1 \; .$$

Damit das gilt, muss der Anteil (egal ob Massen- oder Molanteil) der Komponenten in einer Phase dadurch berechnet werden, dass man z.B. die Masse des jeweiligen Reinstoffes in der betrachteten Phase durch die Gesamtmasse der jeweiligen Phase teilt und nicht durch die Masse in allen Phasen, also die Gesamtmasse im System. Alles klar soweit? Falls nicht, hier kommt ein Beispiel zum mitschreiben: Der Molenanteil der Komponente A in der flüssigen Phase ist

$$x_A = \frac{n_{A,F}}{n_F} = \frac{\text{Molmenge der Komponente A in der flüssigen Phase}}{\text{Molmenge der flüssigen Phase}} \; .$$

Jetzt muss mal wieder ein neuer Begriff eingeführt werden, damit man weiter kommt. Wir kennen schon das thermische Gleichgewicht. Das liegt in einem System dann vor, wenn sowohl im System, als auch zwischen dem System und der Umgebung keine Wärmeströme mehr fließen. Dann ändert sich auch die Temperatur im System nicht mehr und sie ist überall gleich, es sei denn man hat netterweise irgendwo eine adiabate Wand eingebaut. Wir kennen auch schon das mechanische Gleichgewicht. Das liegt vor, wenn der Druck (natürlich nur unter Vernachlässigung der Schwerkraft) überall im System gleich ist. Wenn eine Außenwand unseres Systems verschoben werden kann, z.B. bei einem Zylinder-Kolben-System, dann wandert der Kolben so lange, bis der Druck im System gleich dem Druck in der Umgebung ist. Neu ist jetzt der Begriff des *chemischen Gleichgewichtes*. Das bedeutet, dass im System keine

Stoffströme mehr auftreten. Solche Stoffströme können z.B. durch Diffusion oder auch durch eine chemische Reaktion hervorgerufen werden.

Wenn in einem System sowohl thermisches, als auch mechanisches, als auch chemisches Gleichgewicht herrscht, dann ist es (wir erinnern uns an Abschnitt 1.2.3) im Frieden mit sich selbst und im thermodynamischen Gleichgewicht. Bei einem System mit mehreren Phasen, so wie wir es hier haben, wird dann auch gerne mal vom *Phasen-Gleichgewicht* gesprochen. Das Phasen-Gleichgewicht ist also nichts weiter als ein Sonderfall des thermodynamischen Gleichgewichtes für den Fall, dass wir ein System mit mehreren Phasen haben und sich diese schlicht und einfach miteinander im thermodynamischen Gleichgewicht befinden. Durch das thermodynamische Gleichgewicht ist für einen bestimmten Druck p und eine bestimmte Temperatur T im System festgelegt, wie sich die insgesamt vorhandenen Anteile der Komponenten A und B auf die beiden Phasen verteilen.

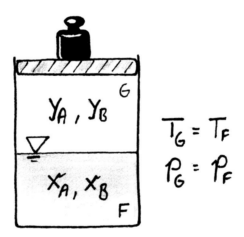

Ein 2-Phasensystem im Gleichgewicht

In der Gasphase(!) herrscht der Druck p und die Temperatur T (natürlich genauso, wie in der flüssigen Phase, es herrscht ja thermisches und mechanisches Gleichgewicht), wir haben ein Gemisch idealer Gase und für die Partialdrücke der beiden Komponenten A und B gilt das Gesetz von Dalton aus Abschnitt 10.2.1:

$$p_{i,G} = y_i \cdot p \ .$$

Woher bekommen wir jetzt einen Ausdruck für den Partialdruck der beiden Komponenten in der flüssigen Phase? Ganz einfach: Wir erinnern uns an das Verhalten eines Reinstoffes im Nassdampfgebiet. Das ist deswegen extrem nützlich, weil sich unser Gemisch, wenn zugleich Dampf und Flüssigkeit vorliegen, ja auch in einem Nassdampfgebiet befindet. Ein Reinstoff i hat im Nassdampfgebiet bei gegebener Temperatur T den Siededruck $p_{s,i}(T)$ und bei einer idealen Lösung wird der Partialdruck des Stoffes i in der Flüssigkeit dann gleich dem Molanteil mal dem Siededruck der Komponente

$$p_{i,F} = x_i \cdot p_{s,i}(T) \; .$$

gesetzt. Die letzte Gleichung ist bekannt als das **Gesetz von Raoult**. Achtung, dessen Gültigkeit ist auf ideale Mischungen in Flüssigkeiten beschränkt. Als Grundlage zum Arbeiten ist das aber in Ordnung, da wir ohnehin bislang nicht allzu viel über das Realverhalten von flüssigen Gemischen wissen.

Wenn man sich jetzt die beiden letzten Gesetze genauer ansieht, dann ist zu erkennen, dass bei beiden links die Partialdrücke der Komponenten in den beiden verschiedenen Phasen stehen. Wenn man jetzt nur irgendwie begründen könnte, dass die Partialdrücke der Komponenten in den beiden Phasen gleich groß sind, also dass $p_{i,G} = p_{i,F}$ gilt, dann dürfte man doch die beiden Ausdrücke rechts in den Gleichungen einfach gleich setzen und man könnte dann daraus eine neue, noch coolere Gleichung basteln[141]. Also los! Warum sind die beiden Partialdrücke identisch? Weil im System chemisches Gleichgewicht herrscht, deswegen! So wie die Gleichheit von Temperaturen ein thermisches und die Gleichheit von Drücken ein mechanisches Gleichgewicht bedeutet, so gibt es eine dritte Größe, deren Gleichheit chemisches Gleichgewicht bedeutet. Diese Größe heißt eigentlich „chemisches Potential", für unsere idealen Mischungen (und nur hier) können wir statt von der Gleichheit der chemischen Potentiale der Komponenten in den Phasen, von der Gleichheit der Partialdrücke der Komponenten in den beiden Phasen ausgehen[142]. Das ist, wie meistens in die-

---

[141] Die dann natürlich gleich einen noch cooleren Namen bekommt.

[142] Den Satz sollte man sich unbedingt merken! Er bedeutet nämlich, dass man hier einen in der einen Phase berechneten Partialdruck ohne Skrupel auch in Gleichungen für die andere Phase verwenden darf.

sem Abschnitt eine Vereinfachung der Realität, aber damit können wir jetzt endlich die beiden letzten Gleichungen in der Form

$$y_i = x_i \cdot \frac{p_{s,i}(T)}{p}$$

zum **Gesetz von Raoult-Dalton**[143] zusammenfassen. Diese Gleichung gibt für die Komponente *i* eines idealen Gemisches den Zusammenhang zwischen dem Molanteil in der Gasphase und der Flüssigkeit wieder.

10.2.4 Siedediagramme für binäre Gemische

Wie die Überschrift schon sagt, werden hier nur binäre (und außerdem ideale) Gemische behandelt. Daher kann man die Zusammensetzung einer Phase (wegen der Schließbedingung) durch einen einzigen Zahlenwert angeben. Meistens wird in der Gemischthermodynamik mit Molanteilen gearbeitet, so dass man sich hier nur selten mit den Massenanteilen befassen muss. Anstatt mit y_A und y_B zu hantieren, reicht es ab jetzt, nur den einen Wert für y anzugeben, wenn man die Zusammensetzung der flüssigen Phase eines binären Gemisches festlegen will. Man muss halt nur wissen, von welcher der beiden Komponenten der Molanteil gemeint ist. Dazu hat sich die ehrwürdige Fachwelt auf eine Vorgehensweise geeinigt, der wir uns natürlich widerspruchsfrei anschließen: Der Wert *x* bzw. *y* gibt immer den Molanteil des so genannten „Leichtsieders" an. Für unser binäres Gemisch legen wir darüber hinaus jetzt fest, dass die Komponente A immer der Leichtsieder sein soll. Deswegen muss man wissen, welcher der beiden Reinstoffe denn nun der Leichtsieder von den beiden ist und natürlich, was denn überhaupt ein Leichtsieder ist. Um herauszufinden, welche von zwei Komponenten leichter siedet (= welche der Leichtsieder ist) stellt man zwei Gläser ans Fenster, gefüllt mit jeweils mit einem der beiden Reinstoffe und beobachtet dann, welcher schneller verdampft ist. Das ist dann eben der Leichtsieder. Wissenschaftlich ausgedrückt, ist der Leichtsieder die

---

[143] Wir widersprechen an dieser Stelle ganz entschieden, wissenschaftliche Namensgebung hin oder her: Der Vierte der Dalton Brüder hieß nicht Raoult, sondern Joe. Das war der Kleinste mit dem größten Entropiepotential.

Komponente, die bei konstantem Druck bei der tieferen Temperatur siedet, oder umgekehrt, die Komponente, die bei gegebener Temperatur den höheren Siededruck hat[144].

Woher wir die Siedetemperaturen und -drücke der beiden Reinstoffe bekommen, ist hoffentlich klar. Wenn nicht, dann möchten wir noch mal kurz an die Antoine-Gleichung aus Abschnitt 2.3.3 und die Dampftafeln aus Abschnitt 2.6 erinnern.

10.2.4.1 Das p,xy-Diagramm

Wenn man sich jetzt einmal <u>nur</u> die flüssige Phase des idealen, binären Gemisches im Zweiphasengebiet betrachtet, dann gilt dort wie gehabt

$$p_{A,F} = x \cdot p_{s,A}(T)$$

für den Leichtsieder und

$$p_{B,F} = (1-x) \cdot p_{s,B}(T)$$

für die andere Komponente B, den Schwersieder. In den beiden letzten Gleichungen steht x für den Molanteil des Leichtsieders A in der Flüssigkeit. Die

---

[144] In Gegenwart von Dr. Romberg ist definitionsgemäß jede Form von Alkohol ein Leichtsieder: Er verschwindet sofort.

Partialdrücke in der flüssigen Phase können wir (siehe Fußnote 142) auch in das Gesetz von Dalton

$$p = p_{A,F} + p_{B,F}$$

einsetzen, welches ja nur in der Gasphase gilt. Dann wird daraus zunächst

$$p = x \cdot p_{s,A}(T) + (1 - x) \cdot p_{s,B}(T)$$

und durch Ausklammern und Umstellen bekommen wir am Ende

$$p = p_{s,B}(T) + x \cdot \left(p_{s,A}(T) - p_{s,B}(T)\right) \, .$$

Das ist, da die beiden Dampfdrücke konstant sind, die Gleichung einer Geraden, wenn man den Druck p in einem Diagramm über x aufträgt. Damit die Dampfdrücke sich nicht ändern reicht es, in das Diagramm noch eine Bemerkung der Art „T = konst." hinein zu schreiben, denn p_S hängt ausschließlich von der Temperatur T ab. Damit haben wir einen neuen Diagramm-Typ eingeführt: Das **p,x-Diagramm**, welches für eine bestimmte Temperatur T gilt, wissenschaftlicher ausgedrückt, welches T als Parameter enthält.

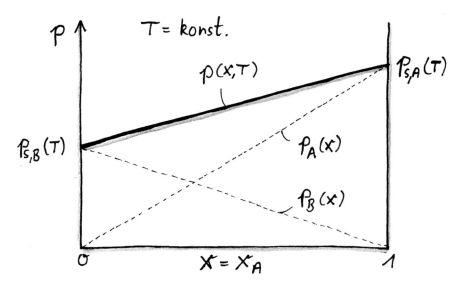

Das p,x-Diagramm für ein siedendes, ideales und binäres Gemisch.

Was will uns die Gerade in dem Diagramm jetzt sagen? Dazu überlegen wir kurz, wie wir eigentlich auf die Geradengleichung gekommen sind: Wir haben von einem idealen, binären Gemisch lediglich die flüssige Phase betrachtet und eine Gleichung für den Druck aufgestellt unter der Randbedingung, dass zwischen der flüssigen Phase und der anderen Phase Phasengleichgewicht herrscht. Damit gibt die Geradengleichung das Verhalten der flüssigen Phase wieder, die sich im Gleichgewicht mit der Gasphase befindet. Daher heißt diese Linie **Siedelinie**, genauso wie im Abschnitt 2.3.1 im Nassdampfgebiet für Reinstoffe.

Bislang wurde ein Flüssigkeitsgemisch betrachtet, das siedet. Jetzt wird genauso die Gasphase angepackt, die <u>im Phasengleichgewicht</u> mit der Flüssigkeit steht. Gesucht wird auch hier wieder eine Gleichung, die für eine bestimmte Temperatur den Verlauf des Druckes wiedergibt. Dafür erinnern wir uns an das Gesetz von Raoult-Dalton

$$y = x \cdot \frac{p_{s,A}(T)}{p} \ ,$$

das hier den Zusammenhang zwischen dem Molanteil der Komponente A in der Gasphase und in der flüssigen Phase beschreibt. Wenn man das jetzt nach x umstellt (einfach!), dann wird daraus

$$x = y \cdot \frac{p}{p_{s,A}(T)} \ .$$

Man kann den neuen Ausdruck für x dann in die Gleichung der Siedelinie

$$p = p_{s,B}(T) + x \cdot \left(p_{s,A}(T) - p_{s,B}(T) \right)$$

einsetzen und bekommt nach einigen algebraischen Umformungen

$$p = \frac{p_{s,B}(T)}{1 - y + y \dfrac{p_{s,B}(T)}{p_{s,A}(T)}} \ .$$

Die letzte Gleichung beschreibt die Taulinie des idealen, binären Gemisches. Sie ist im Gegensatz zur Siedelinie keine schöne Gerade, sondern sie hängt ein wenig durch. Man kann sie in einem Diagramm gemeinsam mit der Siedelinie darstellen, wenn man die Beschriftung der waagerechten Achse (in der Vorlesung heißt diese Achse natürlich „Abszisse") um den Buchstaben y erweitert. Damit haben wir dann das p,xy-Diagramm.

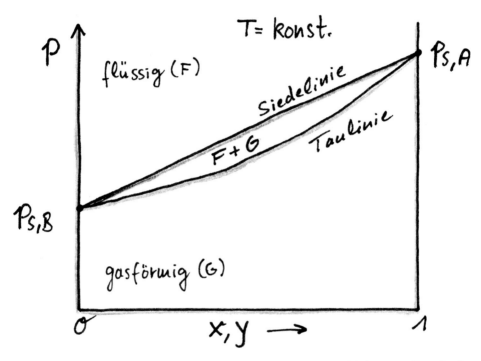

Das p,xy-Diagramm für ein siedendes, ideales und binäres Gemisch.

Das p,xy-Diagramm ist unser erstes Siede-Diagramm. In ihm stecken alle Informationen über das Phasengleichgewicht und deswegen kann man hier auch zum Beispiel für eine bestimmte Temperatur T und einen bestimmten Druck p die Zusammensetzung der beiden Phasen ablesen. Wie das geht? Ganz einfach! Man muss sich nur folgendes merken:

„Die Siedelinie gibt die Zusammensetzung x der flüssigen Phase an und die Taulinie die Zusammensetzung y der Gasphase."

Man muss in dem Diagramm für die Temperatur T beim Druck p also nur eine waagerechte Linie ziehen und dann an den Schnittpunkten mit der Siede- und der Taulinie senkrecht runter loten, um dann dort x (die Zusammensetzung der flüssigen Phase) und y (dito für die Gasphase) abzulesen. Wie im nächsten Bild zu erkennen ist, ist das eigentlich ganz einfach....

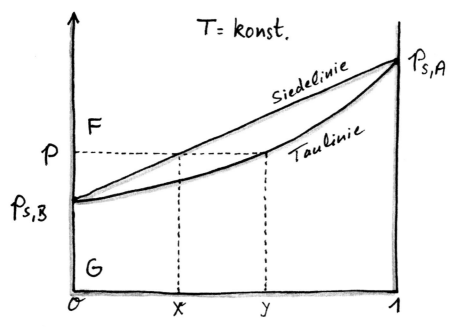

Bestimmung der Phasen-Zusammensetzungen im p,xy-Diagramm

10.2.4.2   Das T,xy-Diagramm

Wenn man in einem System den Druck vorgibt und man wissen will, bei welcher Temperatur das Gemisch siedet, dann ist es einfacher, anstelle des p,xy-Diagramms ein anderes Diagramm zu verwenden, bei dem nicht der Druck über der Zusammensetzung aufgetragen wird, sondern die Temperatur.

Mit dem neuen T,xy-Diagramm kann man dann zum Beispiel für einen bestimmten Druck p die Temperatur ermitteln, bei der ein Gemisch zu sieden anfängt, wenn man es erwärmt. Um die Siede- und die Taulinie zu erhalten muss man „nur" die für das p,xy-Diagramm hergeleiteten Gleichungen nach T auflösen. Leider ist das sehr, sehr aufwendig, denn in beiden Gleichungen stecken die Siededrücke der reinen Komponenten $p_s(T)$, die ja selber von T abhängen. Deswegen wird hier nur das Ergebnis in Diagrammform dargestellt und auf eine in sich geschlossene mathematische Herleitung verzichtet.

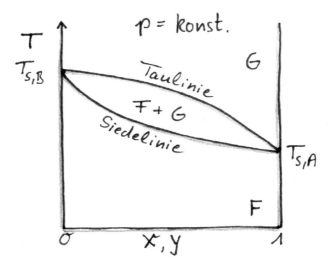

Das T,xy-Diagramm für ein siedendes, ideales und binäres Gemisch.

Mit einem T,xy-Diagramm lässt sich das Sieden eines Gemisches recht übersichtlich darstellen, genauso wie es in Abschnitt 6.6 für einen Reinstoff gemacht wurde. Wir betrachten dazu das System im nächsten Bild, in dem sich im Zustand 1 ein ideales, binäres Gemisch in flüssiger Form befindet. Die Zusammensetzung der Flüssigkeit wird durch x_1 angegeben und das System hat den Druck p, der sich im Folgenden auch nicht ändert.

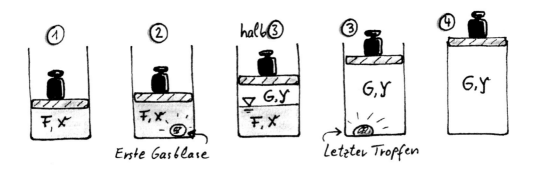

Isobare Verdampfung eines idealen, binären Gemisches.

Durch die irgendwie zugeführte Energie steigt die Temperatur bis sich schließlich im Zustand 2 die erste Gasblase bildet. Bis hierher hat sich die Zusammensetzung der Flüssigkeit, die ja gerade erst zu sieden beginnt, nicht geändert. Deswegen ist $x_2 = x_1$. Die Zusammensetzung der ersten Gasblase, die mit der

Flüssigkeit im thermodynamischen Gleichgewicht steht, ist durch y_2 gegeben. Wenn jetzt weitere Energie zugeführt wird, dann erhöht sich die Temperatur und die Zusammensetzungen beider Phasen ändern sich ebenfalls nach und nach. Im Zustand „halb 3" zum Beispiel hat die Flüssigkeit die Zusammensetzung x_{halb3} und die Dampfphase hat

die Zusammensetzung y_{halb3}. Wenn der letzte Tropfen an Flüssigkeit verschwindet, haben wir den Zustand 3 erreicht. Jetzt hat die Flüssigkeit die Zusammensetzung x_3 und die Dampfphase die Zusammensetzung y_3. Im Zustand 4 hat die Gasphase im System dieselbe Zusammensetzung, wie die ursprünglich im System vorhandene Flüssigkeit.

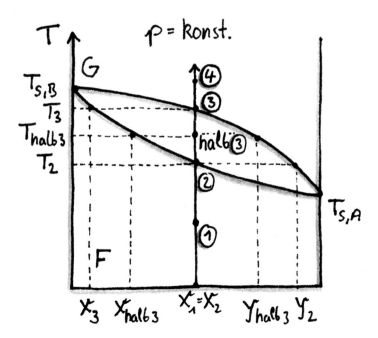

Isobare Verdampfung im T,xy-Diagramm.

Das soll zum Thema „Grundlagen, Gemische, Gleichgewichte" erst mal reichen, denn für die Thermo-Grundlagen langt es, wenn man sich mit den einfachen Modellvorstellungen (ideales Gasgemisch und ideale Lösung) befasst hat. Idealerweise hat man nach diesem Kapitel die beiden mit diesen Modellen erzeugten Siedediagramme (p,xy-Diagramm und T,xy-Diagramm) verstanden und ist auch in der Lage sie auf einfache Beispiele (siehe Übungsaufgaben zu Gemischen) anzuwenden.

Mit diesem Wissen kann jetzt ein weiteres Thema bearbeitet werden, bei dem auch ein ideales, binäres Gemisch vorkommt: Die feuchte Luft, als ein Beispiel für Gemische, bei denen eine der beiden Komponenten nicht kondensieren kann.

11 Nicht nur in den Tropen ein Problem - Feuchte Luft

Jeder kennt diese merkwürdigen Phänomene: Die Brille beschlägt, wenn man aus der Kälte rein kommt, beim Kochen laufen Wassertropfen an der Fensterscheibe runter und obwohl es nicht geschneit hat, ist im Winter Raureif auf der Frontscheibe des Autos (und man darf erst mal kratzen). Wenn das Auto dann angesprungen ist, kommen unmittelbar nach dem Start sehr beeindruckende Dampfwolken aus dem Auspuff. Das hängt alles mit der Luftfeuchtigkeit zusammen. Was Luftfeuchtigkeit genau ist und wie man sie mit den Mitteln der Thermodynamik beschreibt, das kommt in diesem Abschnitt dran.[145]

Die Atmosphäre der Erde, auch Luft genannt, kann eine gewisse Menge an Wasser in Form von Wasserdampf mit sich führen. Das bedeutet, dass in diesem Gemisch das Wasser als Gas vorliegt, genauso wie die Luft. Deswegen bemerkt man die Luftfeuchtigkeit auch nicht unmittelbar, nur wenn diese nicht stimmt, fühlen wir uns nicht wohl. Auffällig, also für uns sichtbar, wird die

---

[145] Die Luftfeuchtigkeit ist übrigens auch eine beliebte „Ausrede" bei unseren Kollegen, den Physikern und Chemikern, wenn ihre „ganz klaren und eindeutigen Experimente" nicht funktionieren.

Feuchtigkeit der Luft immer dann, wenn mehr Wasser vorhanden ist als die Luft aufnehmen kann. Die Luft sagt sich dann: „Was zu viel ist, ist zu viel" und bemüht sich nach Kräften, das Wasser los zu werden. Je nachdem, welche Temperatur gerade herrscht, gibt die Luft dann flüssiges Wasser (beim Kochen am beschlagenen Fenster oder als winzige Tröpfchen im Nebel) oder Eis (Raureif, im Winter) ab. Ganz thermo-mäßig kann man festhalten: „Feuchte Luft ist ein Gemisch aus trockener Luft und Wasser"[146] und wir knöpfen uns die beiden Bestandteile jetzt der Reihe nach vor.

Die trockene Luft ist ein Gemisch aus verschiedenen Reinstoffen (Stickstoff, Sauerstoff, Edelgase). Sie wird aber wie ein Reinstoff behandelt, und das ist auch OK so, wenn man die benötigten Stoffdaten (Molmasse, Gaskonstante) für das Gemisch berechnet. Die Beispiele, wo feuchte Luft beobachtet wird, spielen sich nämlich fast immer bei der Umgebungstemperatur plus minus 100 °C und ungefähr bei Umgebungsdruck ab. Das beste Beispiel dafür ist die gesamte Klimatechnik, die sich meistens in diesem Druck- und Temperaturbereich bewegt und außerdem eine Hauptabnehmerin der thermodynamischen Erkenntnisse über die Luftfeuchtigkeit ist. Daher kann die trockene Luft mit den üblichen Einschränkungen hinsichtlich Druck und Temperatur (siehe Abschnitt 2.1) wie ein ideales Gas behandelt werden.

Wenn dann auch noch Wasser mit im Spiel ist, dann kann dieses in verschiedenen Aggregatzuständen vorliegen: Entweder *nur* als Wasserdampf, dann haben wir wirklich *nur* feuchte Luft, oder *zusätzlich* als Flüssigkeit oder als Eis. Es können also auch mehrere Aggregatzustände zugleich auftreten. Wenn zum Beispiel an eine Fensterscheibe flüssiges Wasser kondensiert, dann ist im selben Augenblick in der Luft immer noch Wasser*dampf* vorhanden. Um zu unterscheiden, von welchem Stoff in welchem Aggregatzustand gerade geredet wird, werden verschiedene Bezeichnungen verwendet:

- Der Index „L" steht für die trockene(!) Luft.
- Der Index „W" steht für Wasser, egal in welchen Aggregatzustand.
- Der Index „W,F" steht für flüssiges Wasser.

---

[146] Und noch einmal: *Wasser* ist *nur* die Bezeichnung des Stoffes. Über dessen Aggregatzustand ist damit noch nichts gesagt, auch wenn im Alltag mit Wasser fast immer die Flüssigkeit gemeint ist!

- Der Index „W,D" steht für Wasserdampf.
- Der Index „W,E" steht für Wasser in Form von Eis.

Wovon hängt es jetzt ab, ob das Wasser als Dampf, als Flüssigkeit oder als Eis vorliegt? Es gibt drei Einflussgrößen. Die eine ist die Menge an Wasser, die in (oder bei) der Luft ist[147], die anderen beiden sind die Temperatur und theoretisch auch noch der Druck. Die letzte Abhängigkeit wird aber vernachlässigt, denn bei den vergleichsweise niedrigen Drücken, bei denen feuchte Luft in technischen Anwendungen meistens vorliegt, spielt die Druckabhängigkeit keine Rolle.

Im folgenden Abschnitt wird hergeleitet, wie man die Menge an Wasser beschreiben kann, die in der Luft vorhanden ist und bei welchem Zustand der Luft (also bei welcher Temperatur und bei welchem Druck) eine Kondensation auftritt. Letzteres ist nicht allzu schwer vorher zu sagen, wenn man die entsprechenden Zusammenhänge und Gleichungen kennt.

Zu erkennen ist eine Kondensation selbst für Thermo-Laien ziemlich leicht, weil dann irgendwo Wasser zu sehen ist. In technischen Zeichnungen, also für Ingenieure und andere Experten, wird dafür immer noch gerne das gute alte Spiegelzeichen (siehe nächstes Bild) verwendet, um die Grenzlinie zwischen Gas und Flüssigkeit aufzuzeigen.

---

[147] Vollkommen egal, ob in Form von Wasserdampf, flüssigem Wasser oder als Eis.

11.1 Die Zusammensetzung von feuchter Luft

Die Menge an Wasser, die zusammen mit der Luft vorliegt, wird durch den **Wassergehalt** x angegeben. Dieser klingt zwar ganz ähnlich wie der Dampfgehalt und hat zu allem Überfluss auch den gleichen Buchstaben des Alphabets abbekommen, die Bedeutung ist aber eine andere, wie die Definition

$$x = \frac{m_W}{m_L} = \frac{m_{W,D} + m_{W,F} + m_{W,E}}{m_L}$$

zeigt. Der Wassergehalt ist das Verhältnis von der gesamten Wassermasse, also der in der Luft enthaltene Wasserdampf plus das als flüssiges Kondensat vorliegende Wasser plus das als Eis vorliegende Wasser, bezogen auf die Masse der trockenen Luft. Diese Definition funktioniert genau so, wenn man nicht Massen betrachtet, sondern bei einem offenen System Massen*ströme*. Dann ist der Wassergehalt durch

$$x = \frac{\dot{m}_W}{\dot{m}_L} = \frac{\dot{m}_{W,D} + \dot{m}_{W,F} + \dot{m}_{W,E}}{\dot{m}_L}$$

gegeben. Wenn man jetzt wissen will, ob die Feuchtigkeit in der Luft als Dampf vorliegt, oder ob sie in Form von Flüssigkeit kondensiert oder als Eis desublimiert[148], dann muss man letztlich auf die Menge an Wasser schauen, die in der Luft vorliegt und prüfen, ob die Luft auch *wirklich* so viel Feuchtigkeit binden kann. Da wir es bei feuchter Luft mit einem Gemisch aus idealen Gasen (trockene Luft einerseits und Wasserdampf andererseits) zu tun haben, kann diese Betrachtung auch mit Hilfe des Partialdrucks des Wasserdampfes erfolgen. Mit dem Partialdruck kann dann eine neue Größe definiert werden, die den tatsächlichen Wasserdampf-Partialdruck ins Verhältnis setzt zu dem Wasserdampf-Partialdruck im Sättigungszustand. Diese Größe ist das Verhältnis von zwei Partialdrücken. Sie heißt **relative Feuchte** φ und ist so definiert:

---

[148] *Kondensieren* bedeutet, dass aus einem Dampf eine Flüssigkeit wird. *Desublimieren* bedeutet, dass aus einem Dampf ein Feststoff (hier Eis) wird.

$$\varphi = \frac{p_{W,D}}{p_S} \ .$$

Der Sättigungspartialdruck p_S stellt den maximalen Partialdruck dar, den das Wasser bei der Temperatur T annehmen kann. Ein höherer Partialdruck des Wassers $p_{W,D}$ ist nicht möglich, denn das zusätzliche Wasser bleibt nicht als Dampf in der Luft gebunden, sondern kondensiert entweder als Flüssigkeit oder desublimiert als Eis. Ob der Dampf sich als Flüssigkeit oder als Eis aus der Luft verabschiedet, hängt natürlich vor allem von der Temperatur ab und ein wenig auch vom Druck. Bei Umgebungsdruck bekommt man über 0 °C flüssiges Wasser und unterhalb Eis. Die relative Feuchte kann Zahlenwerte im Bereich $0 \le \varphi \le 1$ annehmen. Es bedeutet

- $\varphi = 0$, dass trockene Luft vorliegt,
- $0 < \varphi < 1$, dass ungesättigte feuchte Luft vorliegt,
- $\varphi = 1$, dass gesättigte feuchte Luft vorliegt und dass Flüssigkeit oder Eis vorhanden sein können.

Bevor man aber mit der relativen Feuchte φ vernünftig arbeiten kann, muss noch etwas freie Denkenthalpie h_D in den Sättigungspartialdruck p_S investiert werden.

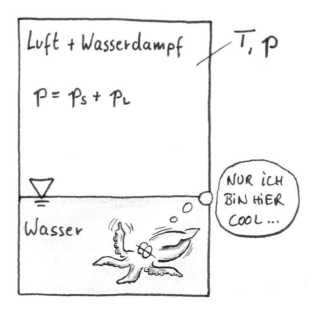

Wenn man, wie hier abgebildet, Wasser und Luft zusammen beim Druck p und bei der Temperatur T einsperrt, dann wird die Luft aufgrund des vorhandenen Überschusses an Wasser exakt die Menge aufnehmen, die sie aufnehmen kann. Nicht mehr (denn das würde sofort wieder auskondensieren) und nicht weniger (es ist ja noch reichlich Wasser vorhanden, das als Dampf von der Luft aufgenommen werden kann). Die Behauptung ist nun, dass der Partialdruck des Wassers in der Luft gleich dem Sättigungspartialdruck bei der jeweiligen Temperatur ist. Öhhhhh... Man tut schlicht und einfach so, als ob der Wasserdampf für sich allein wäre und behauptet, dass die Anwesenheit der Luft nichts an den Verhältnissen ändert.

Kommt diese Art der Argumentation vielleicht wem bekannt vor? Genau, wir haben hier ein Gemisch idealer Gase, dessen Moleküle sich ja nicht füreinander interessieren, es sei denn es kommt zu einem Zusammenstoß. Das ist bei den Drücken, bei denen feuchte Luft normalerweise vorliegt, auch ganz akzeptabel. Wir erinnern uns hoffentlich: Der Druck sollte unter 10 bar liegen, wenn wir da nicht größere Fehler machen wollen. Wenn man diese Erklärung akzeptiert (wenn nicht, dann wird ein Blick in die anderen Fachbücher [1], [5] oder [24] empfohlen), dann kann für feuchte Luft der Sättigungspartialdruck des Wassers in der Luft mit der Antoine-Gleichung

$$\log_{10}\left[\frac{p_S}{\text{bar}}\right] = 5{,}19625 - \frac{1730{,}630}{233{,}426 + {}^{t}/_{\!°C}}$$

aus Kapitel 2 berechnet werden. Wer spaßeshalber einmal $t = 20\ °C$ (Raum-tem-pe-ra-tur!) einsetzt, bekommt heraus, dass für diese Temperatur der Partialdruck des Wassers $p_S = 23{,}3$ mbar ist. Es ist nicht verkehrt, sich zumindest die Größenordnung dieses Drucks zu merken. In der Vakuumtechnik zum Beispiel reagiert man ziemlich empfindlich, wenn auch Stunden nach dem Anschalten der Vakuumpumpen der Druck in der Vakuumkammer immer noch bei ungefähr 20mbar steht. Meistens wird dann die Kammer wieder geöffnet und nachgesehen, wer seine halbvolle (oder halbleere, je nach Sichtweise) Kaffeetasse in der Kammer stehen gelassen hat. Danach gibt es in der Abteilung eine herrenlose Kaffeetasse mehr, die dann entfernt wird, bevor man von vorne anfängt.

Eine zweite Größe, mit deren Hilfe man die Menge an Wasser in der Luft beschreiben kann, ist die **Wasserdampfbeladung** $x_{W,D}$. Fieserweise ist sie dem Wassergehalt sehr ähnlich. Hier geht es aber nicht um die Gesamtmasse des Wassers, sondern um das Verhältnis von der Masse an Wasser*dampf* zur Masse an trockener Luft:

$$x_{W,D} = \frac{m_{W,D}}{m_L} \; .$$

Die Gleichung kann man jetzt mit Hilfe des idealen Gasgesetzes umstricken. Das ideale Gasgesetz wird einmal für den Wasserdampf aufgeschrieben

$$p_{W,D} V = \frac{m_{W,D} \, \overline{R} \, T}{M_{W,D}}$$

und einmal für die trockene Luft

$$p_L V = \frac{m_L \, \overline{R} \, T}{M_L} \; .$$

Dass die universelle Gaskonstante $\overline{R}$ noch in Erinnerung ist, setzen wir jetzt einfach mal voraus. Daraus wird dann vorläufig

$$x_{W,D} = \frac{M_{W,D}}{M_L} \frac{p_{W,D}}{p_L}$$

und wenn wir uns erinnern, dass die Summe aller Partialdrücke gleich dem Gesamtdruck ist, dann kann man schreiben

$$p = p_L + p_{W,D} \; .$$

Für die Wasserdampfbeladung bedeutet das

$$x_{\text{W,D}} = \frac{M_{\text{W,D}}}{M_{\text{L}}}\left(\frac{p_{\text{W,D}}}{p - p_{\text{W,D}}}\right).$$

Um mit feuchter Luft ordentlich arbeiten zu können, brauchen wir jetzt erst mal die Stoffdaten der beteiligten Komponenten[149]. Zunächst brauchen wir nur die Molmassen, in der nächsten Tabelle stehen aber schon mal alle Größen, die in diesem Abschnitt sonst noch benötigt werden. Einsetzten der beiden Molmassen führt dann zu dem Ausdruck

$$x_{\text{W,D}} = 0{,}622 \cdot \left(\frac{p_{\text{W,D}}}{p - p_{\text{W,D}}}\right)$$

für die Wasserdampfbeladung, der nur noch den Gesamtdruck und den Partialdruck des Wasserdampfes enthält. Diese Gleichung kann bei Aufgaben mit feuchter Luft oft angewendet werden. Meistens sind dann zwei der drei Unbekannten schon gegeben.

Stoffdaten	Wasser	Luft
Molmasse	$M_{\text{W}} = 18{,}015$ kg/kmol	$M_{\text{L}} = 28{,}95$ kg/kmol
Gaskonstante	$R_{\text{W}} = 0{,}4615$ kJ/(kg K)	$R_{\text{L}} = 0{,}2872$ kJ/(kg K)
spezifische isobare Wärmekapazitäten	$c_{\text{P,W,D}} = 1{,}852$ kJ/(kg K) $c_{\text{P,W,F}} = 4{,}19$ kJ/(kg K) $c_{\text{P,W,E}} = 2{,}05$ kJ/(kg K)	$c_{\text{P,L}} = 1{,}005$ kJ/(kg K)
Verdampfungsenthalpie von Wasser bei 0°C	$r_{\text{W,D}} = 2502$ kJ/kg	-
Erstarrungsenthalpie von Eis	$r_{\text{W,E}} = 333$ kJ/kg	-

Stoffdaten von Luft und Wasser

---

[149] Richtig fit wird man hier erst, wenn man diese Beziehungen einmal selbständig aufstellt und damit herumspielt. Ansonsten bleibt das hier ewiglich ein ungemütliches Kapitel. Also los, holt euch einen weißen Zettel und fangt an!

11.2 Stoffwerte von feuchter Luft

Wenn man die Gesamtmasse der feuchten Luft bestimmen will, dann geht das mit einer einfachen Massenbilanz (feuchte Luft ist gleich trockene Luft plus Wasser) und der Definition des Wassergehaltes:

$$m_{\text{feuchteLuft}} = m_{\text{L}} + m_{\text{W}} = (1 + x)m_{\text{L}} \ .$$

Nun ist es aber so, dass bei einer Zustandsänderung von feuchter Luft eher die Masse der trockenen Luft konstant bleibt als die Masse der feuchten Luft. Die Masse des Wassers bleibt natürlich auch konstant, aber der in der Luft gebundene Anteil kann sich ändern, wenn beispielsweise kondensiertes Wasser abgeschieden wird. Deswegen wird, wenn man mit spezifischen Größen arbeitet, nicht durch die Gesamtmasse der *feuchten* Luft geteilt, sondern durch die Masse der *trockenen* Luft. Um diesen Unterschied bei den spezifischen Größen zu kennzeichnen, erhalten diese den Index „1+x". Damit ist das spezifische Volumen durch

$$v_{1+x} = \frac{V}{m_{\text{L}}} = \frac{\text{Volumen der feuchten Luft}}{\text{Masse der trockenen Luft}}$$

gegeben. Jetzt kann wieder gezaubert werden. Dazu wird zuerst das Gesetz von Dalton hingeschrieben:

$$p = p_{\text{L}} + p_{\text{W,D}} \ .$$

Die beiden Partialdrücke rechts werden jetzt mit Hilfe des idealen Gasgesetzes ersetzt:

$$p = \frac{m_{\text{L}} R_{\text{L}} T}{V} + \frac{m_{\text{W,D}} R_{\text{W,D}} T}{V} \ .$$

Jetzt wird mit V malgenommen, durch p geteilt, T und $R_{\text{W,D}}$ werden ausgeklammert und wir bekommen

$$V = \frac{T R_{\mathrm{W,D}}}{p} \cdot \left(m_{\mathrm{L}} \frac{R_{\mathrm{L}}}{R_{\mathrm{W,D}}} + m_{\mathrm{W,D}} \right) .$$

Jetzt noch durch die Masse der trockenen Luft m_{L} teilen und daraus wird

$$v_{\mathrm{l+x}} = \frac{V}{m_{\mathrm{L}}} = \frac{T R_{\mathrm{W,D}}}{p} \cdot \left(\frac{R_{\mathrm{L}}}{R_{\mathrm{W,D}}} + \frac{m_{\mathrm{W,D}}}{m_{\mathrm{L}}} \right) .$$

Einsetzen der Definition der Wasserdampfbeladung und der Zahlenwerte für die Gaskonstanten führt zu dieser Gleichung, die aber nur gilt, wenn kein kondensiertes Wasser (oder Eis) vorliegt:

$$v_{\mathrm{l+x}} = \frac{T R_{\mathrm{W,D}}}{p} \cdot \left(0,622 + x_{\mathrm{W,D}} \right) .$$

Und jetzt kommen wir zum eigentlich Interessanten, zur Enthalpie von feuchter Luft. Diese brauchen wir nämlich, wenn wir eine Energiebilanz mit feuchter Luftaufstellen „wollen", zum Beispiel für eine Klimaanlage. Die spezifische Enthalpie eines idealen Gases hängt, wir schlagen zur Not kurz in Abschnitt 5.1.1 nach, nur von der Temperatur T und den beiden frei wählbaren Größen Temperatur des Nullpunktes T_0 und Nullpunkt-Enthalpie h_0 ab:

$$h(T) = \int_{T_0}^{T} c_{\mathrm{P}}(T)\, dT + h_0 .$$

Die Festlegung von T_0 und h_0 läuft dann so, dass als Bezugstemperatur 0 °C genommen wird und man praktischerweise die Nullpunkt-Enthalpie auch zu Null setzt. Das spart erstens Schreibarbeit und ermöglicht zweitens den eher praktisch orientierten Feuchtluft-Technikern, ohne viel Gerödel mit den vertrauten Celsius-Temperaturen zu rechnen. Für die Enthalpie der Luft(!) H_{L} bedeutet das, unter der Annahme einer konstanten Wärmekapazität:

$$H_{\mathrm{L}} = m_{\mathrm{L}} c_{\mathrm{P,L}}\, t .$$

Für Wasser(!) liegt der Nullpunkt der Enthalpie auch bei $t = 0$ °C, aber unter der zusätzlichen Maßgabe, dass es sich um *flüssiges* Wasser handelt, denn der Aggregatzustand und damit die Enthalpie sind bei Wasser mit der Temperatur *allein* noch nicht festgelegt. Daher muss man für Wasser unterscheiden

$$H_{W,F} = m_{W,F}\, c_{P,W,F}\, t \qquad\qquad \text{für Wasser als Flüssigkeit,}$$
$$H_{W,D} = m_{W,D}\left(c_{P,W,D}\, t + r_{W,D}\right) \qquad \text{für Wasser als Dampf,}$$
$$H_{W,E} = m_{W,E}\left(c_{P,W,E}\, t - r_{W,E}\right) \qquad \text{für Wasser als Eis.}$$

In allen drei Gleichungen steht die spezifische Wärmekapazität für den jeweiligen Aggregatzustand und bei den beiden letzen Gleichungen außerdem noch die Verdampfungsenthalpie $r_{W,D}$, bzw. die Erstarrungsenthalpie $r_{W,E}$. Wenn man das alles beisammen hat, dann kann die spezifische Enthalpie der feuchten Luft

$$h_{1+x} = \frac{H}{m_L} = \frac{H_L + H_{W,F} + H_{W,D} + H_{W,E}}{m_L}$$

berechnet werden. Was man dazu außerdem noch braucht, sind die einzelnen Massen. Genauso gut können wir aber auch Massenströme verwenden, wenn es sich um einen Strömungsprozess mit feuchter Luft handelt.

Was wir jetzt brauchen, das sind Bilanzen und zwar für die Energie und für die Massen(ströme) von Luft und von Wasser. Ein paar Beispiele für solche Bilanzen werden im nächsten Abschnitt erläutert.

11.3 Zustandsänderungen feuchter Luft

Wenn man Zustandsänderungen von feuchter Luft behandeln möchte, dann ist es (insbesondere für Ingenieure) äußerst hilfreich, wenn man den ganzen Vorgang auch bildlich darstellen kann. Zu dem Zweck hat sich ein Herr namens Mollier vor langer Zeit ein Diagramm ausgedacht, mit dem das ganz prima klappt. Das Diagramm ist auch bekannt als h_{1+x},x-Diagramm, womit die Beschriftung der Achsen dieses Diagramms klar sein dürfte, oder etwa noch nicht?

Also: Die senkrechte Achse wird mit der auf die Masse der trockenen Luft bezogenen spezifischen Enthalpie h_{1+x} beschriftet und die waagerechte Achse mit der Wasserbeladung x. Dieses Diagramm (siehe unten) ist ganz schön tricky, wenn man es einmal genau betrachtet.

Erstens: Die schön rechtwinklig dargestellten Koordinatenachsen liegen in Wirklichkeit nämlich gar nicht so. Der Herr Mollier hat das Koordinatensystem derart verbogen, dass die beiden Achsen nicht mehr rechtwinkelig zueinander stehen, sondern so, dass die x-Achse schräg nach unten läuft. Die x-Achse, so wie sie hier schön waagerecht dargestellt wurde, ist dann *nur die Projektion* der „wahren", schiefen Achse. Der Grund ist schlicht und einfach, dass Ingenieure gerne rechte Winkel sehen und bei allen anderen Anordnungen leicht nervös reagieren. Die Neigung der „wahren" x-Achse wird aus Gründen der Übersichtlichkeit so gewählt, dass die Isotherme für $t = 0\ °C$ im Diagramm waagerecht verläuft. Wegen dieser Anordnung der Achsen verläuft die eingezeichnete Linie mit $h_{1+x} = $ konst. schräg und nicht waagerecht, wie es bei jedem ordentlichen Diagramm der Fall wäre, wo die Enthalpie h an der y-Achse steht.

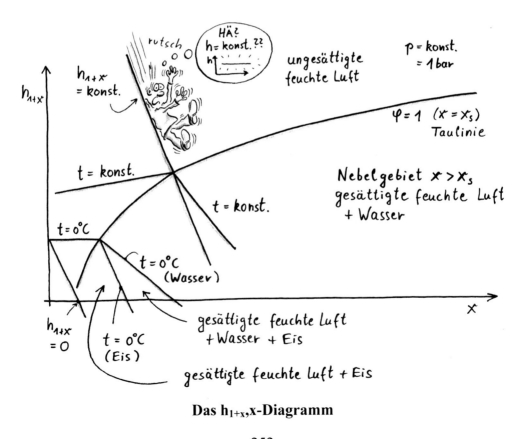

Das h_{1+x},x-Diagramm

Zweitens: Der Verlauf der Isothermen hat einen Knick am Übergang zur Sättigungslinie, die Steigungen der Isenthalpen sind dagegen konstant. Dass die Isenthalpen schiefe Geraden sind, liegt daran, dass das ganze Diagramm schiefwinkelig ist.

Drittens: Das Diagramm gilt immer nur für einen bestimmten Druck und meistens wird es für den normalen Umgebungsdruck dargestellt.

In den nächsten beiden Abschnitten kommen ein paar Beispiele, in denen das Mollier-Diagramm angewendet wird. Dann kann man auch sehen, warum so ein kompliziertes Diagramm mit schiefen Achsen überhaupt eingeführt wurde, denn viele Zustandsänderungen lassen sich in diesem Diagramm als einfache Geraden einzeichnen. Die Darstellung mit Geraden ist für die meisten Techniker genau das Richtige, denn sie sind nicht in der Lage, eine gekrümmte Linie mit freier Hand auch nur halbwegs erkennbar zu zeichnen.

11.3.1 Isobares Abkühlen feuchter Luft

Die klassische Zustandsänderung von feuchter Luft ist deren Abkühlung (oder Erwärmung) bei konstantem Druck. Das ist der Fall, wenn sich im Frühling draußen über einem romantischen Waldsee in der Morgenröte ein zarter Nebelschleier zeigt, über den sich die dunkelgrünen Wipfel der Nadelbäume wie Kathedralen der Schöpfung zum Himmel empor... Der Vorgang der isobaren Abkühlung von feuchter Luft ist, in deutlich unromantischerer Form, im nächsten Bild dargestellt.

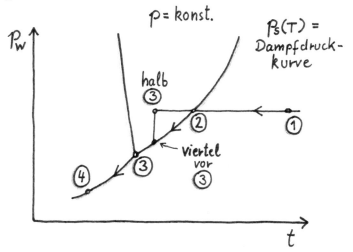

Das Siedediagramm für eine isobare Abkühlung feuchter Luft

253

Im Ausgangszustand 1 haben wir ungesättigte feuchte Luft bei der Temperatur t_1 und dem konstanten Druck p. Dann wird das Ganze abgekühlt, also fällt die Temperatur. Irgendwann erreicht unsere feuchte Luft mit dem Zustand 2 die Dampfdruckkurve. Jetzt tritt theoretisch Kondensation auf und es bildet sich das erste Wassertröpfchen.

In der Realität aber kann es passieren, dass die Temperatur erst noch weiter fällt, bevor der Wasserdampf merkt, dass er gefälligst kondensieren soll. Dieses Phänomen nennt sich Unterkühlung. Es tritt deswegen auf, weil die Dampfdruckkurve nur für eine *ebene* Grenzfläche zwischen Luft und Wasser gilt. Wenn ein Wassertröpfchen entsteht, ist es aber keinesfalls mit einer ebenen Oberfläche ausgestattet, sondern eher kugelrund. Wegen dieser Krümmung fällt es dem Wasser schwer, bei der Temperatur zu kondensieren, die laut Dampfdruckgleichung die Richtige ist. Die Wassermoleküle hängen quasi in der Luft und suchen händeringend eine Möglichkeit auszusteigen. Diese finden sie in der freien Natur zum Beispiel an einem Spinnennetz, an Grashalmen oder anderen so genannten Keimstellen. Wenn keine Keimstellen für die Kon-

densation zur Verfügung stehen, erreicht unser System dann irgendwann den Punkt „halb 3", ab dem eine Kondensation *auch so* passieren kann. Das System kommt dann, wenn die Kondensation erst mal läuft, zum Zustand „viertel vor 3", der wieder auf der Siedekurve liegt, jetzt aber bei der tieferen Temperatur des tatsächlichen Kondensationsbeginns.[150]

---

[150] Der Umweg, den unser System von 2 nach 3 genommen hat, wird in der Thermo-Grundlagenvorlesung normalerweise nicht beachtet, und man geht davon aus, dass im System die Kondensation mit dem Erreichen der Dampfdruckkurve beginnt.

Kurz danach, im Zustand 3, haben wir dann zusätzlich auch noch Eis in unserem System. Das System ist jetzt so lange im Tripelpunkt des Wassers, bis alles flüssige Wasser gefroren ist. Wenn der letzte Wassertropfen gefroren ist, dann haben wir feuchte Luft (trockene Luft plus Wasser*dampf*) im System und dazu noch Eis. Das ist der Zustand 4.

Wenn man den ganzen Vorgang im Mollier-Diagramm darstellt, dann wird das einfach eine senkrechte Linie, da die Wasserbeladung in dem geschlossenen System konstant bleibt, während die spezifische Enthalpie aufgrund des Wärmeentzugs kleiner wird.

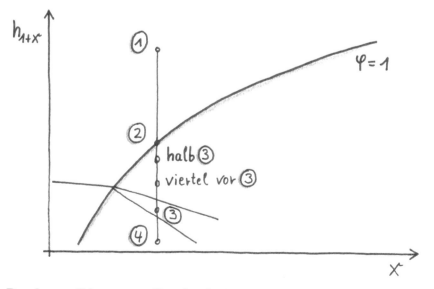

Das h_{1+x},x-Diagramm für eine isobare Abkühlung feuchter Luft

11.3.2   Adiabates Mischen feuchter Luft

Ein zweites Beispiel für den Umgang mit feuchter Luft ist das **adiabate Mischen** von zwei (oder mehr) Strömen feuchter Luft. So etwas passiert in klimatechnischen Anlagen ziemlich häufig, wenn zum Beispiel zur Einstellung der gewünschten Raumtemperatur und eines gesunden Raumklimas (Luftfeuchtigkeit), verschiedene Massenströme mit unterschiedlichen Temperaturen und unterschiedlichen relativen Feuchten gemischt werden. Dargestellt ist das Ganze im Bild unten für den Bilanzraum um ein T-Stück.

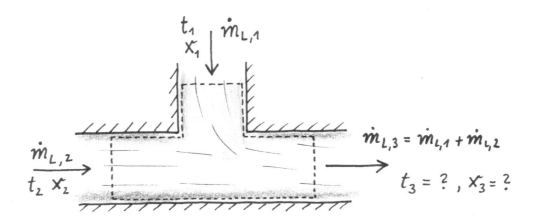

Die Bilanzgleichungen, die einen solchen Vorgang beschreiben, müssen für ein offenes System aufgestellt werden, denn hier haben wir es mit einem Strömungsprozess zu tun. Die Energiebilanz für einen stationär durchströmten Bilanzraum lautet, wenn man kinetische und potentielle Energien vernachlässigt, ganz allgemein

$$0 = \sum_{i=1}^{j} \dot{m}_{L,i}\, h_{1+x,i} + \sum_{i=1}^{k} \dot{Q}_i + \sum_{i=1}^{l} P_i \ .$$

Ganz allgemein ist diese Bilanz deshalb, weil hier beliebig viele Massenströme im Eintritt und im Austritt berücksichtigt werden und weil auch Leistungen (zum Beispiel durch ein Gebläse) und Wärmeströme (zum Beispiel durch eine Beheizung) auftreten können.

Für den hier betrachteten Fall, das *adiabate* Mischen *zweier* Ströme in einem *Fließprozess*, kann eine Menge der Ausdrücke weg gelassen werden und wir bekommen eine deutlich einfachere Energiebilanz

$$0 = \dot{m}_{L,1}\, h_{1+x,1} + \dot{m}_{L,2}\, h_{1+x,2} - \dot{m}_{L,3}\, h_{1+x,3} \;.$$

Zuerst wird die Massenbilanz für die trockene Luft aufgestellt

$$\dot{m}_{L,1} + \dot{m}_{L,2} = \dot{m}_{L,3}$$

und das Ergebnis dann gleich in die Massenbilanz für das Wasser eingesetzt:

$$\dot{m}_{L,1}\, x_1 + \dot{m}_{L,2}\, x_2 = \left(\dot{m}_{L,1} + \dot{m}_{L,2}\right) x_3 \;.$$

Wenn man diese Gleichung jetzt umstellt, dann ergibt das

$$\dot{m}_{L,1}\, x_1 - \dot{m}_{L,1} x_3 = \dot{m}_{L,2} x_3 - \dot{m}_{L,2}\, x_2$$

und jetzt kann links und rechts des Gleichheitszeichens jeweils der Luftmassenstrom ausgeklammert werden. Danach wird dann noch mal neu sortiert:

$$\frac{\dot{m}_{L,1}}{\dot{m}_{L,2}} = \frac{x_3 - x_2}{x_1 - x_3} \;.$$

Genauso kann jetzt die Energiebilanz zu

$$\frac{\dot{m}_{L,1}}{\dot{m}_{L,2}} = \frac{h_{1+x,3} - h_{1+x,2}}{h_{1+x,1} - h_{1+x,3}}$$

umgeschrieben werden. Die beiden letzten Gleichungen kann man gleichsetzen und erhält damit

$$\frac{x_3 - x_2}{x_1 - x_3} = \frac{h_{1+x,3} - h_{1+x,2}}{h_{1+x,1} - h_{1+x,3}} \;.$$

Mathematisch gesehen ist das eine Gleichung einer Geraden. Im h_{1+x},x-Diagramm (siehe nächstes Bild) liegt deswegen der Mischungszustand auf der Verbindungsgeraden zwischen den Eintrittszuständen 1 und 2. Wegen der Krümmung der Sättigungslinie ($\varphi = 1$) kann es beim Mischen zweier ungesättigter Massenströme ($\varphi < 1$) passieren, dass anscheinend „aus dem Nichts heraus" im Zustand 3 flüssiges Wasser entsteht.

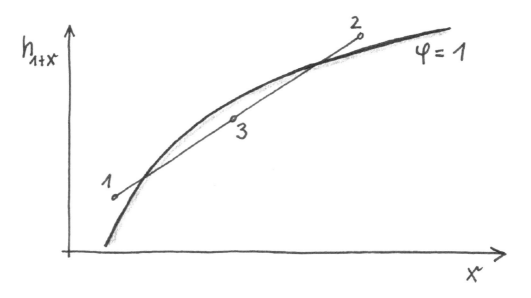

Das h_{1+x},x-Diagramm für das Mischen zweier Massenströme feuchter Luft

Wo genau der Mischungspunkt 3 liegt, hängt vom Verhältnis der beiden Massenströme ab. Wenn $\dot{m}_{L,1}$ viel größer als $\dot{m}_{L,2}$ ist, dann liegt der Mischungspunkt nahe beim Punkt des Zustandes 1 und umgekehrt natürlich genauso. Dieser Sachverhalt wird mathematisch-wissenschaftlich als das „Gesetz der abgewandten Hebelarme" bezeichnet.

12 Verbrennungen dritten Grades

Vorab erst mal eine Warnung: In diesem Kapitel geht es um technische Verbrennungen. Bei dieser Art von Vorgang handelt es sich um chemische Reaktionen. Deswegen geht es in diesem Abschnitt hin und wieder etwas chemisch zu. Davon sollte man und frau sich aber nicht abschrecken lassen: Die Chemie kommt nur dann zum Zug, wenn dies auch unbedingt erforderlich ist. Ansonsten bleiben wir hübsch auf dem Gebiet der Thermodynamik und interessieren uns vor allem für den Energieumsatz beim Verbrennen.

Der erste kluge Merksatz zur Verbrennung lautet: „Verbrennung ist die Oxidation eines Brennstoffes mit Sauerstoff". Deswegen braucht man mindestens zwei Dinge, wenn man eine Verbrennung durchführen will: Etwas zum Verbrennen und ordentlich Sauerstoff, damit es mit der Verbrennung auch wirklich klappt.

Damit haben wir einen allerersten Eindruck davon, was eine *Verbrennung* eigentlich ist. Und was ist jetzt eine *technische Verbrennung*? Zuerst einmal ist es ein vom Menschen gewollter Vorgang, der auf verschiedene Arten an verschiedenen Orten ablaufen kann. Der Ort des Geschehens wird meistens *Kessel* oder *Brennkammer* oder so ähnlich genannt.

Um in die verschiedenen Arten der technischen Verbrennung ein System und Ordnung hineinzubringen (wir sind schließlich Ingenieure oder wollen[151] zumindest welche werden!) kann man diese anhand der Art des verwendeten Brennstoffs unterscheiden, der fest, flüssig oder gasförmig sein kann.

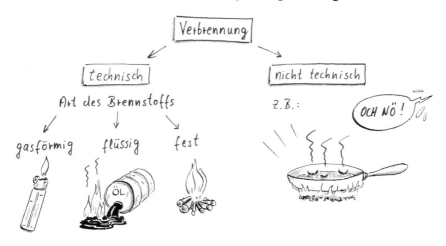

---

[151] ...oder müssen? („Denk' an deine Zukunft, Kind!")

12.1 Das Sauerstoffangebot

Außerdem kann man Verbrennungsvorgänge anhand der Sauerstoffmenge einteilen, die zur Verfügung steht. Bei der *vollständigen Verbrennung* wird jedes zur Verfügung stehende Brennstoff-Molekül auch tatsächlich verbrannt. Das soll heißen, dass der zur Verbrennung erforderliche Sauerstoff mindestens in ausreichender Menge zur Verfügung steht. Eine vollständige Verbrennung haben wir dann, wenn ein Überschuss an Sauerstoff vorhanden ist. Das liegt daran, dass nicht jedes Brennstoff-Töpfchen sein Sauerstoff-Deckelchen findet. Gründe für die erfolglose Partnersuche sind oft eine schlechte Vermischung von Brennstoff und Luft und die für die Verbrennung nur begrenzt zur Verfügung stehende Zeit. Dann wird ein Teil des zugeführten Sauerstoffs zur Verbrennung verwendet und der Rest wird mit den Abgasen vom Ort der Verbrennung entfernt.

Eine *stöchiometrische*[152] Verbrennung liegt dann vor, wenn exakt soviel Sauerstoff zur Verbrennung angeboten wird, wie nach dem chemischen Reaktionsgesetz benötigt wird.

Bei einer *unvollständigen* Verbrennung wird weniger Sauerstoff zugeführt, als rein rechnerisch erforderlich ist. Ein Teil des Brennstoffes muss dann mangels eines Reaktionspartners unverrichteter Dinge die Brennkammer verlassen.

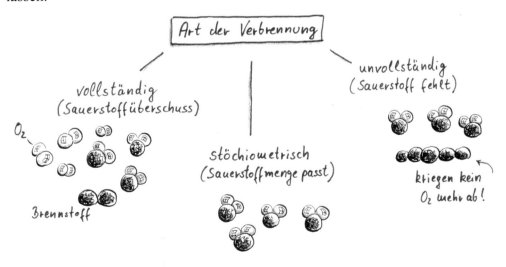

---

[152] Die „*Stöchiometrie*" ist die „*Lehre von den Mengenverhältnissen bei chemischen Reaktionen*". Wortwörtlich übersetzt bedeutet Stöchiometrie „*Element*" und „*Maß*", kurz gesagt also „*Erbsenzählerei*", siehe Abschnitt 10.1.2.

Und jetzt kommt die Chemie der Verbrennung. Wir schreiben ein paar chemische Reaktionsgleichungen auf, nach denen einzelne chemische Bestandteile eines Brennstoffes oxidiert (verbrannt) werden. Die Bestandteile die wir hier behandeln sind Kohlenstoff (C), Wasserstoff (H_2) und Schwefel (S).

$$C + O_2 \xrightarrow{\text{exotherm}} CO_2 \ ,$$

$$H_2 + \frac{1}{2} O_2 \xrightarrow{\text{exotherm}} H_2O \ ,$$

$$S + O_2 \xrightarrow{\text{exotherm}} SO_2 \ .$$

Die erste Reaktionsgleichung besagt, dass ein Mol Kohlenstoff (C) mit einem Mol Sauerstoff (O_2) zu einem Mol Kohlendioxid (CO_2) verbrennt. Der Vorgang der Verbrennung ist für alle drei Reaktionen *exotherm*, passiert also unter Entstehung von Wärme. Weil bei der Verbrennung Wärme entsteht, macht man das Ganze überhaupt. Es geht ja schließlich darum, in den Molekülen gebundene chemische Energie in Wärme zu wandeln.

12.2 Der Sauerstoffbedarf

Bislang ist bei der Verbrennung immer von Sauerstoff als einem der beiden Reaktionspartner die Rede gewesen. In der Realität wird aber nur in den seltensten Fällen reiner Sauerstoff in die Brennkammer geblasen, sondern das, was in unbegrenzter Menge kostenlos zur Verfügung steht: Luft.

Allerdings besteht die Luft nicht aus reinem Sauerstoff und dieser Tatsache muss irgendwie Rechnung getragen werden. Dazu wird zuerst einmal der **Sauerstoffbedarf** O_{min} für einen Verbrennungsvorgang als „das Verhältnis der *stöchiometrisch* erforderlichen *Stoffmenge* an Sauerstoff zur *Masse* an Brennstoff" definiert. Die Einheit des Sauerstoffbedarfs O_{min} ist „kmol Sauerstoff pro kg Brennstoff ". Um den Sauerstoffbedarf O_{min} für eine Verbrennung zu ermitteln, muss man wieder die Chemie bemühen. Der Sauerstoffbedarf ist die (Stoff-)Menge an Sauerstoff, die für eine stöchiometrische Verbrennung erforderlich ist. Deswegen kann man diese Größe bestimmen, wenn man die chemische Reaktionsgleichung für den jeweiligen Brennstoff kennt.

Dabei ist es zweckmäßig, anhand der Art des Brennstoffs zwei Fälle zu unterscheiden und sich, um das Ganze übersichtlich zu halten, dabei auch auf bestimmte Brennstoffe zu beschränken.

HINWEIS: DIESER CARTOON ZUM THEMA 'VERBRENNUNG' IST ETWAS ZU SPÄT GEZEICHNET WORDEN. SOMIT KONNTE DIE ÄUSSERST KOMISCHE BEGEBENHEIT, DIE ZUR DARGESTELLTEN SITUATION FÜHRTE, NICHT VEREWIGT WERDEN... DIE AUTOREN BITTEN UM ENTSCHULDIGUNG...

12.2.1 Kohle, Koks und Konsorten

Wenn man sich die Reaktionsgleichungen für die Verbrennung in Abschnitt 12.1 ansieht, dann erkennt man, wie viele Mol Sauerstoff für die beteiligten Stoffe jeweils erforderlich sind. Diese Zahlen werden auch als stöchiometrische Koeffizienten bezeichnet:

- 1 mol Kohlenstoff (C) benötigt 1 mol Sauerstoff (O_2),
- 1 mol Wasserstoff (H_2) benötigt 1/2 mol Sauerstoff (O_2) und
- 1 mol Schwefel (S) benötigt 1 mol Sauerstoff (O_2).

Außerdem muss man die Zusammensetzung des Brennstoffes kennen, die mit Hilfe der Massenanteile angegeben wird. Die möglichen Komponenten im Brennstoff sind

- Kohlenstoff C, Massenanteil x_C
- Wasserstoff H_2, Massenanteil x_H
- Schwefel S, Massenanteil x_S
- Sauerstoff O_2, Massenanteil x_O
- Stickstoff N_2, Massenanteil x_N
- Asche, Massenanteil x_A
- Wasser H_2O, Massenanteil x_W

Für die Summe aller Massenanteile im Brennstoff gilt natürlich auch die Schließbedingung

$$\xi_C + \xi_H + \xi_S + \xi_O + \xi_N + \xi_A + \xi_W = 1 \; .$$

Wenn man jetzt noch die Molmassen der einzelnen Stoffe kennt, kann die erforderliche Molmenge an Sauerstoff auch auf die Masse (und nicht die Molmenge) des jeweiligen Brennstoffs bezogen werden. Diese Molmassen stehen in der nächsten Gleichung für jeden Brennstoff immer im Nenner (zum Beispiel für Kohlenstoff $M_C = 12$ kg/kmol) geteilt durch den jeweiligen stöchiometrischen Koeffizienten (zum Beispiel 1 für Kohlenstoff und ½ für Wasserstoff).

Bei der Berechnung der erforderlichen Sauerstoffmenge werden nur die Komponenten berücksichtigt, die auch tatsächlich verbrennen werden und außerdem wird eventuell mit dem Brennstoff gelieferter Sauerstoff von der erforderlichen Menge abgezogen. Damit kann der Sauerstoffbedarf als

$$O_{min} = \left(\frac{\xi_C}{12} + \frac{\xi_H}{4} + \frac{\xi_S}{32} - \frac{\xi_O}{32} \right) \frac{\text{kmol } O_2}{\text{kg Brennstoff}}$$

geschrieben werden. Zur Berechnung ist nur die Kenntnis der Massenanteile der vier Komponenten erforderlich, die in der Gleichung oben stehen.

IN CHINA FÄLLT EIN SACK REIS UM.

12.2.2 Gas, Grappa und Genossen

Bei flüssigen und gasförmigen Brennstoffen werden nur Stoffe betrachtet, die durch die chemische Zusammensetzungsformel $C_xH_yO_z$[153] beschrieben werden können. Ob der Brennstoff flüssig oder gasförmig ist, oder ob in China ein Sack Reis umfällt, ist vollkommen egal. Für reinen Alkohol (Ethanol) mit der Formel C_2H_5OH gilt zum Beispiel $x = 2$, $y = 6$ und $z = 1$. Für Gemische aus verschiedenen Stoffen, hier ist Erdgas ein klassisches Beispiel, müssen x, y und z anhand der Zusammensetzung mit Hilfe der Molanteile und der chemischen Formel der Komponenten berechnet werden.

Der Mindestsauerstoffbedarf kann dann anhand der stöchiometrischen Koeffizienten berechnet werden, hier allerdings als molare Größe (deswegen der Querstrich) in der Einheit kmol Sauerstoff pro kmol Brennstoff:

$$\overline{O}_{min} = \left(x + \frac{y}{4} - \frac{z}{2} \right) \frac{\text{kmol O}_2}{\text{kmol Brennstoff}} \ .$$

Auch in dieser Gleichung wird der mit dem Brennstoff kommende Sauerstoff von der erforderlichen Sauerstoffmenge abgezogen.

12.3 Erst mal tief Luft holen

Um aus dem Sauerstoffbedarf, egal ob für einen festen, einen flüssigen oder einen gasförmigen Brennstoff, jetzt die zur Verbrennung erforderliche Masse(!) an *Luft* bestimmen zu können, muss man deren Zusammensetzung kennen, insbesondere muss man wissen, dass Luft in Bodennähe zu 23,2 Massenprozent aus Sauerstoff besteht. Dann kann der **Luftbedarf** L_{min} berechnet werden, wenn man noch zur Umrechnung der Molmenge des Sauerstoffs in dessen Masse die Molmasse von 32 kg/kmol berücksichtigt. Für feste Brennstoffe gilt dann

$$L_{min} = \frac{M_{O_2} \cdot O_{min}}{0,232} = 137,93 \cdot O_{min} \quad \frac{\text{kg Luft}}{\text{kg Brennstoff}}$$

---

[153] Hier sind x, y und z die Anzahl der Atome der drei Elemente C, H und O in der chemischen Verbindung. Bitte x und y nicht mit Molmengen verwechseln.

und für flüssige oder gasförmige Brennstoffe muss man noch zusätzlich die Molmasse des Brennstoffes M_B kennen und es gilt

$$L_{min} = \frac{M_{O_2} \cdot \overline{O}_{min}}{M_B \cdot 0{,}232} = \frac{137{,}93}{M_B} \cdot \overline{O}_{min} \quad \frac{\text{kg Luft}}{\text{kg Brennstoff}} \; .$$

Die Einheit des Luftbedarfs ist dann in jedem Fall „kg Luft pro kg Brennstoff".

Technische Verbrennungen werden nicht mit dem minimalen Luftbedarf durchgeführt, sondern mit einem Überschuss an Luft, um sicher zu stellen, dass die Verbrennung vollständig abläuft. Die tatsächliche spezifische **Luftmassenzufuhr L** wird mit Hilfe des **Luftüberschusses λ** berechnet:

$$L = \lambda \cdot L_{min} \; .$$

Der Luftüberschuss λ ist für einige wahrscheinlich schon ein alter Bekannter aus der Motorentechnik. Die Lambda-Sonde beim Katalysator sorgt nämlich dafür, dass die Verbrennung im Otto-Motor mit einem genau definierten Luftüberschuss passiert[154].

12.4 Bilanzen bei der technischen Verbrennung

So, das ist das letzte Kapitel in diesem Buch, in dem Thermo-Wissen vermittelt werden soll. Da ab jetzt kein allzu großer Schaden[155] mehr entstehen kann, wenn die Leserschaft aussteigt, wird es hier stellenweise etwas heftiger zugehen. *Wirklich* schlimm ist es aber nicht, denn das Know-how, um eine **Stoffbilanz** für eine Verbrennung aufzustellen, ist im Grunde schon dran gewesen. In den meisten Fällen, zumindest bei Klausuren, sollte die Zusammensetzung des Brennstoffes gegeben sein. Dann kann der Sauerstoffbedarf berechnet werden. Daraus kann der Luftbedarf berechnet werden und, wenn der Luftüberschuss

---

[154] Na, das ist doch mal ein echter Aha-Effekt, oder?

[155] Auch hier könnte auf Lücke gesetzt werden, denn in fast jeder Thermo-Prüfung kommt *entweder* feuchte Luft *oder* Verbrennung vor. Leider können beide Themen durch fiese Prüfer auch kombiniert werden. Dann darf erst eine Verbrennung berechnet werden und dann die Taupunkt-Temperatur des Abgases.

bekannt ist, folgt daraus die tatsächlich in die Brennkammer gehende Luftmenge. Damit ist auf der Eingangsseite des Brennraumes alles bekannt.

Wenn man jetzt wissen will, was hinten raus kommt, muss man die Zusammensetzung der Abgase mit Hilfe der Reaktionsgleichungen für die Verbrennung ermitteln. Oft gibt ein Aufgabentext hier noch zusätzliche Hinweise zum Aschenanteil, falls ein Teil der Verbrennungsprodukte nicht als Abgas, sondern in Form von fester Asche anfällt. Das beste Beispiel hierfür ist das, was nach dem Grillen von der Holzkohle noch übrig bleibt.

Die **Energiebilanz** ist das eigentliche Ziel bei einer thermodynamischen Betrachtung eines Verbrennungsvorganges, denn man will ja schließlich wissen, welche Wärme man aus einer bestimmten Menge Brennstoff heraus bekommt.

Dazu ist ein Begriff von ganz zentraler Bedeutung und zwar der des **Heizwertes** Δh eines Brennstoffes. Die Bezeichnung Δh legt schon nahe, dass es sich bei dem Heizwert eigentlich um eine Enthalpiedifferenz handelt. Diese Enthalpie, die bei der Verbrennung frei wird, hat den Namen Verbrennungsenthalpie. Es handelt sich dabei um die Differenz der Enthalpien zwischen den in die Brennkammer einströmenden Stoffen (Brennstoff und Luft) und den aus der Brennkammer raus kommenden Stoffen (Abgas, überschüssige Luft und eventuell auch Asche).

Die Messung des Heizwertes erfolgt, indem man einer Brennkammer Brennstoff und Luft bei derselben Temperatur $t = 25\ °C$ und dem Druck $p = 1$ bar zuführt. Dann ist der spezifische Heizwert gleich der Wärmemenge, die man abführen muss, um die Abgase und die Asche nach der Verbrennung wieder auf 25 °C zu kühlen. Die Angabe der Bezugstemperatur ist hier wichtig, da diese leider auch bei der Berechnung von Enthalpiedifferenzen in den Bilanzgleichungen stehen bleibt, da sich durch die chemische Reaktion der Verbrennung zwischen Eintritt und Austritt die Zusammensetzungen der Stoffströme ändern.

Wenn der Brennstoff Wasser (oder auch nur Wasserstoff) enthält, dann kann im Abgas Wasser entweder als Dampf oder als Flüssigkeit vorhanden sein, siehe Kapitel 11 über feuchte Luft. Wenn das Wasser als Dampf vorliegt, dann geht mehr Enthalpie mit dem Abgas verloren, als wenn das Wasser als Flüssigkeit vorliegt. Der Unterschied liegt in der Kondensationsenthalpie von Wasser. Deswegen gibt es für diese Brennstoffe immer zwei Heizwerte.

Erstens gibt es den unteren[156] Heizwert Δh_u, wenn das Wasser im Abgas als Dampf vorliegt. Zahlenwerte für den unteren Heizwert sind in der folgenden Tabelle für einige Stoffe als Beispiele gegeben. Für etliche Stoffe sind das aber nur Richtwerte. Bei Steinkohle zum Beispiel spielt die Zusammensetzung der Kohle eine Rolle und diese hängt zum Beispiel davon ab, aus welcher Grube die Kohle stammt, die man gerade auf die Schaufel nimmt.

feste Brennstoffe	Δh_u in MJ/kg
Holz	15,3
Braunkohlebriketts	19,3
Steinkohle	30
flüssige Brennstoffe	Δh_u in MJ/kg
Benzin	43,5
Diesel	42,7
Heizöl	42,7
gasförmige Brennstoffe	$\Delta \overline{h}_u$ in MJ/kmol
Methan (CH_4)	802,3
Ethen (C_2H_4)	1255,6
Propan (C_3H_8)	2043,8

Untere Heizwerte für einige übliche Brennstoffe

Zweitens gibt es den oberen Heizwert Δh_o, wenn das Wasser als Flüssigkeit im Abgas vorliegt. Der obere Heizwert kann aus dem unteren Heizwert berechnet werden, wenn man weiß, wie viel Wasser im Abgas vorhanden ist:

$$\Delta h_o = \Delta h_u + \frac{m_{\text{Wasser}}}{m_B} \cdot \Delta h_V \; .$$

---

[156] Der entsprechenden DIN zu Folge, kann das Wort *untere* auch weg gelassen werden. Wenn also nur vom *Heizwert* die Rede ist, dann ist eigentliche der *untere Heizwert* gemeint

Der Unterschied zwischen unterem und oberem Heizwert liegt in der Kondensationsenthalpie des Wasserdampfes Δh_V.[157] Der obere Heizwert trägt übrigens auch den Namen **Brennwert**. Das Wort dürfte im Zusammenhang mit Haushalts-Heizanlagen vielleicht schon bekannt sein. Die Heizungsinstallateure wollen einem heutzutage ja immer Brennwertkessel verkaufen, natürlich für gutes Geld. Der Unterschied zwischen einem normalen Heizkessel und einem Brennwertkessel liegt darin, dass beim Brennwertkessel der Wasserdampf im Abgas kondensiert wird und die dabei frei werdende Energie nicht durch den Schornstein geht, sondern genutzt wird, um die Wohnung zu heizen.

Jetzt kann endlich der erste Hauptsatz aufgestellt werden und zwar für den im Bild unten dargestellten Brennraum, der auch zugleich die Bilanzraumgrenze darstellt.

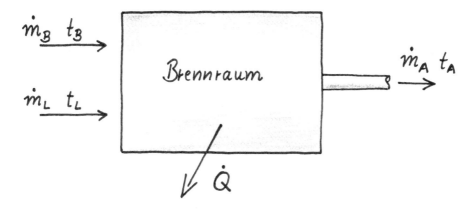

Wir betrachten hier einen stationären Fließprozess, bei dem alle beteiligten Stoffe der Einfachheit halber als ideale Gase behandelt werden. Änderungen von kinetischer und potentieller Energie werden, wie meistens, vernachlässigt. Hier wird die Energiebilanz für den Fall aufgestellt, dass trockene Luft in die Brennkammer hinein geht und dass die Energie der Asche entweder so gering ist, dass sie vernachlässigt werden kann, oder schlicht und einfach keine Asche anfällt. Der erste Hauptsatz, umgestellt nach dem Wärmestrom $\dot{Q}$, lautet

$$\dot{Q} = \dot{m}_B h_B(t_B) + \dot{m}_L h_L(t_L) - \dot{m}_A h_A(t_A) \ .$$

---

[157] Das „V" steht hier für *Verdampfung*, nicht für *Verbrennung*.

Dieser Wärmestrom wird wegen unserer Vorzeichenregel bei einer Verbrennung größer als Null sein, denn der Pfeil für den Wärmestrom geht aus dem Bilanzraum raus. Wenn man diese Gleichung jetzt durch den Massenstrom des Brennstoffs teilt, kann man den Ausdruck $\dot{m}_L/\dot{m}_B$ anschließend durch die Luftmassenzufuhr L mal Luftüberschuss λ ersetzen und bekommt dann

$$q = h_B(t_B) + \lambda L_{min} h_L(t_L) - \frac{\dot{m}_A}{\dot{m}_B} h_A(t_A) \ .$$

Die Enthalpien aller Stoffströme (ideale Gase!) hängen nur von der jeweiligen Temperatur und nicht vom Druck ab. Um diese zu berechnen, muss aber etwas Aufwand betrieben werden.

Achtung, wer auf Lücke setzen will, kann hier aufhören und sich dafür gleich mit den Aufgaben beschäftigen! Alle anderen lernen vorher noch, wie die Berechnung der bei der Verbrennung entstehenden Wärme *tatsächlich* durchgeführt wird[158].

Wenn dieselben Stoffströme aus einem System hinein und hinaus gehen, dann fallen in den Differenzen die Nullpunkt-Enthalpien raus. Da sich hier durch die Verbrennung die Stoffströme in der Brennkammer ändern, kommen wir so aber nicht weiter. Deswegen wird eine willkürlich gewählte Bezugstemperatur t_0 in die letzte Gleichung eingeführt:

$$q = \left[h_B(t_B) - h_B(t_0) + h_{B,0}(t_0)\right] + \lambda L_{min}\left[h_L(t_L) - h_L(t_0) + h_{L,0}(t_0)\right]$$
$$- \frac{\dot{m}_A}{\dot{m}_B}\left[h_A(t_A) - h_A(t_0) + h_{A,0}(t_0)\right].$$

In den drei eckigen Klammern stehen jetzt für jeden Stoffstrom die Enthalpien bei der jeweiligen Temperatur und bei der Bezugstemperatur (als Differenz) und natürlich auch die Enthalpie bei der Bezugstemperatur. In der ersten eckigen Klammer stehen die Werte für den Brennstoff, in der zweiten die für die Luft und in der dritten die für das Abgas. Die Enthalpien bei Bezugstemperatur

---

[158] Dr. Romberg ist der Meinung, dass das Buch spätestens jetzt aufhören sollte. Er habe ja schließlich einen „Ruf" zu verlieren. Dr. Labuhn hat keinen Ruf zu verlieren und macht deswegen weiter.

können aus den Klammern raus geholt werden und das Ganze wird dann wesentlich übersichtlicher:

$$q = \left[h_B(t_B) + h_B(t_0)\right] + \lambda L_{min}\left[h_L(t_L) - h_L(t_0)\right] - \frac{\dot{m}_A}{\dot{m}_B}\left[h_A(t_A) - h_A(t_0)\right]$$

$$+ \left[h_{B,0}(t_0) + \lambda L_{min} h_{L,0}(t_0) - \frac{\dot{m}_A}{\dot{m}_B} h_{A,0}(t_0)\right].$$

In den drei ersten eckigen Klammern stehen jetzt nur noch Enthalpiedifferenzen, die durch einen Temperaturunterschied hervorgerufen werden und die können ganz klassisch berechnet werden. Wenn man Glück hat, die spezifischen Wärmekapazitäten also konstant sind, geht das so

$$h(t) - h(t_0) = c_P\left(t - t_0\right),$$

oder wenn die spezifischen Wärmekapazitäten doch von der Temperatur abhängen, dann so

$$h(t) - h(t_0) = \widetilde{c}_P\left(t - t_0\right).$$

In beiden Gleichungen werden mittlere spezifische Wärmekapazitäten

$$\widetilde{c}_P\Big|_{t_0}^{t} = \frac{1}{t - t_0}\int_{t_0}^{t} c_P\, dT$$

verwendet. Die letzte, große eckige Klammer in der Gleichung für q (weiter oben) enthält, mit dem jeweiligen Massenstrom gewichtet, Enthalpien bei einer (Achtung, Wiederholung!) *beliebig* zu wählenden Bezugstemperatur. Wir schlagen für die Bezugstemperatur den Wert $t_0 = 25\ °C$ vor und empfehlen zugleich, noch einmal dieses Buch auf der Seite mit den Definitionen der Verbrennungsenthalpie und des Heizwertes aufzuschlagen. In der letzten eckigen Klammer steht dann nämlich die Definition des spezifischen Heizwertes und wir können schreiben:

$$q = \left[c_{P,B} \cdot (t_B - t_0) \right] + \lambda L_{min} \left[c_{P,L} \cdot (t_L - t_0) \right] - \frac{\dot{m}_A}{\dot{m}_B} \left[c_{P,A} \cdot (t_A - t_0) \right] + h_U \, .$$

Die Wärmekapazitäten sind die von Gemischen und müssen daher aus der Zusammensetzung des jeweiligen Stoffstroms und den Wärmekapazitäten der Reinstoffe berechnet werden. Sie können leider auch hier von der Temperatur abhängen[159].

Wenn stöchiometrisch verbrannt wird, dann ist das Abgas frei von unverbrannter Luft, wenn aber mit Sauerstoffüberschuss verbrannt wird, dann wird ein Teil der zugeführten Luft nur erwärmt, nimmt aber nicht an der Verbrennung Teil. Um die unterschiedlichen Wärmekapazitäten des stöchiometrischen Verbrennungsgases und der Luft zu berücksichtigen, kann die Gleichung noch ein bisschen umgebaut werden. Dazu muss bedacht werden, dass der Abgasmassenstrom aus dem zugeführten Brennstoffmassenstrom und dem zugeführten Luftmassenstrom besteht:

$$\dot{m}_A = \dot{m}_B + \dot{m}_L \, .$$

Damit kann das in der Bilanzgleichung stehende Verhältnis vom Abgasmassenstrom zum Brennstoffmassenstrom auch durch

$$\frac{\dot{m}_A}{\dot{m}_B} = 1 + \lambda L_{min}$$

ausgedrückt werden. Den Anteil des stöchiometrischen Verbrennungsgases

$$\frac{\dot{m}_{stöch\,VG}}{\dot{m}_B} = 1 + L_{min}$$

bekommt man, wenn man $\lambda = 1$ setzt, und die Differenz zwischen den beiden letzten Gleichungen

---

[159] Spätestens hier bestätigt sich der Verdacht, dass es sich bei der Verbrennung um nichts weiter als eine Verschwörung der Thermodynamik gegen unschuldige Studenten handelt.

$$\frac{\dot{m}_{\text{unv.Luft}}}{\dot{m}_B} = 1 + \lambda L_{\min} - \left(1 + L_{\min}\right) = \left(\lambda - 1\right) L_{\min}$$

ist aufgrund der Massenbilanz der Anteil der unverbrannten Luft. Mit diesen beiden Ausdrücken kann die Energiebilanz

$$q = \left[c_{P,B} \cdot \left(t_B - t_0\right)\right] + \lambda L_{\min} \left[c_{P,L} \cdot \left(t_L - t_0\right)\right]$$
$$- \left(1 + L_{\min}\right) \cdot \left[c_{P,\text{stöch VG}} \cdot \left(t_A - t_0\right)\right] - \left(\lambda - 1\right) \cdot L_{\min} \cdot \left[c_{P,\text{unv Luft}} \cdot \left(t_A - t_0\right)\right] + h_u$$

so erweitert werden, dass jetzt alle unterschiedlichen Wärmekapazitäten berücksichtigt werden können.

Oft interessiert nicht nur die Wärmemenge, die bei einer technischen Verbrennung abfällt, sondern auch die höchste Temperatur, die dabei auftritt. Das ist wichtig, um zum Beispiel das Material des Kessels richtig auswählen zu können. Die höchste Temperatur tritt im Kessel dann auf, wenn keine Wärme abgeführt wird, der Kessel also adiabat betrieben wird. Damit können die Energiebilanzgleichungen aus diesem Abschnitt angewendet werden, wenn man $q = 0$ setzt und man dann die Temperatur des Abgases t_A berechnet. Das geht deswegen, weil die Temperatur, die sich dann in der Brennkammer einstellt, gleich der Temperatur ist, mit der die Abgase sie verlassen. Sie wird **adiabate Verbrennungstemperatur** genannt. Wenn man diese Temperatur berechnen will, dann scheitert man als nicht promovierter Mathematiker mit großer Wahrscheinlichkeit bei dem Versuch, den Satz an beteiligten Gleichungen nach der gesuchten Variable (der Abgastemperatur t_A) aufzulösen. Deswegen arbeitet man als Ingenieur mit dem Trick, die Rechnung mit einem Schätzwert für das Ergebnis zu starten und dann so lange zu wiederholen, bis sich das Ergebnis nicht mehr ändert. Das Verfahren heißt Iteration[160] und der Ablauf ist im Einzelnen so:

1. Berechnung der Zusammensetzung des Abgases mit Hilfe der stöchiometrischen Gleichungen, dem Luftüberschuss und so weiter.

---

[160] Das ist wieder so ein schönes Wort für Leute mit dem kleinem Latinum. *Iterare* heißt auf Deutsch *wiederholen*. Wir vermuten aber, dass es eigentlich *mühselig, aufwendig, extrem zeitraubend und fehleranfällig* bedeutet.

2. Festlegen einer grob geschätzten Start-Temperatur für das Abgas, zum Beispiel $t_{A,Start} = 1200\,°C$.

3. Dann folgt die Berechnung der mittleren spezifischen Wärmekapazitäten aller Stoffströme. (Für die Berechnung der Wärmekapazität des Abgases wird dessen Temperatur hier schon gebraucht, deswegen Punkt 2.)

4. Jetzt kann mit der Energiebilanz eine neue Abgastemperatur berechnet werden, die von der alten mehr oder weniger deutlich abweicht.

5. Jetzt vergleicht man die neue Temperatur mit der alten und durchläuft die Punkte 3 bis 5 so lange, bis sich die Werte für die Temperatur nicht mehr wesentlich ändern (oder bis einem der Prüfer in der Klausur das Papier wegnimmt). Was eine wesentliche Änderung der Temperatur ist, kommt auf den Einzelfall an: In einer Klausur ist man meistens schon auf der sicheren Seite, wenn die erste Nachkommastelle „steht".

Die hier dargestellte iterative Berechnung ist eine komplexe Angelegenheit. Man sollte sich, zum Beispiel in einer Klausur, kurz das Verhältnis von Aufwand und Ergebnis vor Augen führen. Wer alle Gleichungen für die Iteration korrekt aufgestellt hat, hat auch für die jeweilige Aufgabe schon die meisten Punkte eingesackt. Wenn einem die Zeit jetzt wegläuft, ist es vielleicht besser, sich einer anderen Aufgabe zu widmen. Wenn man aber schon alles erledigt hat, spricht natürlich nichts dagegen, die Iteration ein paar Mal durchzuführen.

13 Aufgaben mit Lösungsweg

Wie? Das war es schon? Ja genau, das war es. Hiermit ist diese Einführung in die Grundlagen der Thermodynamik zu Ende[161]. Wir haben 12 Kapitel lang versucht, diese Grundlagen anschaulich darzustellen, vermutlich mal mit mehr und mal mit weniger großem Erfolg.

An einigen Stellen wurden Dinge ausgelassen, die in anderen Büchern über Thermo wie selbstverständlich ihre Erwähnung finden. Gemische zum Beispiel wurden nur in Form des idealen Gasgemisches und der idealen Lösung behandelt. Das geschah, genauso wie das Weglassen von langen Herleitungen, in voller Absicht, um den Stoff übersichtlich zu halten und auf das zu beschränken, was *uns* für die Grundlagen-Vorlesung der Thermodynamik wichtig erscheint, nicht um diese Gebiete in ihrer wissenschaftlichen Wichtigkeit herabzuwürdigen. Also wirklich, nein, auf gar keinen Fall.....

Wer *noch mehr* wissen will, der kann sich mit dem Wissen und dem Verständnis aus diesem Buch getrost an die im Literaturverzeichnis angegebenen Werke herantrauen und dort fehlende Themen und Herleitungen nachlesen. Dieses Buch ist eine Brücke zur Thermodynamik. Das Land, das jenseits der Brücke liegt, kann man mit seiner Hilfe trockenen Fußes erreichen. Expeditionen in das Landesinnere aber erfordern, es wundert kaum, ein wenig Beschäftigung mit dem dahinter liegenden Gerüst aus Modellen und Mathematik. Dieses Land ist stellenweise unwegsam, trotzdem kann es sich für den Einen oder die Andere lohnen, sich auch dort weiter umzusehen[162].

Alle anderen sollten mit den Tipps in diesem Buch in der Lage sein, sich auf eine anstehende Thermo-Prüfung vorzubereiten. Was dazu extrem nützlich ist, das sind die **Übungsaufgaben** in diesen Kapitel. Leider gilt auch für die Zusammenhänge der Thermodynamik, dass man deren praktische Anwendung am besten durch Schmerzen lernt. Gemeint ist natürlich, dass man sich an den Übungsaufgaben die Zähne ausbeißen soll, weil viel mehr hängen bleibt, wenn man erst vergeblich auf einer Aufgabe rumkaut und man sich *dann* den Lösungsweg ansieht, als wenn man als Erstes nachschaut und dann behauptet „al-

---

[161] Aber es schadet auch nicht, sich das Buch noch einmal durchzulesen!

[162] Herr Dr. Labuhn wischt sich an dieser Stelle verstohlen eine Träne der Rührung aus den Augen.

les klar, ...kapiert[163], ...hätte ich genauso gemacht". Beim Bearbeiten der heftigeren Aufgaben kommt es unter Garantie zu Frust, Schweißausbrüchen oder Wutanfällen[164]. Das ist beabsichtigt und steigert den Lerneffekt.

Man sollte sich für die Aufgaben erst mal Zeit nehmen, den Schreibtisch frei räumen, leise Musik (ohne Text!!) anstellen und eventuell ein Gläschen Wein bereit stellen[165]. „Ein romantischer Abend mit der Aufgabe!" Das sollte die Devise sein! Die Einstellung „Jetzt aber ran, ich will die Arbeit hinter mir haben" führt auch im späteren Berufsleben zu keiner Befriedigung, sondern nur zur steten Vermehrung des Stressaufkommens.

Die folgenden Aufgaben stammen zum Großteil aus dem Fundus des Instituts für Thermodynamik der Universität Hannover [16], weitere wurden der Aufgabensammlung des Fachbereichs Technische Thermodynamik der TU Darmstadt [23] entlehnt und manche haben wir uns sogar extra für dieses Buch ausgedacht.

Zu jeder Aufgabe ist angegeben, in welchem Kapitel der entsprechende Stoff im Buch erwähnt wird. Bis dahin sollte man das Buch also gelesen und am besten das Wichtigste auch verstanden haben. Außerdem gibt es eine Angabe zum Schwierigkeitsgrad der Aufgaben. Wir unterscheiden hier, ganz thermodynamisch, vier Fälle:

- $S^{irr} = 0$ bedeutet, dass die Bearbeitung der Aufgabe als reversibler Vorgang betrachtet werden darf. Es ist zu erwarten, dass bei dem Versuch, diese vergleichsweise leichten Aufgaben zu lösen, keine bleibenden Schäden entstehen.

- $S^{irr} > 0$ bedeutet, dass bei der Bearbeitung der Aufgabe durchaus ein wenig Entropie entstehen kann. Die so gekennzeichneten Aufgaben sind schon etwas komplexer und erfordern ein wenig Nachdenken über den Lösungsweg.

---

[163] Das ist oft ein gefährlicher Trugschluss.

[164] Die Autoren und auch der Verlag möchten gemeinsam darauf hinweisen, dass es sie nicht im Mindesten stört, wenn dieses Buch dabei in kleine Fetzen gerissen wird (und anschließend neu gekauft werden muss).

[165] Zur Belohnung!

- $S^{irr} \gg 0$ bedeutet, dass bei der Bearbeitung der Aufgabe eine Menge Entropie entsteht, zum Beispiel durch heiß werdende Köpfe. Diese Aufgaben erfordern, dass das Wissen aus mehreren Kapiteln dieses Buches kombiniert und angewendet wird.

- $S^{irr} < 0$ ist das Kennzeichen für Aufgaben, die schlicht und einfach unmöglich sind, entweder weil sie komplett abgehoben sind oder weil sie zumindest einen gewissen Sadismus erkennen lassen. Diese Art von Aufgabe kommt aber nur sehr selten vor (eigentlich gar nicht) und nach der Lektüre dieses Buches hört sie sowieso auf zu existieren

Außerdem muss man als Ingenieur/-in immer bedenken, dass mindestens die Hälfte der Probleme nicht durch die Thermodynamik verursacht wird, sondern dass im Zweifelsfall *immer* die Mathematik (zumindest zum Teil) schuld ist. Wenn der Thermo-Teil der Aufgaben erledig ist, dann ist schon viel erreicht und man braucht sich dann durch Mathe auch nicht mehr aus der Ruhe bringen zu lassen.

Und jetzt viel Spaß mit den Aufgaben!

13.1 Aufgaben zum idealen Gasgesetz

Aufgabe: 1	**Kapitel: 2.1**	**Schwierigkeitsgrad: $S^{irr} = 0$**

Welche Kantenlänge a hat ein Würfel, der bei $p = 100$ kPa und $t = 20$ °C exakt 1 mol eines idealen Gases enthält?

Lösung

Diese Aufgabe bettelt geradezu nach der Anwendung des idealen Gasgesetzes in der Fassung

$$\overline{v} = \frac{V}{n} = \frac{\overline{R}\,T}{p}$$

und mit dem Wert $\overline{R} = 8{,}314$ J/(mol K) und der Temperatur $T = t + 273{,}15$ K = $293{,}15$ K wird aus dem rechten Teil der Gleichung

$$V = a^3 = n\frac{\overline{R}\,T}{p} = 1\,\text{mol}\,\frac{8{,}314\,\text{J/(mol K)}\,293{,}15\,\text{K}}{100000\,\text{N/m}^2} = 0{,}02437\,\text{m}^3$$

$$\Leftrightarrow \quad a = 0{,}2899\,\text{m} \ .$$

Wichtig ist hier zuerst, dass die richtigen Einheiten verwendet werden. Die Temperatur wird in Kelvin eingesetzt, der Druck in Pascal, usw.

Zweitens, sollte man sich merken, dass man in schriftlichen Prüfungen die Formeln für die Oberflächen und Volumen der wichtigsten geometrischen Körper (Kugel, Würfel, etc.) parat haben sollte. Gerade für die Kugel hat es sich aus eigener Erfahrung sehr bewährt, diese Gleichungen irgendwo notiert zu haben.

Aufgabe: 2	**Kapitel: 2.1**	**Schwierigkeitsgrad: $S^{irr} = 0$**

Ein Behälter mit der Höhe $H = 6{,}5$ m enthält Stickstoff. Der Druck wird am oberen Ende des Behälters mit einem U-Rohr-Manometer gemessen. Das U-Rohr ist mit Wasser der Dichte $\rho_W = 998{,}2$ kg/m³ gefüllt. Die Höhe der Wassersäule beträgt $h = 875$ mm. Der Druck der Atmosphäre wird mit $p_U = 1020$ mbar gemessen. Wie hoch ist der Druck am oberen Ende des Behälters (dort wo das U-Rohr in den Behälter mündet), wenn die Dichte des Stickstoffs zunächst vernachlässigt wird? Wie hoch ist der Druck am Boden des Behälters? Bei konstanter Temperatur und bei nicht zu hohen Drücken ist die Dichte des Stickstoffes dem Druck proportional: $\rho = K \cdot p$ mit $K = 1{,}15 \cdot 10^{-5}$ s²/m².

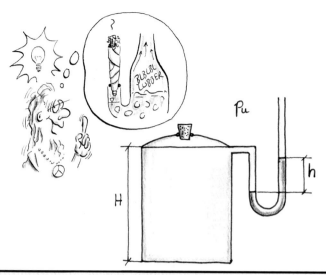

Lösung

Das Kräftegleichgewicht an der Wassersäule liefert

$$p_{\text{oben}} A = p_U A + \rho_W g h A \ .$$

Rauskürzen der Fläche des U-Rohrs A und alles einsetzen ergibt

$$p_{\text{oben}} = p_U + \rho_W g h = 1020 \cdot 100 \, \text{Pa} + 998{,}2 \, \text{kg/m}^3 \cdot 9{,}81 \, \text{m/s}^2 \cdot 0{,}875 \, \text{m}$$
$$= 110568{,}3 \, \text{Pa} = 1{,}105683 \, \text{bar} \ .$$

Für den Druck unten im Behälter muss man die für den Stickstoff gegebene thermische Zustandsgleichung bemühen, da dessen Dichte, im Gegensatz zu der von Wasser, nicht konstant ist. Exkurs: In der Gleichung steckt das ideale Gasgesetz in der Form

$$\rho = \frac{1}{v} = \frac{M}{RT} p \ .$$

Man kommt sogar ungefähr auf die Konstante K, wenn man spaßeshalber mal die Molmasse von Stickstoff $M = 28{,}01 \cdot 10^{-3} \, \text{kg/mol}$, die Raumtemperatur $T = 293{,}15 \, \text{K}$ und die universelle Gaskonstante einsetzt:

$$K \approx \frac{M}{RT} = \frac{28{,}01 \cdot 10^{-3} \, \text{kg/mol}}{8{,}314 \, \text{J/(mol K)} \cdot 293{,}15 \, \text{K}} = 1{,}1492 \cdot 10^{-5} \, \frac{\text{s}^2}{\text{m}^2} \ .$$

Um an den Druck unten im Behälter zu kommen, muss man sich entlang dessen Höhe H von oben bis zum Boden hangeln. Hangeln heißt hier letztlich leider, ein einfaches Integral aufstellen und lösen. Wenn man ein kleines Stück - wir nennen es vorsichtshalber schon mal dH - nach unten geht, dann herrscht an dieser Stelle der Druck von einem ein Stück weiter oben plus einer kleinen Druck*änderung*, die durch die Masse in dem kleinen Stück erzeugt wird:

$$dp = \rho(p) \cdot g \cdot dH = K \cdot p \cdot g \cdot dH \ .$$

Jetzt wird sortiert und dann integriert vom Zustand 1 (oben) zum Zustand 2 (unten):

$$\int_1^2 \frac{1}{p}\, dp = \int_1^2 Kg\, dH \quad \Rightarrow \quad \ln\!\left(\frac{p_{\text{unten}}}{p_{\text{oben}}}\right) = KgH \ .$$

Dieses Integral, bei dem ein Ausdruck (hier p) im Nenner steht und dann am Ende ein Logarithmus raus kommt, ist das einzige Integral, dessen Lösung man für die Thermo-Grundlagen überhaupt braucht. Oft geht es zwar in den Prüfungen auch ganz ohne, besser ist es aber, wenigstens dieses eine Integral parat zu haben. Wenn man das gelöste Integral nach p_{unten} auflöst, dann bekommen wir:

$$p_{\text{unten}} = p_{\text{oben}} \cdot e^{KgH} = 1{,}105683\,\text{bar} \cdot e^{(1{,}15 \cdot 10^{-5}\, s^2 / m^2 \cdot 9{,}81\,\text{m/s}^2 \cdot 6{,}5\,\text{m})} = 1{,}106494\,\text{bar} \ .$$

| **Aufgabe: 3** | **Kapitel: 2.1** | **Schwierigkeitsgrad: $S^{irr} > 0$** |

Ein tragisches Unglück passiert auf einem Kindergeburtstag. Einer der kleinen Gäste schafft es, beim Luftballonwettaufpusten durch vorheriges hastiges Trinken einer größeren Menge Cola einen ungewollten Turbo-Effekt zu erzeugen. Neben der in diesem Zusammenhang kurz danach erforderlich gewordenen Reinigung des Mobiliars ist Folgendes dabei zu beobachten gewesen: Vor dem kurzen aber heftigen Rülpser hatte der Ballon ein Volumen $V_1 = 1$ dm³ und einen Innendruck $p_1 = 1{,}1$ bar. Danach war das Volumen um den Faktor 1,5 größer, wobei die Temperatur unverändert blieb.

    Durch die anwesenden Eltern (zum Teil ganz offensichtlich Ingenieurinnen und Ingenieure) wurde durch Anwendung wissenschaftlicher Methoden der Zusammenhang $p(V) = V/V_1 \cdot K$ zwischen dem Volumen und dem Druck im Inneren des Luftballons ermittelt. Frage: Um wie viel Prozent hat die Gasmasse im Ballon zugenommen?

Lösung

Als Erstes kann die Ballon-Zustandsgleichung dadurch verbessert werden, dass man die unbekannte Konstante K bestimmt. Für den Zustand 1 sind alle dazu erforderlichen Größen bekannt:

$$p_1 = \frac{V_1}{V_1} K \quad \Leftrightarrow \quad K = p_1 = 1{,}1\,\text{bar} \ .$$

Jetzt kommen die idealen Gasgleichungen im Zustand 1 und 2. Dabei nicht vergessen, dass T sich nicht ändert:

$$RT = \frac{p_1 V_1}{m_1} \qquad \text{und} \qquad RT = \frac{p_2 V_2}{m_2} \ .$$

Das kann man jetzt gleichsetzen und dann umstellen:

$$\frac{m_2}{m_1} = \frac{p_2 V_2}{p_1 V_1} \ .$$

Berechnen von $V_2 = 1{,}5 \cdot V_1 = 1{,}5 \, \text{dm}^3$ und $p_2 = V_2 / V_1 \cdot 1{,}1 \, \text{bar} = 1{,}65 \, \text{bar}$ ergibt

$$\frac{m_2}{m_1} = \frac{1{,}65 \, \text{bar} \cdot 1{,}5 \, \text{dm}^3}{1{,}1 \, \text{bar} \cdot 1 \, \text{dm}^3} = 2{,}25 \ ,$$

wenn man alles einsetzt. Ergo: Die Gasmasse hat um 125 % zugenommen. Das ist einfache Prozentrechnung, war irgendwann zwischen der 7. und 9. Klasse[166] dran. Übrigens: Wer mehr zum Thema „Gummi und Thermodynamik" wissen will, kann bei [19] noch viel mehr finden.

Aufgabe: 4	Kapitel: 2.1	Schwierigkeitsgrad: $S^{irr} > 0$

Einer der Autoren hat eine weitere „After-Five-Invention"[167] gemacht. (Er erhofft sich neben Ruhm und Ehre eine nachhaltige Verbesserung seiner angeschlagenen finanziellen Situation.) Er stellt sie als den „pneumatischen Einweg-Fahrstuhl" vor, dem wir uns jetzt mit den Mitteln der Thermodynamik nähern wollen. Dieses Wunderwerk der Ingenieurskunst besteht aus einer schwereren Stahlplatte mit der Masse $m^* = 300 \, \text{kg}$ und der Querschnittsfläche $A = 2{,}25 \, \text{m}^2$ und ruht meistens im Erdgeschoss auf den in der Skizze eingezeichneten Auflagern.

Der unter der Stahlplatte im Ruhezustand befindliche zylindrische Raum (Volumen $V_1 = 0{,}230 \, \text{m}^3$) ist mit Luft bei Umgebungsdruck $p_1 = p_U = 1{,}0$ bar gefüllt. Die Stahlplatte ist reibungsfrei beweglich und soll pneumatisch um $\Delta z = 2{,}50 \, \text{m}$ dadurch gehoben werden, dass der Raum unter ihr mit einem Druckluftbehälter (Volumen $V_B = 1 \, \text{m}^3$) verbunden wird, aus dem Druckluft mit dem Anfangsdruck $p_{B,1}$ nach dem Öffnen des Ventils langsam überströmt. Das Volumen der Verbindungsleitung ist zu vernachlässigen. Die Luft soll als ideales Gas behandelt werden.

---

[166] Bremen: 12. Klasse oder auch gar nicht.

[167] Was das ist, steht im Mechanik-Buch aus dieser Reihe [21].

a) Welcher Druck p_2 herrscht in dem Luftraum unter der Stahlplatte, wenn diese auf der Höhe $z_2 = z_1 + \Delta z$ zum Stillstand kommt und Personen mit einem Gewicht von insgesamt 600 kg mitgenommen wurden?

b) Wie groß muss dazu der Anfangsdruck $p_{B,1}$ im Druckbehälter sein, damit die Platte um Δz gehoben wird und in dieser Position bei geöffnetem Ventil stehen bleibt? Die Zustandsänderung der Luft wird als isotherm angenommen.

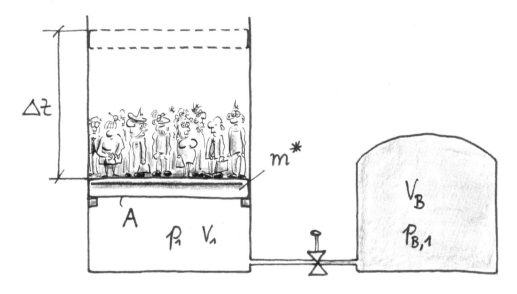

Lösung

Bei Teil a) hilft eine einfache Kräftebilanz für die Stahlplatte. Von oben wirkt in Richtung der Schwerkraft die Masse der Leute und der Stahlplatte und außerdem der Umgebungsdruck (nicht vergessen!). Von unten drückt der Druck im Volumen. Als Gleichung:

$$p_U A + g\left(m_{\text{Leute}} + m^*\right) = p_2 A$$

$$\Leftrightarrow p_2 = p_U + \frac{g\left(m_{\text{Leute}} + m^*\right)}{A} = 10^5 \,\text{N/m}^2 + \frac{9,81\,\text{m/s}^2 \cdot 900\,\text{kg}}{2,25\,\text{m}^2} = 1,03924\,\text{bar} \; .$$

Bei Teil b) muss man sich das gesamte System ansehen. Was sich bei der Fahrt des Fahrstuhls nicht ändert, ist die Gesamtmasse der Luft im System, nur deren Verteilung auf das Behältervolumen und das Volumen unter der Stahlplatte ändert sich durch das Öffnen des Ventils. Vor dem Öffnen gelten die beiden Gleichungen

$$m_1 = \frac{p_1 V_1}{RT} \quad \text{und} \quad m_{B,1} = \frac{p_{B,1} V_B}{RT} \ .$$

Nachher gilt

$$m_1 + m_{B,1} = \frac{p_2 \left(V_B + V_1 + \Delta V \right)}{RT} \ .$$

Das kann man jetzt zusammenfassen, RT rauswerfen und ΔV durch $\Delta z \cdot A$ ersetzen:

$$p_1 V_1 + p_{B,1} V_B = p_2 \left(V_B + V_1 + \Delta z \cdot A \right)$$

$$\Leftrightarrow p_{B,1} = \frac{p_2 \left(V_B + V_1 + \Delta z \cdot A \right) - p_1 V_1}{V_B} = 6{,}89 \, \text{bar} \ .$$

13.2 Aufgaben zum ersten Hauptsatz

Aufgabe: 5   **Kapitel: 4.4**   **Schwierigkeitsgrad: $S^{irr} = 0$**

Ein Wasserbett ist durch die Isolierung seitlich und nach unten, sowie eine vorsorglich aufgelegte Daunendecke so gut gegen seine Umgebung isoliert, dass es als adiabat betrachtet werden kann. Das Wasserbett wird 1 Stunde lang mit der elektrischen Leistung $P_{el} = 250$ W beheizt. Anschließend wird 10 Minuten lang mechanische Arbeit am System verrichtet, im zeitlichen Mittel $P_M = 50$ W. Um welchen Betrag ändert sich die innere Energie des Wasserbettes?

Lösung

Wir haben hier einen instationären Vorgang. Wenn man das Stichwort „adiabat" nicht vergisst, kann man die Energiebilanz korrekt aufstellen. Dabei kennzeichnet der Index 1 den Ausgangszustand, 2 den Zustand nach dem elektrischen Beheizen und 3 der Zustand nach Verrichtung der mechanischen Arbeit:

$$U_3 - U_1 = \int\limits_1^2 P_{el} \, d\tau + \int\limits_2^3 P_M \, d\tau \ .$$

Die Prozessgrößen P_{el} und P_M sind zeitlich konstant, daher sind die Integrale eher trivial. Einsetzen der bekannten Größen ergibt:

$$U_3 - U_1 = 250 \, \text{W} \cdot 3600 \, \text{s} + 50 \, \text{W} \cdot 600 \, \text{s} = 930000 \, \text{J} = 930 \, \text{kJ} \ .$$

Die innere Energie des Wasserbettes nimmt um 930 kJ zu.

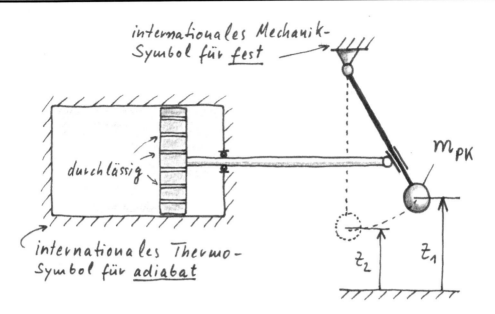

Ein Pendel, das über eine Stange mit einem perforierten Kolben verbunden ist, wird in der Höhe z_1 los gelassen (siehe Skizze). Der Kolben bewegt sich in einem mit Gas gefülltem Zylinder mit wärmeisolierter Wand, bis er zur Ruhe kommt. Die innere Energie von Pendel, Kolben und Stange bleibt dabei konstant. Die Masse des Gewichtes m_{PK} ist die einzige zu beachtende bewegte Masse. Frage: Um welchen Betrag hat sich die innere Energie U des Gases geändert, wenn das Pendel im tiefsten Punkt seiner Bahn in der Höhe z_2 zur Ruhe gekommen ist?

Lösung

Wenn man in der Thermo-Klausur schon nach einer halben Stunde alle anderen Aufgaben gelöst hat und man beginnt sich ganz übel zu langweilen, dann kann man zur Lösung von Aufgaben wie dieser auch versuchen, jeden einzelnen Ausschlag des Pendels zu betrachten, um dann aufzusummieren. Alle Anderen können (und sollten) es sich einfacher machen, denn Thermo ist eine vorher-nachher Wissenschaft. Soll heißen: Es reicht in vielen Fällen aus, sich ein System zu Beginn und am Ende eines Prozesses anzusehen. Der Weg, den das System in der Zwischenzeit nimmt, ist nicht interessant.

Das zur Lösung notwendige Schlüsselwort „wärmeisoliert" steht im Aufgabentext. Das Gas im Zylinder ändert seine innere Energie nur durch die Arbeit, die an ihm verrichtet wird. Und die Tatsache, dass „die innere Energie des Pendels konstant bleibt" bedeutet, dass die durch den Kolben verrichtete Arbeit W zu 100% an das Gas geht und nicht etwa den Kolben erwärmt.

Achtung: Die Vorzeichenregelung ist am Anfang extrem wichtig, also gut aufpassen! Die Arbeit W hat im 1. Hauptsatz für das System „Pendel plus Kolben" ein negatives Vorzeichen, denn sie geht vom System „Pendel plus Kolben" hin zum System „Gas". Das sagt der 1. Hauptsatz für das System „Pendel plus Kolben" auch ganz formell:

$$E_{PK,2} - E_{PK,1} =$$

$$U_{PK,2} - U_{PK,1} + m_{PK}\, g(z_{PK,2} - z_{PK,1}) + \frac{m_{PK}}{2}\left(c_{PK,2}^2 - c_{PK,1}^2\right) = -W \ .$$

Weil unser System vor und nach dem Pendeln in Ruhe ist, sind die Geschwindigkeiten gleich Null und damit auch die kinetischen Energien. Die fallen gleich wieder raus, genauso wie die Differenz der inneren Energien, die ja laut Aufgabentext „dabei konstant bleibt". Wenn wir nur das rechte der beiden Gleichheitszeichen betrachten, bekommen wir also:

$$W = m_{PK}\, g(z_{PK,1} - z_{PK,2}) \ .$$

In Worten: Die Änderung der Energie des Systems „Pendel plus Kolben" ist gleich der an das Gas abgegebenen Arbeit. Weil z_1 größer als z_2 ist, ist W größer als Null. Unsere Annahme, dass die Arbeit *vom* Kolben *zum* Gas geht, war also richtig (strike!).

Der 1. Hauptsatz für das adiabat im Kolben eingeschlossene Gas lautet (genauso formell):

$$E_{G,2} - E_{G,1} = U_{G,2} - U_{G,1} + m_G\, g(z_{G,2} - z_{G,1}) + \frac{m_G}{2}\left(c_{G,2}^2 - c_{G,1}^2\right) = W \ .$$

Man beachte bitte zuerst einmal das Vorzeichen von W, das hier positiv ist. Dann kann man anfangen, Dinge raus zu werfen. Da der Kolben waagerecht liegt, ändert sich die Höhe des Massenmittelpunktes des Gases nicht, daher fällt der Ausdruck für die Änderung der potentiellen Energie wieder raus. Genauso ist das Gas, von außen gesehen, vor und nach dem Pendeln in Ruhe. Also fällt auch die andere Klammer mit der Änderung der kinetischen Energie weg. Beim rechten Gleichheitszeichen bleibt

$$U_{G,2} - U_{G,1} = W$$

$$\Leftrightarrow \quad U_{G,2} - U_{G,1} = m_{PK}\, g(z_{PK,1} - z_{PK,2})$$

übrig. Die innere Energie des Gases nimmt genau um den Betrag zu, um den die potentielle Energie des Pendels abnimmt. Die Lösung dieser Aufgabe hätten Thermo-Profis auch direkt hinschreiben können. Dazu braucht man nur ein wenig Übung mit den Vorzeichen der einzelnen Ausdrücke. Nur damit Ihr die bekommen könnt, wurde hier der lange Weg gegangen.

Aufgabe: 7	Kapitel: 4.4	Schwierigkeitsgrad: $S^{irr} > 0$

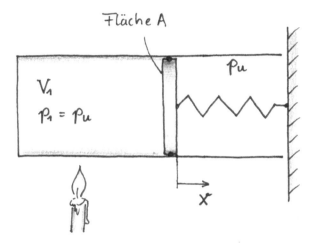

Ein Zylinder (Querschnittsfläche A), dessen Kolben durch eine Feder gehalten wird, ist mit Luft gefüllt. In der Umgebung herrscht der Druck $p_U = p_1$. Das Volumen der Luft im Zylinder ist V_1. Die Feder ist in dieser Position gerade entspannt. Der Luft wird nun so lange Wärme zugeführt, bis sich das Volumen verdoppelt hat ($V_2 = 2 \cdot V_1$). Für die Federkraft gilt nach dem Hookeschen Gesetz die Beziehung $F_F = K_F \cdot x$ mit der Federkonstanten K_F. Der Prozess verläuft reversibel.

a) Welche Arbeit $W_{V,12}$ wurde insgesamt von der Luft an den Kolben übertragen?

b) Welcher Teil dieser Arbeit ist als Energie in der Feder gespeichert?

c) Stelle die Zustandsänderung im p,V-Diagramm dar und kennzeichne die Energien von a) und b).

Lösung

Zu a): Im Ausgangszustand haben wir das Volumen V_1, wenn sich der Kolben am Ort $x_1 = 0$ befindet. Am Ende ist das Volumen doppelt so groß ($V_2 = 2 \cdot V_1$) und der Kolben hat sich bis zum Punkt $x_2 = (V_2 - V_1)/A = V_1/A$ bewegt.

Die Volumenänderungsarbeit ist per Definition minus Kraft mal Weg. Und zwar ist hier der Weg x gemeint, den der Kolben zurück legt. Die Kraft ist die Summe aus der Druckkraft der Umgebung und der Federkraft:

$$F = p_U A + F_F = p_U A + K_F x \ .$$

Damit wird die Volumenänderungsarbeit ein Integral, denn die Kraft hängt wegen der Feder vom Weg ab:

$$W_{V,12} = -\int_{x_1}^{x_2} F \, dx = -\int_{x_1}^{x_2} p_U A + K_F x \, dx = -\left[p_U A x + \frac{K_F}{2} x^2 \right]_{x=0}^{x=V_1/A}$$

$$= -\left(p_U V_1 + \frac{K_F}{2 \cdot A^2} V_1^2 \right) .$$

Zu b): In der Feder steckt jetzt die Energie, die sich ebenfalls aus dem Integral Kraft mal Weg berechnet, jetzt aber mit umgekehrtem Vorzeichen, denn was der Kolben an Arbeit abgibt, das nimmt die Feder (zumindest zum Teil) auf:

$$W_{F,12} = \int_{x_1}^{x_2} F_F \, dx = \int_{x_1}^{x_2} K_F x \, dx = \left[\frac{K_F}{2} x^2 \right]_{x=0}^{x=V_1/A} = \frac{K_F}{2A^2} V_1^2 \ .$$

Das p,V-Diagramm für c) ist leicht zu zeichnen. Man muss nur wissen, dass der Druck im Zylinder wegen des Hookeschen Gesetzes für die Feder linear mit x und damit linear mit V zunimmt. Außerdem ist der Druck im Zustand 1 gleich Umgebungsdruck, da die Feder hier entlastet ist.

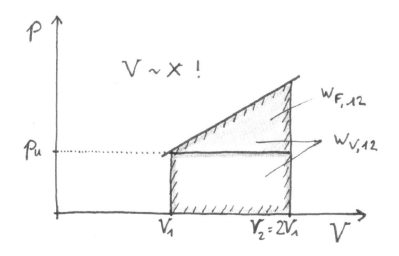

Eine Turbine zum Antrieb eines elektrischen Generators ist 1500 m unterhalb eines Bergsees aufgestellt. Aus dem Bergsee werden pro Stunde 20 t Wasser (Dichte $\rho = 1000$ kg/m³) durch ein Rohr mit der Querschnittsfläche $A = 0,05$ m² zugeführt. Nach dem Durchströmen der Turbine verlässt das Wasser diese mit einer Geschwindigkeit von 0,1 m/s. Wärmeverluste der Turbine können ebenso vernachlässigt werden, wie die Änderung der Temperatur des Wassers. Welche Leistung gibt die Turbine im stationären Betrieb ab?

Lösung

Der Massenstrom des Wassers ist

$$\dot{m} = \frac{20\,\text{t}}{1\,\text{h}} = \frac{20 \cdot 1000\,\text{kg}}{3600\,\text{s}} = 5,555\,\text{kg/s}$$

und dessen Geschwindigkeit im Rohr beträgt

$$c_{\text{rein}} = \frac{\dot{m}}{\rho A_{\text{Rohr}}} = \frac{5,555\,\text{kg/s}}{1000\,\text{kg/m}^3 \cdot 0,05\,\text{m}^2} = 0,111\,\text{m/s}\,.$$

Der erste Hauptsatz für die stationär und adiabat arbeitende Turbine lautet unter Berücksichtigung kinetischer und potentieller Energien und wenn man erst mal annimmt, dass die Leistung von der Turbine aufgenommen wird:

$$0 = P + \dot{m}\left[\left(h_{\text{rein}} + g z_{\text{rein}} + \frac{c_{\text{rein}}^2}{2}\right) - \left(h_{\text{raus}} + g z_{\text{raus}} + \frac{c_{\text{raus}}^2}{2}\right)\right]$$

$$\Leftrightarrow P = \dot{m}\left[h_{\text{raus}} - h_{\text{rein}} + g\left(z_{\text{raus}} - z_{\text{rein}}\right) + \frac{1}{2}\left(c_{\text{raus}}^2 - c_{\text{rein}}^2\right)\right]\,.$$

Der Bilanzraum umfasst hier die Wasseroberfläche des Bergsees und geht bis zum Austrittsquerschnitt der Turbine. Die Enthalpiedifferenz $h_{\text{raus}} - h_{\text{rein}}$ ist gleich Null, denn der Druck ist in beiden Fällen der Umgebungsdruck und die Temperatur bleibt laut Aufgabenstellung ebenfalls unverändert. Dann haben wir:

$$P = 5,555\,\text{kg/s} \cdot \left[9,81\,\text{m/s}^2 \cdot (0\,\text{m} - 1500\,\text{m}) + \frac{1}{2}\left([0,1\,\text{m/s}]^2 - [0,111\,\text{m/s}]^2\right)\right]$$

$$= -81,74\,\text{kW}\,.$$

Es ist zu erkennen, erstens dass die Turbine die Leistung abgibt und zweitens, dass die Änderung der kinetische Energie im Vergleich zur Änderung der potentiellen Energie *hier* vernachlässigbar klein ist.

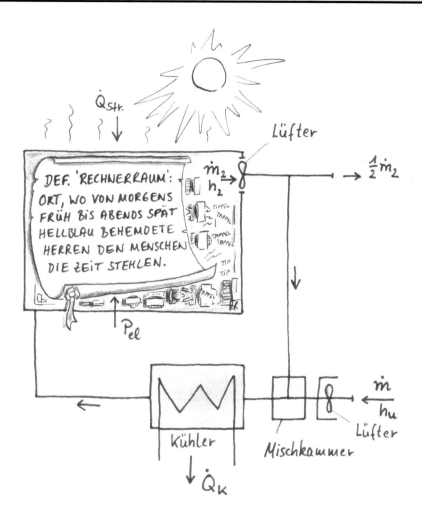

Das Bild zeigt ein vereinfachtes Schema einer Klimaanlage für einen Rechnerraum. Zum Betrieb der Rechenanlage wird eine elektrische Leistung von $P_{el} = 6$ kW benötigt. Durch Sonneneinstrahlung wird der Wärmestrom $\dot{Q}_{Str} = 4$ kW dem Raum zugeführt. Mit Hilfe eines Lüfters wird dem Raum der Luftstrom $\dot{m}_2 = 2$ kg/s ($h_2 = 30$ kJ/kg) entzogen. Die Hälfte der Luftmenge geht in die Umgebung. Die restliche Luft wird in einer adiabaten Mischkammer mit der Umgebungsluft (spez. Enthalpie $h_U = 22$ kJ/kg) vermischt und anschließend über einen Kühler dem Rechnerraum zugeführt. Wie groß ist der im Kühler abzuführende Wärmestrom $\dot{Q}_K$ während des stationären Betriebes? Die Lüfterleistungen können vernachlässigt werden.

Was kommt meistens als Erstes? Die Energiebilanz natürlich! Die ist hier so aufgeschrieben, dass der abgeführte Wärmestrom des Kühlers auch tatsächlich aus der Anlage raus geht (negatives Vorzeichen):

$$0 = P_{el} + \dot{Q}_{Str} + \dot{m}_1 h_U - \frac{\dot{m}_2}{2} h_2 - \dot{Q}_K \ .$$

Was uns in der Gleichung noch fehlt, das sind die beiden Massenströme. Da hilft die Massenbilanz für die Luft. Die an die Umgebung abgegebene Luftmenge ist 1 kg/s, also muss für den stationären Betrieb ein gleich großer Massenstrom wieder aufgenommen werden. Damit haben wir alle Zahlen in der Energiebilanz und können

$$\dot{Q}_K = 6\,kW + 4\,kW + 1\,kg/s \cdot 22\,kJ/kg - 1\,kg/s \cdot 30\,kJ/kg = 2\,kW$$

schreiben. Das positive Vorzeichen bestätigt unsere Annahme, dass der Wärmestrom vom Kühler abgeführt wird.

Aufgabe: 10	**Kapitel: 5.1.3**	**Schwierigkeitsgrad:** $S^{irr} = 0$

Eine unter Freunden des Gerstensaftes sehr beliebte Idee ist die der so genannten „Bierdiät". Folgender Gedankengang liegt dem Ganzen zu Grunde: Wenn man nicht lauwarmes Bier mit Körpertemperatur $t_K = 37\ °C$ trinkt (igitt!), sondern es möglichst kalt zu sich nimmt, dann wird ein Teil der mit dem Nährwert zugeführten Energie zum Erwärmen des kühlen Nass auf Körpertemperatur verwendet und kann somit nicht als Energie-Reserve an Hüfte und Bauch gespeichert werden.

Die Wärmekapazität von Bier kann, unabhängig von der Sorte und der Temperatur, mit $c_{Bier} = 4,1\ kJ/(kgK)$ angesetzt werden.

a) Macht euch Gedanken über die Umrechnung zwischen den beiden Energieeinheiten „Kalorien" und „Joule".

b) Ist es möglich, ein handelsübliches Pilsbier mit dem Nährwert $e_{PB} = 423$ kcal/kg so weit abzukühlen, dass beim Trinken keine Energie in Fettreserven umgewandelt werden kann?

c) Bei welcher Temperatur muss unter diesen Umständen ein alkoholfreies Bier (igitt!) mit dem Nährwert $e_{AA} = 256$ kcal/kg getrunken werden?

Aufgabe a) ist einfach zu machen: Laut Definition ist eine Kalorie die Wärmemenge, die bei normalen atmosphärischen Druck (1013 hPa) benötigt wird, um 1 *Gramm* Wasser von 14,5 °C auf 15,5 °C zu erwärmen. Also ist zur Erwärmung von 1 *Kilo*gramm Wasser 1 *Kilo*kalorie erforderlich. Die Wärmekapazität von Wasser ist in diesem Zustand $c_P = 4{,}1868$ kJ/kg und deswegen ist der Umrechnungsfaktor von Kalorien zu Joule auch genau dieser Zahlenwert. Aber Achtung: Im Alltag wird fast immer von Kalorien (cal) gesprochen, auch wenn eigentlich Kilokalorien (kcal) gemeint sind.

Bei b) reicht eine einfache Energiebilanz. Aus thermodynamischer Sicht interessiert hier nur das, was im System „Körper" an Energie ankommt. Der Wirkungsgrad der menschlichen Verdauung muss hier deswegen nicht betrachtet werden, weil der Nährwert bereits angibt, was unser Körper aus der Nahrung an Energie herausholen kann. Beim Aufstellen der Energiebilanz für unseren Körper muss beachtet werden, dass sich dessen Energieinhalt beim Trinken des Bieres nicht ändern soll. Dann muss die zum Erwärmen des Bieres dem Körper entzogene Energie genauso groß sein, wie die beim Trinken dem Körper zugeführte Energie. Damit lautet die Bilanz:

$$e_{PB} = \left(t_K - t_{PB}\right) \cdot c_{Bier}$$

und die erforderliche Temperatur wird zu

$$t_{PB} = t_K - \frac{e_{PB}}{c_{Bier}} = 37\,°C - \frac{423\,kcal/kg \cdot 4{,}1868\,kJ/kcal}{4{,}1\,kJ/(kgK)} = -394{,}96\,°C$$

berechnet. Schade eigentlich, aber da setzt die Thermodynamik dem Genuss ohne Reue eine *ganz* klare Grenze, denn Temperaturen unter dem absoluten Nullpunkt, das geht nun wirklich nicht. Oder andersrum ausgedrückt: Egal was man anstellt, Bier macht dick. Danke, Thermodynamik!

Für das alkoholfreie Bier in Teilaufgabe c) bleibt der Ansatz derselbe, wie eben auch:

$$t_{AA} = t_K - \frac{e_{AA}}{c_{Bier}} = 37\,°C - \frac{256\,kcal/kg \cdot 4{,}1868\,kJ/kcal}{4{,}1\,kJ/(kgK)} = -224{,}42\,°C \;.$$

Das geht zwar aus der Sicht der Thermodynamik, ist aber in der Praxis nicht wirklich eine erfreuliche Angelegenheit. Wir sehen also: Alkohol ist keine Lösung und kein Alkohol ist auch keine Lösung.

Luft strömt durch eine adiabate Drosselstelle (also ein gegen die Umgebung gut isoliertes Bauteil, z.B. ein Absperrschieber, ein Ventil oder eine Blende). Durch die Drosselung vermindert sich der Druck der mit $T_1 = 300$ K anströmenden Luft von $p_1 = 1000$ kPa auf $p_2 = 700$ kPa. Die Zuströmgeschwindigkeit beträgt $c_1 = 20$ m/s. Die Querschnittsflächen des Kanals A_1 und A_2 vor und hinter der Drosselstelle sind gleich groß. Die Luft ist als ideales Gas zu behandeln mit $c_V = 0{,}717$ kJ/kgK und $R = 0{,}287$ kJ/kgK. Wie hoch sind die Temperatur T_2 und die Strömungsgeschwindigkeit c_2 nach der Drosselung?

Lösung

Zuerst ein Hinweis: Da in der Aufgabenstellung explizit von Geschwindigkeiten die Rede ist, dürfen die kinetischern Energien in der Energiebilanz <u>nicht</u> vernachlässigt werden, auch wenn es sonst meistens so gemacht wird.

Wir haben als Erstes die Massenbilanz $\dot{m}_1 = \dot{m}_2$. Das ist einfach zu erledigen, denn wir können von einer stationär durchströmten Drosselstelle ausgehen. Die Massenströme können dann durch Volumenströme ersetzt werden, wenn man die spezifischen Volumen kennt. Das führt uns über

$$\frac{\dot{V}_1}{v_1} = \frac{\dot{V}_2}{v_2}$$

mit Hilfe des idealen Gasgesetzes zur Konti-Gleichung:

$$\frac{A_1 c_1 p_1}{R T_1} = \frac{A_2 c_2 p_2}{R T_2} \; .$$

In dieser *einen* Gleichung stehen mit T_2 und c_2 *zwei* Unbekannte. Zur Lösung brauchen wir daher *noch eine* Gleichung und die finden wir mit der Energiebilanz. Die Totalenthalpien vor und nach der Drosselung sind gleich und daraus folgt

$$h_1^+ = h_2^+$$

$$\Rightarrow \quad h_1 + \frac{c_1^2}{2} = h_2 + \frac{c_2^2}{2} \; .$$

Jetzt wird umgestellt und die Enthalpiedifferenz (*Enthalpie*, nicht *Total*enthalpie!) wird mit Hilfe der kalorischen Zustandsgleichung für das ideale Gas ausgedrückt:

$$\frac{c_1^2}{2} - \frac{c_2^2}{2} = c_{\mathrm{P}}(T_2 - T_1) .$$

Anschließend werden die beiden Gleichungen zusammen gebracht und die isobare Wärmekapazität c_{p} wird ersetzt:

$$\frac{c_1^2}{2} - \frac{1}{2}\left(\frac{c_1 p_1 T_2}{p_2 T_1}\right)^2 = (c_{\mathrm{V}} + R)(T_2 - T_1) .$$

Damit haben wir *eine* Gleichung mit der *einen* Unbekannten T_2. Jetzt kommt *nur* noch pure Mathematik[168], denn wir müssen die quadratische Gleichung noch nach T_2 auflösen. Vorher setzten wir alles ein (das ist durchaus aufwändig und somit fehlerträchtig, also Achtung) und sortieren nach Potenzen von T_2:

$$T_2^2 + 221382\,\mathrm{K} \cdot T_2 - 66458700\,\mathrm{K}^2 = 0 .$$

Jetzt kommt wieder elementares Schulwissen, denn wir lösen mit der hoffentlich altbekannten „minus-p-halbe-plusminus-wurzel-aus-p-halbe-zum-quadratminus-q"-Formel nach T_2 auf:

$$T_2 = -110691\,\mathrm{K} \pm \sqrt{12252497481\,\mathrm{K}^2 + 66458700\,\mathrm{K}^2}$$

und haben dann, wie es bei einer quadratischen Gleichung ja üblich ist, erst mal zwei mögliche Lösungen

$$T_2 = -221681,79\,\mathrm{K} \quad \text{oder}$$
$$T_2 = 299,79\,\mathrm{K} .$$

Da die erste Lösung jenseits des absoluten Nullpunktes liegt (was hochgradig verboten ist), kann nur die zweite Lösung physikalisch richtig sein. Der Effekt der Abkühlung ist nur sehr klein, aber doch vorhanden.

Das alles können wir jetzt in die nach c_2 umgestellte Konti-Gleichung einsetzen und wir bekommen dann mit

$$c_2 = \frac{c_1 p_1 T_2}{p_2 T_1} = \frac{20\,\mathrm{m/s} \cdot 1000\,\mathrm{kPa} \cdot 299,79\,\mathrm{K}}{700\,\mathrm{kPa} \cdot 300\,\mathrm{K}} = 28,55\,\mathrm{m/s}$$

die Geschwindigkeit nach der Drosselstelle.

Achtung, die Abkühlung beruht nicht auf dem Joule-Thomson Effekt, denn dieser gilt für eine isenthalpe Zustandsänderung und tritt außerdem bei idealen Gasen nicht auf. Hier liegt der Grund in der Änderung der Strömungsgeschwindigkeit, die eine Änderung der spezifischen Enthalpie zur Folge hat.

---

[168] Der gemeine Mathematiker (und vermutlich auch der Nette) würden das noch nicht einmal als Mathematik bezeichnen, sondern allenfalls als Rechnerei.

Frage: „Steigt die Temperatur der Hölle oder sinkt sie mit der Zeit?"

Lösung

Dies ist eine Prüfungsfrage, die angeblich einmal an der Universität von Washington gestellt wurde. Nur für eine Antwort gab es die volle Punktzahl. Hier ist sie: „Zuerst müssen wir feststellen, wie sich die Masse der Hölle über die Zeit ändert. Dazu benötigen wir die Rate der Seelen, die "zur Hölle fahren" und die Rate derjenigen, die sie verlassen. Ich denke, wir sind uns darüber einig, dass eine Seele, einmal in der Hölle, diese nicht wieder verlässt. Wir stellen also fest: Es gibt keine Seelen, welche die Hölle verlassen. Um festzustellen, wie viele Seelen hinzukommen, sehen wir uns doch mal die verschiedenen Religionen auf der Welt heute an. Einige dieser Religionen sagen, dass, wenn man nicht dieser Religion angehört, man in die Hölle kommt. Da es auf der Welt mehr als eine Religion mit dieser Überzeugung gibt und da niemand mehr als einer Religion angehört, kommen wir zu dem Schluss, dass alle Seelen in der Hölle enden. Auf der Basis der weltweiten Geburten- und Sterberaten können wir davon ausgehen, dass die Anzahl der Seelen in der Hölle exponentiell ansteigt.

Nach dem Gesetz von Boyle-Mariotte muss, bei gleich bleibender Temperatur und gleich bleibendem Druck, das Volumen proportional zur Anzahl der hinzukommenden Seelen ansteigen. Daraus ergeben sich zwei Möglichkeiten:

1. Expandiert die Hölle langsamer, als es die Anzahl der hinzukommenden Seelen erfordert, dann steigen Temperatur und Druck in der Hölle an.

2. Expandiert die Hölle schneller, als es die Anzahl der hinzukommenden Seelen erfordert, dann sinken Temperatur und Druck in der Hölle, bis sie gefriert.

Zur Lösung führt uns der Ausspruch meiner Kommilitonin Teresa während des ersten Semesters, „dass es in der Hölle ein kalter Tag sein wird", bevor sie mit mir schlafen würde. Da ich gestern mit ihr geschlafen habe, kommt nur Möglichkeit Zwei in Frage. Deshalb muss die Hölle bereits zugefroren sein, woraus folgt, dass keine weiteren Seelen dort aufgenommen werden können. Damit bleibt nur noch der Himmel übrig, was die Existenz eines göttlichen Wesens beweist, was wiederum erklärt, warum Teresa gestern Abend die ganze Zeit „Oh mein Gott" geschrien hat."

Aufgabe: 13   **Kapitel:4.3**   **Schwierigkeitsgrad: $S^{irr} \gg 0$**

Für ein reales Gas, das der Zustandsgleichung von Redlich-Kwong[169]

$$\left(p + \frac{a}{T^{0,5}v(v+b)}\right)(v-b) = RT$$

gehorcht, ist die Volumenänderungsarbeit $w_{V,12}$ bei einer isothermen Zustandsänderung in einem geschlossenen System herzuleiten. Hinweis: Die Parameter a und b sind Konstanten.

Lösung

Die Volumenänderungsarbeit wird durch die Gleichung

$$w_{V,12} = -\int_1^2 p \, dv$$

angegeben (siehe Abschnitt 4.3). Man kann mit Hilfe der nach p umgestellten Redlich-Kwong Gleichung

$$p = \frac{RT}{v-b} - \frac{a}{T^{0,5}v(v+b)}$$

den Druck p ersetzen und man bekommt das folgende Integral:

$$w_{V,12} = -\int_1^2 \left[\frac{RT}{v-b} - \frac{a}{T^{0,5}v(v+b)}\right] dv = -\int_1^2 \frac{RT}{v-b} \, dv + \int_1^2 \frac{a}{T^{0,5}v(v+b)} \, dv \, .$$

---

[169] Sorry, Herr van der Waals.

Hier ist wichtig, dass T im vorliegenden Fall eine Konstante ist, denn wir betrachten laut Aufgabenstellung ja eine *isotherme* Zustandsänderung. Deswegen können wir auch

$$w_{V,12} = -RT \int_1^2 \frac{1}{v-b}\, dv + \frac{a}{T^{0,5}} \int_1^2 \frac{1}{v^2+bv}\, dv$$

schreiben. Jetzt ist mathematisches Grundwissen oder aber ein Tabellenbuch mit den Standard-Integralen gefragt. Heikel wie eine Diva, aber sehr umfassend und damit letztlich hilfreich ist der Klassiker, das „Taschenbuch" der Mathematik von Bronstein-Semendjajew [6], das in keinem Haushalt fehlen sollte[170]. Die beiden Terme in der Gleichung kann man getrennt integrieren und erhält dann

$$w_{V,12} = \left(-RT \cdot \ln(v-b) - \frac{a}{T^{0,5}} \cdot \frac{1}{b} \cdot \ln\left[\frac{v}{v+b} \right] \right)\Bigg|_1^2 \ .$$

Jetzt werden die Integrationsgrenzen eingesetzt und die bekannten Rechenregeln für Logarithmen[171] angewendet und wir haben dann

$$w_{V,12} = -RT \cdot \ln\left(\frac{v_2-b}{v_1-b} \right) - \frac{a}{T^{0,5}} \cdot \frac{1}{b} \cdot \ln\left[\frac{v_2 \cdot (v_1+b)}{v_1 \cdot (v_2+b)} \right] \ .$$

Et voilà, schon haben wir ein Ergebnis, in dem sogar das gute alte ideale Gasgesetz zu erkennen ist, wenn man $a = b = 0$ setzt.

13.3 Aufgaben zum Nassdampfgebiet

Aufgabe: 14	Kapitel: 6.6	Schwierigkeitsgrad: $S^{irr} > 0$

Pille hat es geschafft, eine ebenso seltene wie seltsame Lebensform zu isolieren. Als Captain Kirk gerade einmal mit Lieutenant Uhura am Shakern war, hat er die Wesen heimlich von einem Planeten in der Nähe hoch gebeamt und sie dann in einen thermisch gut isolierten Behälter (Volumen $V = 0,015$ m³) mit siedendem Ammoniak gesperrt.

Die Viecher, deren Eigenvolumen und Masse vernachlässigbar klein sind, fühlen sich nur wohl, wenn das spezifische Volumen des Ammoniaks überkri-

---

[170] Und sei es nur, um den abgebrochenen Fuß einer Kommode provisorisch zu ersetzen oder aus Prestigegründen das Wohnzimmerregal damit zu schmücken.

[171] $\ln(a) - \ln(b) = \ln(a/b)$, usw.

tisch ist. Um herauszufinden, ob das so ist, hat Pille in dem Behälter eine elektrische Heizung mit einer Heizleistung von 1,1 kW und ein Druckmessgerät installiert. Pille misst im Behälter einen Druck $p_1 = 2,5$ bar und schaltet dann die Heizung für 200 s ein. Nach dem Heizen misst er im Behälter einen Druck $p_2 = 16$ bar. Dem thermodynamisch ahnungslosen Pille soll bei den Fragen geholfen werden, ob es der Lebensform gut geht und wie groß die Masse m des Ammoniaks im Behälter ist.

p	v'	v''	u'	u''
bar	dm³/kg	dm³/kg	kJ/kg	kJ/kg
2,5	1,522	482,15	298,8	1486,7
16,0	1,731	80,78	554,8	1522,8

Stoffdaten für Ammoniak

Lösung

Um a) zu beantworten, machen wir erst mal eine Skizze, um uns klar zu werden, was hier eigentlich gemeint ist.

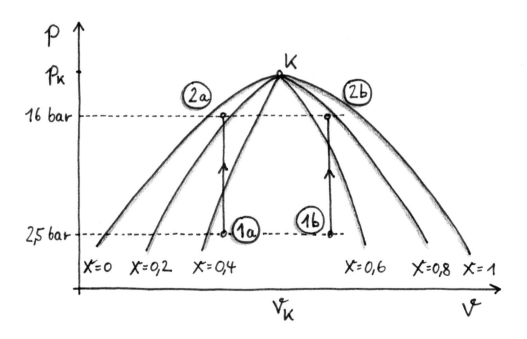

Es gibt zwei Möglichkeiten (1 und 2, jeweils mit dem Ausgangszustand a bei 2,5 bar und dem Endzustand b bei 16 bar). Wenn wir unterkritisch sind, dann sinkt der Dampfgehalt bei der isochoren Zustandsänderung, sonst steigt er. Deswegen muss der Dampfgehalt vor und nach dem Heizen ausgerechnet werden. Für den Dampfgehalt gilt

$$v = (1-x)v' + xv'' \ .$$

Da der Behälter geschlossen ist, bleibt sowohl die Masse des Ammoniaks als auch dessen Volumen während des Prozesses gleich und damit auch dessen spezifisches Volumen, also ist $v_1 = v_2$. Daraus folgt eine Gleichung, die nur x_1 und x_2 als Unbekannte enthält, denn die spezifischen Volumen sind gegeben:

$$(1-x_1)v_1' + x_1 v_1'' = (1-x_2)v_2' + x_2 v_2'' \ .$$

Was fehlt, ist eine zweite Gleichung und die liefert die Energiebilanz:

$$U_2 - U_1 = 220 \, \text{kJ} \ .$$

Die linke Seite der letzten Gleichung kann jetzt zu

$$U_2 - U_1 = m(u_2 - u_1) = m\big((1-x_2)u_2' + x_2 u_2'' - [(1-x_1)u_1' + x_1 u_1'']\big)$$

umgeschrieben werden. Die Masse können wir mit

$$m = \frac{V}{v_1} = \frac{V}{v_2}$$

ersetzen und haben dann unsere gesuchte zweite Gleichung

$$\frac{V}{(1-x_1)v_1' + x_1 v_1''}\big((1-x_2)u_2' + x_2 u_2'' - [(1-x_1)u_1' + x_1 u_1'']\big) = 220 \, \text{kJ} \ .$$

Huch. Wir haben jetzt zwei längliche Gleichungen mit den 2 Unbekannten x_1 und x_2. Alle anderen Größen stehen aber zum Glück in der gegebenen Tabelle. Der Rest ist wieder mal reine, gemeine Mathematik[172], der sich durch Einsetzen der Werte aus der Dampftafel in beide Gleichungen und anschließendes Auflösen ergibt:

$$x_1 = 0{,}098 \quad \text{und} \quad x_2 = 0{,}595 \ .$$

Der Dampfgehalt steigt also an und wir können sagen, dass es der Lebensform vermutlich gut geht, weil das spezifische Volumen des Ammoniaks im Behälter überkritisch ist.

Die Berechnung der Masse des Ammoniaks im Behälter für b) ist jetzt nebenbei zu erledigen, denn die Gleichung hatten wir schon verwendet:

$$m = \frac{V}{v_1} = \frac{0{,}015}{(1-0{,}098)\cdot 1{,}522\cdot 10^{-3} + 0{,}098\cdot 482{,}15\cdot 10^{-3}} \, \text{kg} = 0{,}31 \, \text{kg} \ .$$

---

[172] Zitat gemeiner Mathematiker: „Naja..."

Ein adiabater Zylinder ist mit einem reibungsfrei beweglichen Kolben verschlossen. Im Zylinder befinden sich ein elektrischer Heizleiter und siedendes Ammoniak (NH_3) unter dem Druck $p = 857{,}2$ kPa, mit dem Volumen $V_1 = 0{,}0656$ dm³. Durch den Heizleiter fließt ein Gleichstrom mit der konstanten Stromstärke $I_{el} = 5{,}55$ A und der konstanten Spannung $U_{el} = 60$ V. Nach der Zeit $\Delta\tau = 143$ s ist das NH_3 verdampft, wobei sein Druck und seine Temperatur konstant bleiben. Der gesättigte Dampf nimmt das Volumen $V_2 = 5{,}96$ dm³ ein. Einer Dampftafel entnimmt man sein spezifisches Volumen $v_2 = v'' = 149{,}0$ dm³/kg.

a) Wenn man nur den Heizleiter als System betrachtet, wird ihm bei diesem Prozess Energie als Arbeit und/oder Wärme zugeführt und/oder entzogen? Ändert sich seine innere Energie?

b) Berechne die Arbeit und die Wärme, welche die Grenze des Systems „Heizleiter" überschreiten.

c) Um welchen Betrag ändern sich die innere Energie und die spezifische innere Energie des NH_3 beim Verdampfen?

Lösung

Aufgabenteil a) ist einfach: In das System Heizleiter geht elektrische Arbeit hinein und Wärme geht hinaus. Die innere Energie des Heizleiters ändert sich nicht, da alle Hinweise im Aufgabentext („*konstante Stromstärke*", „*konstante Spannung*") für ein stationäres System sprechen.

Teil b) ist dann die Fortsetzung von a), jetzt nur mit Zahlen. Bei der elektrischen Arbeit hilft uns die Elektrotechnik mit dem Term $P_{el} = U_{el} \cdot I_{el}$ für die aufgenommene elektrische *Leistung* kurz aus und wir bekommen

$$W_{el,12} = \int_1^2 U_{el} I_{el} \, d\tau = 60\,\text{V} \cdot 5{,}55\,\text{A} \cdot 143\,\text{s} = 47{,}619\,\text{kJ} \ .$$

Der erste Hauptsatz für den stationären Heizleiter im Zeitraum zwischen den Zuständen 1 und 2 lautet

$$0 = W_{el,12} - Q_{12}$$

und damit haben die *raus* gehende Wärme und die *rein* gehende elektrische Arbeit denselben Betrag

$$Q_{12} = W_{el,12} = 47{,}619\,\text{kJ} \ .$$

Kommen wir also zur letzten Teilaufgabe c). Hier ist eine Energiebilanz für das Ammoniak im geschlossenen System gefordert:

$$U_2 - U_1 = Q_{12} - W_{V,12} \; .$$

Die Volumenänderungsarbeit kann man einfach ausrechnen, weil laut Aufgabentext Temperatur und Druck im Nassdampfgebiet konstant bleiben:

$$U_2 - U_1 = Q_{12} - p(V_2 - V_1) \; .$$

Damit wird die Änderung der inneren Energie zu

$$U_2 - U_1 = 47{,}619\,\text{kJ} - 857200\,\frac{\text{N}}{\text{m}^2}\left(5{,}96 \cdot 10^{-3}\,\text{m}^3 - 0{,}0656 \cdot 10^{-3}\,\text{m}^3\right)$$

$$= 42{,}566\,\text{kJ} \; .$$

Um aus der Änderung der inneren Energie eine spezifische Größe zu machen, muss sie auf die Masse bezogen werden. Die Masse des Ammoniaks ist durch das gegebene spezifische Volumen leicht auszurechnen

$$v_2 = \frac{V_2}{m} \quad \Leftrightarrow \quad m = \frac{V_2}{v_2} = \frac{5{,}96\,\text{dm}^3}{149\,\text{dm}^3/\text{kg}} = 0{,}04\,\text{kg} \; .$$

Am Ende steht dann

$$u_2 - u_1 = \frac{U_2 - U_1}{m} = \frac{42{,}566\,\text{kJ}}{0{,}04\,\text{kg}} = 1064{,}15\,\text{kJ/kg}$$

für die Änderung der spezifischen inneren Energie des Ammoniaks.

Aufgabe: 16   **Kapitel: 6.6**   **Schwierigkeitsgrad: $S^{irr} \gg 0$**

Im Labor eines Thermodynamik-Institutes werden Experimente mit siedendem Wasser der Masse $m = 1200$ kg unter hohem Druck bei $p_1 = 180$ bar durchgeführt. Da an der Anlage auch Studenten arbeiten sollen, muss diese ~~idioten~~sicher[173] ausgelegt werden. Zu dem Zweck wurde das eigentliche Druckgefäß, falls es platzt oder ein Leck entsteht, in einen Außenbehälter gestellt, der für einen zulässigen Innendruck von $p_2 = 7{,}0$ bar ausgelegt ist. Der Raum zwischen dem Druckgefäß und dem Außenbehälter wird vor jedem Experiment evakuiert. Wie groß muss das Volumen des Außenbehälters sein, damit die Institutsleitung vor unliebsamen Überraschungen sicher ist? Es kann vereinfachend

---

[173] Nichts gegen Studenten, die Autoren waren ja schließlich selber einmal welche. Aber die Beachtung des Grundsatzes „Make it idiot-proof and someone will make a better idiot" (auch bekannt als Murphys Gesetz) gilt leider auch für Labor-Experimente .

angenommen werden, dass der Prozess 1→2 (Bersten des Druckgefäßes) adiabat ist. Außerdem darf das Materialvolumen des Druckgefäßes vernachlässigt werden.

p	t	v'	v''	h'	h''
bar	°C	dm³/kg	m³/kg	kJ/kg	kJ/kg
7	165,96	1,1082	0,2727	697,06	2762,0
180	365,96	1,8399	0,007498	1734,8	2513,9

Ausschnitt aus der Dampftafel für Wasser

Lösung

Bei dieser Aufgabe ist das Volumen des Außenbehälters zu bemessen und zwar so, dass der zulässige Druck p_2 nach dem Bersten des Druckgefäßes und dem Ausströmen und Verdampfen des Wassers nicht überschritten wird. Während des gesamten Prozesses bleibt die innere Energie ebenso wie die Masse konstant und damit auch die spezifische innere Energie. Gegeben ist aber in der Tabelle leider nur die spezifische Enthalpie. Also müssen wir zur Berechnung der spezifischen inneren Energie einen kleinen Umweg machen und schreiben

$$u_1 = h_1 - p_1 v_1 = 1734,8 \, \text{kJ/kg} - 180 \cdot 10^5 \, \text{N/m}^2 \cdot 0,0018399 \, \text{m}^3/\text{kg}$$
$$= 1701,68 \, \text{kJ/kg} \ .$$

Jetzt müssen wir uns die spezifische innere Energie nach dem Bersten etwas genauer ansehen, denn der Dampfgehalt x_2 ist bislang noch unbekannt:

$$u_2 = u_1 = h_2 - p_2 v_2 = (1 - x_2) h_2' + x_2 h_2'' - p_2 \cdot \left[(1 - x_2) v_2' + x_2 v_2'' \right]$$

$$\Rightarrow \quad x_2 = \frac{u_2 - (h_2' - p_2 v_2')}{h_2'' - h_2' - p_2 \cdot (v_2'' - v_2')} = \frac{1701,68 - (697,06 - 0,77574)}{2762,0 - 697,06 - 190,11} = 0,5362 \ .$$

Achtung, bei den Einheiten der spezifischen Volumina muss man gut aufpassen, denn in der Tabelle werden verschiedene Einheiten verwendet! Mit Hilfe des Dampfgehaltes kann das erforderliche Volumen berechnet werden:

$$V = m v = m \left[(1 - x_2) v_2' + x_2 v_2'' \right]$$
$$= 1200 \, \text{kg} \cdot \left[(1 - 0,5362) \cdot 0,0011082 + 0,5362 \cdot 0,2727 \right] \, \text{m}^3/\text{kg}$$
$$= 176,08 \, \text{m}^3 \ .$$

In einer adiabaten Dampfturbine expandiert Wasserdampf vom Eintrittszustand $p_1 = 10$ bar, $t_1 = 500$ °C ($h_1 = 3478,3$ kJ/kg) auf den Druck $p_2 = 0,050$ bar. Kinetische und potentielle Energien sind zu vernachlässigen. Der Dampfgehalt des austretenden nassen Dampfes beträgt $x_2 = 0,965$. Wie groß ist die spezifische technische Arbeit $w_{t,12}$?

p / bar	t / °C	h' / kJ/kg	h'' / kJ/kg
0,050	32,898	137,77	2561,6

Stoffdaten für Wasser

Lösung

Die spezifische technische Arbeit der stationär laufenden Dampfturbine wird aus der Energiebilanz

$$0 = h_1 - h_2 - w_{t,12}$$

berechnet. In der Gleichung ist bereits berücksichtigt, dass die Maschine adiabat sein soll und das kinetische und potentielle Energien vernachlässigt werden dürfen. Außerdem steckt hier die Annahme dahinter, dass die Arbeit tatsächlich abgegeben wird (denn die spezifische technische Arbeit hat ein negatives Vorzeichen bekommen). Wenn die berechnete technische Arbeit nachher ein positives Vorzeichen hat, war die Annahme also richtig.

Der Massenstrom des Dampfes muss nicht bekannt sein. Die spezifische Enthalpie im Eintritt h_1 ist gegeben, aber die spezifische Enthalpie im Austritt muss mit den Angaben in der Tabelle berechnet werden:

$$h_2 = (1 - x)h' + xh''$$
$$= (1 - 0,965) \cdot 137,77 \, \text{kJ/kg} + 0,965 \cdot 2561,6 \, \text{kJ/kg} = 2476,77 \, \text{kJ/kg} \ .$$

Damit kann die spezifische technische Arbeit berechnet werden:

$$w_{t,12} = h_1 - h_2 = 3478,3 \, \text{kJ/kg} - 2476,77 \, \text{kJ/kg} = 1001,5 \, \text{kJ/kg} \ .$$

Das Ergebnis unserer Rechnung ist größer als Null. Unsere Annahme war also richtig und die technische Arbeit wird tatsächlich von der Dampfturbine abgegeben.

13.4 Aufgaben zum zweiten Hauptsatz

Aufgabe: 18	Kapitel: 6.4	Schwierigkeitsgrad: $S^{irr} = 0$

Eine stationär arbeitende Heizungsanlage nimmt aus dem Grundwasser den Wärmestrom $\dot{Q} = 100$ kW bei der Temperatur $t = 10$ °C auf. Sie liefert bei der Temperatur $t_H = 60$ °C den Heizwärmestrom $\dot{Q}_H = 15$ kW und gibt den Wärmestrom $\dot{Q}_U = 85$ kW an die Umgebung ab, deren Temperatur $t_U = -6$ °C beträgt.

Diese Bauart einer Heizungsanlage wird übrigens auch als Wärmetransformator bezeichnet, denn ähnlich dem elektrischen Trafo, der eine gewünschte Spannung erzeugt, wandelt sie die Temperatur eines Wärmestroms auf einen gewünschten Wert. Es soll überprüft werden, ob diese Anlage so wie beschrieben arbeiten kann[174].

Lösung

Die Energiebilanz für diese Maschine lautet

$$0 = \dot{Q} - \dot{Q}_H - \dot{Q}_U = 100\,\text{kW} - 15\,\text{kW} - 85\,\text{kW} = 0 \ .$$

Null gleich Null, das passt schon mal. Die Entropiebilanz liefert uns

$$0 = \frac{\dot{Q}}{T} - \frac{\dot{Q}_H}{T_H} - \frac{\dot{Q}_U}{T_U} + \dot{S}^{\text{irr}} \ .$$

Um zu prüfen, ob auch der zweite Hauptsatz erfüllt wird, muss das Vorzeichen der Entropieerzeugungsrate

$$\dot{S}^{\text{irr}} = \frac{15\,\text{kW}}{333{,}15\,\text{K}} + \frac{85\,\text{kW}}{267{,}15\,\text{K}} - \frac{100\,\text{kW}}{283{,}15\,\text{K}} = 0{,}01\,\text{kW/K}$$

betrachtet werden. Die erzeugte Entropie ist größer als Null, also lautet die Antwort: Ja, das geht. (Zumindest theoretisch!)

Aufgabe: 19	Kapitel: 6.4	Schwierigkeitsgrad: $S^{irr} > 0$

An einem schönen Sommertag wird ein Mensch beobachtet, der mit einer Apparatur in der Hand, die irgendwie an eine Luftpumpe erinnert, in das Becken eines Hallenbades steigt. Bei der Apparatur handelt es sich um ein gasgefülltes,

---

[174] In der Thermodynamik läuft eine solche Frage *immer* darauf hinaus, nachzusehen, ob einer der beiden Hauptsätze verletzt wird

reibungsfreies und massedichtes Zylinder-Kolben System.[175] Die Befragung durch den misstrauisch gewordenen Bademeister ergibt, dass es sich um einen Maschinenbaustudenten im dritten Semester bei der Vorbereitung auf die Thermoprüfung handelt. Beruhigt wendet sich der Bademeister wieder seinem Schwimmkurs zu und überlässt den Kandidaten sich selbst. Auch wir interessieren uns als Thermodynamiker natürlich ebenfalls nicht für mögliche Badefreuden, sondern nur für das Zylinder-Kolben-System und dessen Umgebung. Der Student taucht die Apparatur unter Wasser. Sie steht somit, thermodynamisch gesprochen, in thermischem Kontakt mit einem großen Wärmereservoir mit konstanter Temperatur. Dann wird das ideale Gas im Zylinder ($R = 0,280$ kJ/(kgK), Masse $m_{iG} = 0,0001$ kg, $t_{iG} = 30$ °C) isotherm und reversibel vom Druck $p_1 = 100$ kPa auf den Druck $p_2 = 150$ kPa verdichtet.

a) Wie lange dauert (qualitativ) diese Zustandsänderung jeweils, einmal wenn das Experiment am Warmbadetag bei einer Wassertemperatur $t_W = 30$ °C durchgeführt wird und einmal, wenn dessen Temperatur nur $t_K = 10$ °C beträgt?

b) Wie groß ist die Änderung der Entropie des Gases im Zylinder und die Änderung der Entropie des Wärmereservoirs in beiden Fällen?

c) Wie groß ist in beiden Fällen die insgesamt im Zylinder und in der Umgebung erzeugte Entropie S^{irr}?

Lösung

Bei Aufgabenteil a) muss man sich den Text erst mal genau durchgelesen haben. Wir haben ein ideales Gas, das isotherm, also bei konstanter Temperatur und reversibel, also ohne das dabei im Gas Entropie entsteht, verdichtet werden soll. Reversibel ist kein Problem, da das System laut Aufgabenstellung reibungsfrei sein soll. Damit der Vorgang isotherm abläuft, muss der Anteil der Energie, die dem Gas bei der Verdichtung zugeführt wird an die Umgebung durch einen Wärmestrom abgegeben werden (1. Hauptsatz). Das ist der Teil, der nicht zur Erhöhung des Drucks aufgewendet wird. Und genau da liegt der Zugang zur Ermittlung der Zeit, die man für die Verdichtung brauchen muss. Hier kommt nämlich die Temperaturdifferenz zwischen dem Gas und der Um-

---

[175] Die eher praktisch Veranlagten können sich hier einfach eine Luftpumpe vorstellen, allerdings mit Daumen auf dem Ventil.

gebung ins Spiel (siehe Abschnitte 8.1 und 8.2). Wenn die Temperaturen gleich sind (Null Differenz), dann ist der abgegebene Wärmestrom unendlich klein. Damit überhaupt ein nennenswerter Wärmestrom übertragen werden kann, braucht man daher am Warmbadetag unendlich lange. Am kalten Tag muss die Verdichtung so erfolgen, dass der zu Erwärmung führende Teil der bei der Verdichtung zugeführte Energie jederzeit genau dem abgeführten Wärmestrom entspricht.

Im Aufgabenteil b) wird es jetzt etwas konkreter. Wir betrachten ein ideales Gas und können folglich dessen Entropie-Zustandsgleichung verwenden, um die Änderung der Entropie zu berechnen:

$$\Delta S_{12}^{iG} = m \cdot (s_2 - s_1) = m \cdot \left(c_P \ln \frac{T_2}{T_1} - R \ln \frac{p_2}{p_1} \right) .$$

Die Temperatur des idealen Gases bleibt sowohl am Warmbadetag als auch im kalten Fall konstant. Da an beiden Tagen dieselbe Druckänderung abläuft, ist auch die Änderung der Entropie in beiden Fällen gleich groß:

$$\Delta S_{12}^{iG} = -m R \ln \frac{p_2}{p_1} = -0{,}0001 \text{kg} \cdot 280 \frac{\text{J}}{\text{kgK}} \cdot \ln \frac{150}{100} = -0{,}011353 \frac{\text{J}}{\text{K}} .$$

Die Entropie des idealen Gases nimmt bei einer isothermen Verdichtung also ab. Zur Berechnung der Änderung der Entropie des Wärmereservoirs (WR) muss man für das Reservoir die Entropiebilanz aufstellen:

$$\Delta S_{12}^{WR} = \frac{Q_{12}^{WR}}{T_{WR}} .$$

Die vom Reservoir aufgenommene Wärme ist vom Betrag her gleich der vom Gas für die isotherme Zustandsänderung (siehe Abschnitt 5.1.2.1) abgegebenen Wärme

$$Q_{12}^{iG} = mRT_{iG} \ln \left(\frac{p_1}{p_2} \right) = 0{,}0001 \text{kg} \cdot 280 \frac{\text{J}}{\text{kgK}} \cdot 303{,}15 \text{K} \cdot \ln \frac{100}{150} = -3{,}4417 \text{J}$$

nur mit entgegengesetztem Vorzeichen. Damit ist die Entropieänderung der Umgebung leicht zu berechnen und wir haben am Warmbadetag

$$\Delta S_{12,W}^{WR} = \frac{-Q_{12}^{iG}}{T_{WR,W}} = \frac{3{,}4417 \text{J}}{303{,}15 \text{K}} = 0{,}011353 \frac{\text{J}}{\text{K}}$$

und am Kaltbadetag

$$\Delta S_{12,K}^{WR} = \frac{-Q_{12}^{iG}}{T_{WR,K}} = \frac{3,4417\,J}{283,15\,K} = 0,012155\,\frac{J}{K}\,.$$

Bei Aufgabenteil c) ist die insgesamt erzeugte Entropie durch eine gemeinsame Entropiebilanz für das System und dessen Umgebung, bestehend aus dem idealen Gas plus dem Wärmereservoir zu bestimmen. Das führt zu:

$$S_{12,W}^{irr} = \Delta S_{12}^{iG} + \Delta S_{12,W}^{WR} = 0\,\frac{J}{K}$$

und

$$S_{12,K}^{irr} = \Delta S_{12}^{iG} + \Delta S_{12,K}^{WR} = 0,0008\,\frac{J}{K}\,.$$

Was lernen wir daraus? Da das ideale Gas reversibel verdichtet wird, ist die einzige mögliche Ursache für die Erzeugung von Entropie die Wärme, die beim Verdichten an das Wärmereservoir abgeführt werden muss. Wenn dabei das Reservoir auch noch dieselbe Temperatur wie das Gas hat, dann muss der Vorgang der Verdichtung unendlich langsam ablaufen. Damit ist dann auch der gesamte Vorgang (Verdichtung und die Wärmeabgabe an die Umgebung und die Wärmeaufnahme in der Umgebung) reversibel.

Aufgabe: 20   **Kapitel: 6.4**   **Schwierigkeitsgrad: $S^{irr} > 0$**

Ein Not leidender Student (mittlerweile im 25. Semester, das Vordiplom ist fast geschafft, aber die Eltern wollen den Ruhestand auf Mallorca genießen und kündigen an, die monatlichen Zahlungen bald einzustellen) behauptet, eine Erfindung gemacht zu haben. Dabei handelt es sich um eine adiabate Düse, in der sich das ideale Gas Helium ($R = 2,0772$ kJ/(kgK), $c_P = 2,5 \cdot R$) von $c_1 = 0$ m/s auf $c_2 = 1500$ m/s bei einer Expansion beschleunigen lässt, die zu einer Druckänderung von $p_1 = 3,0$ bar auf $p_2 = 1,0$ bar führt. Die Eintrittstemperatur des Heliums soll $t_1 = 20\ °C$ sein. Hat der arme Mensch eine Chance auf finanzielle Rettung durch die Erteilung eines Patentes? Dazu muss man wissen, dass das Deutsche Patentamt ein Patent verweigert, wenn die Erfindung auch nur einen der Hauptsätze der Thermodynamik verletzt.

Lösung

Zur Beantwortung der Frage müssen wir uns beide Hauptsätze für den stationären Fließprozess ansehen. Der erste Hauptsatz kann ziemlich elegant mit der

Totalenthalpie aufgestellt werden:

$$h_1^+ = h_2^+$$

$$\Rightarrow \quad h_1 + \frac{c_1^2}{2} = h_2 + \frac{c_2^2}{2}$$

$$\Leftrightarrow \quad h_1 - h_2 = c_P \cdot (t_1 - t_2) = \frac{c_2^2 - c_1^2}{2}$$

$$\Leftrightarrow \quad 2,5R \cdot (t_1 - t_2) = \frac{c_2^2 - c_1^2}{2} \ .$$

Damit bekommen wir die Temperatur am Austritt

$$\Rightarrow \quad t_2 = t_1 - \frac{c_2^2 - c_1^2}{2 \cdot 2,5R} = 20°C - \frac{1500^2 \ \text{m}^2/\text{s}^2}{2 \cdot 2,5 \cdot 2077,2 \ \text{J/kgK}} = -196,638°C \ ,$$

bei welcher der erste Hauptsatz erfüllt wird.

Dann können wir den zweiten Hauptsatz aufstellen:

$$0 = s_1 - s_2 + s_{12}^{\text{irr}} \ .$$

Dieser ist erfüllt, wenn die massenstromspezifische Entropieproduktion $s_{12}^{\text{irr}} \geq 0$ ist. Für ein ideales Gas gilt:

$$s_{12}^{\text{irr}} = c_P \ln \frac{T_2}{T_1} - R \ln \frac{p_2}{p_1} = 2,0772 \ \text{kJ/kgK} \cdot \left(2,5 \cdot \ln \left[\frac{76,51}{293,15} \right] - \ln \left[\frac{1}{3} \right] \right)$$

$$= -4,69 \ \text{kJ/kgK} \ .$$

Das Minuszeichen vor dem Ergebnis bedeutet einen Widerspruch zum zweiten Hauptsatz, da bei *keinem* Prozess Entropie vernichtet werden kann. Der Student muss also wohl oder übel entweder schleunigst seinen Abschluss machen oder jobben gehen.

Aufgabe: 21   **Kapitel: 8.2**   **Schwierigkeitsgrad: $S^{irr} > 0$**

Es ist die alte Frage zu beantworten, was eigentlich genau passiert, wenn man die Kühlschranktür zu- oder aufmacht. Es soll hier nicht darum gehen, zu untersuchen, ob das Licht bei geschlossener Tür auch *wirklich* aus ist, sondern es wird das folgende System betrachtet.

Das Kühlaggregat des Kühlschranks wird wie eine kontinuierlich arbeitende Kältemaschine behandelt, die so ausgestattet ist, dass sie die eingestellte Temperatur $t_K = 5$ °C, bei der die Wärme aufgenommen wird, halten kann, egal was passiert. Das Gerät steht in einem Raum, der zunächst die Temperatur $t_{R,1}$ = 20 °C hat. Aus dem Raum geht der Wärmestrom $\dot{Q}_U$ an die Umgebung, welche die Temperatur t_U = 15° C hat. Die Abwärme des Kühlschranks wird, unabhängig von dessen Betriebszustand, bei der Temperatur t_H = 65 °C an die Raumluft abgegeben. Die Tür ist zunächst ordnungsgemäß geschlossen, in diesem Zustand 1 wird die elektrische Leistung P_1 = 100 W aufgenommen. Für den Wärmeeintrag in den Kühlschrank bei *geschlossener* Tür gilt

$$\dot{Q}_{rein,1} = 2\frac{W}{K} \cdot \left(t_{R,1} - t_K\right)$$

und es ist bekannt, dass sich bei *geöffneter* Tür der aufgenommene Wärmestrom (unter Berücksichtigung der Tatsache, dass jetzt das Licht im Kühlschrank brennt) demgegenüber vervierfacht.

Außerdem ist bekannt, dass die Entropieproduktion der Kältemaschine proportional zu derer Leistung P ist und mit der Gleichung $\dot{S}^{irr}(P) = K \cdot P$ berechnet werden kann, wobei K eine Proportionalitätskonstante ist.

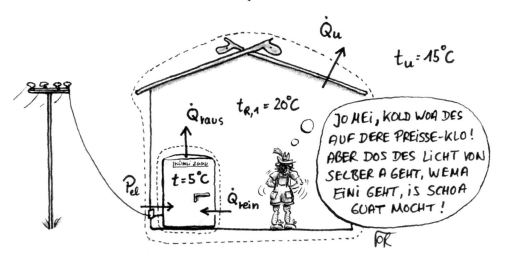

a) Wie lautet die Gleichung, die den Wärmeübergang zwischen dem Raum und dessen Umgebung beschreibt?

b) Welche Raumtemperatur stellt sich nach dem Öffnen der Kühlschranktür ein?

Lösung

Für a) wird die Energiebilanz im Zustand 1 für den gesamten Raum aufgestellt. Hinein geht eine elektrische Leistung und hinaus geht ein Wärmestrom an die

Umgebung (siehe Abschnitt 8.2):

$$P_1 = \dot{Q}_U = kA \cdot \left(t_{R,1} - t_U\right).$$

Damit kann das Produkt kA berechnet werden:

$$kA = \frac{P_1}{t_{R,1} - t_U} = \frac{100\,\text{W}}{5\,\text{K}} = 20\,\frac{\text{W}}{\text{K}}.$$

Allgemein wird der Wärmeübergang zwischen dem Raum und der Umgebung dann durch

$$P = 20\,\frac{\text{W}}{\text{K}}\left(t_R - 15\,^\circ\text{C}\right)$$

beschrieben. Für b) wird zuerst der Zustand bei geschlossener Tür betrachtet und der aufgenommene Wärmestrom berechnet:

$$\dot{Q}_{\text{rein},1} = 2\,\frac{\text{W}}{\text{K}} \cdot \left(20\,^\circ\text{C} - 5\,^\circ\text{C}\right) = 30\,\text{W} \ .$$

Damit gehen wir in die Energiebilanz für den Kühlschrank und haben:

$$\dot{Q}_{\text{raus},1} = P_1 + \dot{Q}_{\text{rein},1} = 130\,\text{W} \ .$$

Dann ab damit in die Entropiebilanz:

$$\dot{S}_1^{\text{irr}} = \frac{\dot{Q}_{\text{raus},1}}{T_H} - \frac{\dot{Q}_{\text{rein},1}}{T_K} = \frac{130\,\text{W}}{338,15\,\text{K}} - \frac{30\,\text{W}}{278,15\,\text{K}} = 0,27659\,\frac{\text{W}}{\text{K}} \ .$$

Aufgrund der gegebenen Proportionalität zwischen Leistung und Entropieproduktion kann damit eine Gleichung für die Entropieproduktion als Funktion der Leistung aufgestellt und die Proportionalitätskonstante K bestimmt werden:

$$\dot{S}^{\text{irr}}(P) = \frac{\dot{S}_1^{\text{irr}}}{P_1} \cdot P = 0,0027659\,\frac{1}{\text{K}} \cdot P \ .$$

Ab jetzt ist die Tür offen und wir müssen die neue Raumtemperatur $t_{R,2}$ bestimmen. Für den jetzt aufgenommenen Wärmestrom gilt:

$$\dot{Q}_{\text{rein},2} = 4 \cdot \dot{Q}_{\text{rein},1} = 120\,\text{W} \ .$$

Dann nehmen wir wieder den ersten Hauptsatz, zuerst aber zur Abwechslung wieder für den ganzen Raum als Bilanzraum

$$P_2 = 20\,\frac{\text{W}}{\text{K}} \cdot \left(t_{R,2} - 15\,^\circ\text{C}\right)$$

und dann wieder nur für den Kühlschrank

$$\dot{Q}_{\text{raus},2} = P_2 + \dot{Q}_{\text{rein},2} = 20\,\frac{W}{K} \cdot \left(t_{R,2} - 15\,°C\right) + 120\,W \ .$$

Es folgt, wie meistens, der zweite Hauptsatz:

$$0 = \dot{S}_2^{\text{irr}} + \frac{\dot{Q}_{\text{rein},2}}{T_K} - \frac{\dot{Q}_{\text{raus},2}}{T_H} \ .$$

Die beiden Hauptsätze werden zusammengewürfelt und dann wird alles eingesetzt, was wir haben:

$$0 = 0{,}0027659\,\frac{1}{K} \cdot \left[20\,\frac{W}{K} \cdot \left(T_{R,2} - 288{,}15\,K\right) \right] + \frac{120\,W}{278{,}15\,K}$$

$$- \frac{20\,\dfrac{W}{K} \cdot \left(T_{R,2} - 288{,}15\,K\right) + 120\,W}{338{,}15\,K} \ .$$

Und jetzt noch „mal eben" Auflösen nach der Temperatur:

$$0 = 0{,}0553\,\frac{W}{K^2} \cdot T_{R,2} - 15{,}9399\,\frac{W}{K} + 0{,}4314\,\frac{W}{K} - 0{,}0592\,\frac{W}{K^2} \cdot T_{R,2} + 16{,}6879\,\frac{W}{K}$$

$$\Leftrightarrow 0 = -0{,}00383\,\frac{W}{K^2} \cdot T_{R,2} + 1{,}17940\,\frac{W}{K} \ .$$

Ächz! Jetzt haben wir endlich eine ordentliche Lösung:

$$T_{R,2} = 307{,}94\,K = 34{,}79\,°C \ .$$

ICH VERSTEH' NICHT, WARUM ER MICH HAT DURCHFALLEN LASSEN... DABEI WAR ICH DOCH NOCH SO ZUVORKOMMEND: WEIL ES SO HEISS WAR IM PRÜFERZIMMER, HABE ICH ANGEBOTEN, DEN IN DER ECKE STEHENDEN KÜHLSCHRANK ZU ÖFFNEN...

Damit hat die Thermodynamik jetzt auch bewiesen, was man immer schon vermutet hat, aber ohne die beiden Hauptsätze nie wissenschaftlich belegen konnte: Das Öffnen einer Kühlschranktür, um einen Raum zu kühlen, ist überhaupt keine gute Idee!

Aufgabe: 22	Kapitel: 8.3	Schwierigkeitsgrad: $S^{irr} \gg 0$

Ein im Weltraum fliegender Satellit hat zur Kühlung eines hochempfindlichen elektronischen Bauteils eine stationär arbeitende Kältemaschine an Bord. Das elektronische Bauteil gibt einen Verlustwärmestrom bei der konstanten Temperatur T an die Kältemaschine ab. Die Kältemaschine selber kann ihren Abwärmestrom $\dot{Q}_0$ nur in den Weltraum hin abstrahlen. Diese Abstrahlung erfolgt über die (aus Kostengründen, wie immer) möglichst klein zu haltende Abstrahlfläche A, die der Sonne abgewandt ist. Die Abstrahlung der Wärme folgt dem Gesetz

$$\dot{Q}_0 = K \cdot A \cdot T_0^4,$$

wobei das K eine Strahlungskonstante ist, welche die Eigenschaften der Abstrahlfläche und einige Naturkonstanten für die Strahlung zusammenfasst.

Frage: Wenn die irreversibel erzeugte Entropie $\dot{S}^{irr}$ der Kältemaschine ebenso konstant ist wie deren Antriebsleistung P, wie muss dann das Verhältnis von T und T_0 sein, damit die Abstrahlfläche minimal ist?

Lösung

Der erste Hauptsatz für die stationär laufende Kältemaschine lautet

$$0 = P + \dot{Q} - \dot{Q}_0$$

und der zweite Hauptsatz lautet

$$0 = \frac{\dot{Q}}{T} - \frac{\dot{Q}_0}{T_0} + \dot{S}^{irr} .$$

Zusammenwurschteln und Einsetzen aller bekannten Dinge:

$$0 = \frac{\dot{Q}_0 - P}{T} - \frac{\dot{Q}_0}{T_0} + \dot{S}^{irr} = \dot{Q}_0 \left(\frac{1}{T} - \frac{1}{T_0} \right) - \frac{P}{T} + \dot{S}^{irr}$$

$$= KA \left(\frac{T_0^4}{T} - T_0^3 \right) - \frac{P}{T} + \dot{S}^{irr}$$

und dann Umstellen nach der gesuchten Abstrahlfläche ergibt:

$$A = \frac{\dfrac{P}{T} - \dot{S}^{\mathrm{irr}}}{K\left(\dfrac{T_0^4}{T} - T_0^3\right)} \ .$$

Der Zähler des Bruches ist eine Konstante. Alle Größen, die dort stehen, ändern sich laut Aufgabenstellung nicht. Wer Spaß daran hat, kann jetzt natürlich den ganzen Bruch ableiten. Es reicht aber aus, das Maximum des Nenners zu finden, um das Minimum der Abstrahlfläche zu erhalten (Holzauge!). Zuerst wird der Nenner nach T_0 abgeleitet und das Ganze wird dann gleich Null gesetzt

$$0 = \frac{d}{dT_0}\left[K\left(\frac{T_0^4}{T} - T_0^3\right)\right] = \frac{4}{T}T_0^3 - 3T_0^2 \ ,$$

woraus

$$T_0 = \frac{3}{4}T$$

folgt. Wer mag, kann jetzt mit Hilfe der zweiten Ableitung zeigen, dass es sich hier tatsächlich um ein Minimum handelt.

13.5 Aufgaben zur Exergie

Aufgabe: 23	Kapitel: 7.1.3	Schwierigkeitsgrad: $S^{\mathrm{irr}} = 0$

Während er seiner liebsten Tätigkeit nachgeht, fragt sich ein thermodynamisch interessierter Hausmann, welche Leistung $P_{\max}$ aus der Abluft $\dot{m}_{\mathrm{L}} = 0{,}001$ kg/s eines stationär arbeitenden Staubsaugers maximal gewonnen werden kann. Die Abluft mit $\kappa = 1{,}4$ und $R = 287$ J/(kgK) verlässt den Staubsauger mit der Temperatur $T_1 = 303$ K und dem Druck $p_1 = 1{,}2$ bar. In dem zu reinigenden Zimmer herrscht der Druck $p_{\mathrm{U}} = 1$ bar und die Temperatur $T_{\mathrm{U}} = 293$ K.

Lösung

Die Frage nach der maximal gewinnbaren Leistung ist gleichbedeutend mit der Frage nach der spezifischen Exergie des Luftstromes, der den Staubsauger im Zustand 1 in die Umgebung U verlässt. Dafür haben wir in Abschnitt 7.1.3 die Gleichung

$$e_{\mathrm{ex}} = w_{\mathrm{t}} = h_1 - h_{\mathrm{U}} - T_{\mathrm{U}}(s_1 - s_{\mathrm{U}})$$

vorgestellt, die wir jetzt weiter verwenden können. Achtung, mit dieser Gleichung wird die spezifische Exergie des Massenstromes berechnet, das Vorzeichen der spezifischen Exergie hängt von den Unterschieden zur Umgebung ab. Das Vorzeichen des Exergie*stroms* muss zusätzlich noch die Richtung (und damit das Vorzeichen) des Massen*stroms* berücksichtigen. Wenn wir ab jetzt den in der Umgebung ankommenden Massenstrom betrachten, dann berechnen wir die Exergie, die in der Umgebung ankommt und mit dem Modell des idealen Gases (bei Luft unter Umgebungsdruck und bei Raumtemperatur spricht überhaupt nichts dagegen) können wir die Ausdrücke für die Enthalpie- und Entropiedifferenzen ersetzen:

$$P_{max} = \dot{m}_L \cdot e_{ex} = \dot{m}_L \cdot w_t = \dot{m}_L \cdot \left[c_P (T_1 - T_U) - T_U \left(c_P \ln \frac{T_1}{T_U} - R \ln \frac{p_1}{p_U} \right) \right]$$

Was jetzt nur noch fehlt, sind Zahlenwerte für die Wärmekapazitäten. Die bekommen wir mit den in Abschnitt 5.1.1 hergeleiteten Beziehungen $c_P = c_V + R$ und $\kappa = c_P / c_V$. Dann können wir nämlich

$$c_P = \frac{R}{1 - 1/\kappa} = 1004{,}5 \text{ J/(kgK)}$$

schreiben und jetzt endlich alles einsetzen:

$$P_{max} = 0{,}001 \text{ kg/s} \cdot \left[\begin{array}{l} 1004{,}5 \text{ J/(kgK)} \cdot (303 \text{ K} - 293 \text{ K}) \\ -293 \text{ K} \cdot \left(1004{,}5 \text{ J/(kgK)} \cdot \ln \frac{303 \text{ K}}{293 \text{ K}} - 287 \text{ J/(kgK)} \cdot \ln \frac{1{,}2 \text{ bar}}{1 \text{ bar}} \right) \end{array} \right]$$

$$= 15{,}5 \text{ W}.$$

Aufgabe: 24	Kapitel: 7.1.4	Schwierigkeitsgrad: $S^{irr} > 0$

Zwei Ingenieure bekommen die Aufgabe, sich Möglichkeiten zu überlegen, wie die Leistung einer Dampfturbine geregelt werden könnte. Kandidat A schlägt die aufwändige Lösung vor, den Massenstrom des zuströmenden Frischdampfes entsprechend dem Bedarf zu regeln. Beim Einstellen des Massenstromes ändert sich die spezifische Entropie des Dampfes nicht.

Kandidat B meint, dass es doch auch funktionieren müsste, wenn der zuströmende Frischdampf vor der Turbine einfach auf einen niedrigeren Druck gedrosselt wird. Zur Betrachtung der Drosselung darf davon ausgegangen werden, dass diese adiabat erfolgt und dass Änderungen der kinetischen Energie des Dampfes vernachlässigt werden können. Konkret wird der mit $t_1 = 540\ °C$ und $p_1 = 180$ bar zuströmende Dampf ($h_1 = 3387,8$ kJ/kg, $s_1 = 6,3722$ kJ/kgK) auf $p_2 = 155$ bar gedrosselt. Der Umgebungszustand ist durch $t_U = 15\ °C$ und $p_U = 1,0$ bar ($h_U = 63,1$ kJ/kg, $s_U = 0,2237$ kJ/kgK) gegeben. Welche der beiden Varianten ist besser[176], wenn man diese anhand des jeweiligen Exergieverlustes für die Regelung der Turbine vergleicht?

t / °C	520	530	540
h / kJ/kg	3360,7	3388,5	3415,9
s / kJ/(kgK)	6,3993	6,4341	6,4681

Stoffdaten von Wasser bei 155 bar

Lösung

Der Vorschlag von Kandidat A ist hinsichtlich der Exergieverluste leicht zu bewerten. Diese sind 0%, denn laut Aufgabe *„ändert sich die spezifische Entropie des Dampfes nicht"*. Also ist die Entropieerzeugung gleich Null und damit auch der Exergieverlust.

Dann wird der Vorschlag von Kandidat B beleuchtet. Dabei ist als Erstes zu klären, wie groß die spezifische Exergie $e_{ex,1}$ des zuströmenden Dampfes ist. Für die spezifische Exergie einer Masse (siehe Abschnitt 7.1.3) gilt

$e_{ex,1} = h_1 - h_U - T_U(s_1 - s_U)$

$= 3387,8\,\text{kJ/kg} - 63,1\,\text{kJ/kg} - 288,15\,\text{K} \cdot (6,3722\ \text{kJ/kgK} - 0,2237\,\text{kJ/kgK})$

$= 1553,0\,\text{kJ/kg}$.

Um dann den Exergieverlust zu bestimmen, muss die Entropiebilanz aufgestellt werden. Das passiert hier gleich ohne den Massenstrom und umgestellt nach der Entropieerzeugung:

$$s_{12}^{\text{irr}} = s_2 - s_1\ .$$

---

[176] „Besser" heißt in fast allen Fällen, und so auch hier „billiger". Jeder Exergieverlust bedeutet einen Geldverlust, denn hochwertige Exergie wird dabei zu Anergie entwertet. Hier liefert die Exergie-Betrachtung einen ganz konkreten Ansatz, den mit viel Überzeugungsarbeit (oder mit Hilfe dieses Buches) sogar die Wirtschaftswissenschaftler verstehen können.

Leider fehlt uns s_2, so dass wir uns hier noch ein paar Gedanken machen müssen. Im Aufgabentext steht, dass die Drossel adiabat sein soll und dass Änderungen der kinetischen Energie keine Rolle spielen. Eine nebenbei im Hinterkopf aufgestellte Energiebilanz für die Drossel ergibt dann, dass die spezifische Enthalpie des Dampfes vorher und nachher gleich sein muss. Da wir die spezifische Enthalpie kennen, können wir mit deren Hilfe in der Tabelle die Entropie durch eine lineare Interpolation berechnen:

$$s_2 = 6{,}3993\,\text{kJ/kgK} + \left(6{,}4341 - 6{,}3993\right)\text{kJ/kgK} \cdot \frac{3387{,}8\,\text{kJ/kg} - 3360{,}7\,\text{kJ/kg}}{3388{,}5\,\text{kJ/kg} - 3360{,}7\,\text{kJ/kg}}$$

$$= 6{,}4332\,\text{kJ/kgK}\,.$$

Damit wird

$$s_{12}^{\text{irr}} = 6{,}4332\,\text{kJ/kgK} - 6{,}3722\,\text{kJ/kgK} = 0{,}0610\,\text{kJ/kgK}$$

und der spezifische Exergieverlust ist

$$e_{\text{ex,V,12}} = T_U \cdot s_{12}^{\text{irr}} = 288{,}15\,\text{K} \cdot 0{,}0610\,\text{kJ/kgK} = 17{,}584\,\text{kJ/kg}\,.$$

In Prozenten ausgedrückt nimmt die Exergie um

$$\Delta e_{\text{ex,V,12}} = \frac{e_{\text{ex,V,12}}}{e_{\text{ex,1}}} \cdot 100\% = 1{,}13\%$$

ab. Damit ist jetzt auch durch Zahlen belegt, dass die Variante mit der plumpen Drosslung, vom Standpunkt der Exergie aus gesehen, deutlich schlechter ist als die technisch anspruchsvollere Lösung der Regelung des Dampfmassenstromes. Vorher war das aber auch schon zu erkennen, denn die eine Variante wird per Definition als frei von Exergieverlusten hingestellt, die andere aber nicht.

13.6 Aufgaben zu Kreisprozessen

Aufgabe: 25	Kapitel: 9.1.2.1	Schwierigkeitsgrad: $S^{irr} > 0$

Ein Kraftwerk in Bremen liefert für das Stadion des Deutschen Meisters 1965, 1988, 1993, 2004, des Vizemeisters 1968, 1983, 1985, 1986, 1995, 2006, des DFB Pokalsiegers 1961, 1991, 1994, 1999, 2004, des Pokalfinalisten 1989, 1990, 2000, des Supercup-Siegers 1988, 1993, 1994, des Europapokalsiegers der Pokalsieger 1992 und des Deutschen Amateurmeisters 1966, 1985 und 1991 Strom (für die Flutlichtanlage) und Wärme (für die Rasenheizung, damit den millionenschweren Profis im Winter nicht die Hufe einfrieren).

Während eines leichten Spiels im Februar gegen Bayern München wird in dem nach außen adiabaten Dampfkessel des Kraftwerkes der Wassermassenstrom $\dot{m} = 90\,\text{kg/s}$ verdampft und anschließend in einer nach außen adiabaten Turbine entspannt. Die spezifische Enthalpie des Wassers beträgt am Eintritt in den Dampfkessel $h_1 = 121$ kJ/kg. Die Enthalpie des Dampfes, der aus dem Kessel austritt und in die Turbine eintritt, beträgt $h_2 = 3140$ kJ/kg. Im Austrittsquerschnitt aus der Turbine beträgt die spezifische Enthalpie $h_3 = 2340$ kJ/kg. Im anschließenden Wärmeübertrager wird zur Beheizung des Rasens die spezifische Enthalpie auf $h_4 = 1520$ kJ/kg verringert.

a) Wie groß ist der im Kessel zugeführt Heizwärmestrom $\dot{Q}_K$?

b) Welche Leistung P_T wird von der Turbine abgegeben?

c) Welcher Wärmestrom $\dot{Q}_H$ steht zur Beheizung der Spielfläche zur Verfügung?

d) Welchen Wirkungsgrad η_1 hat das Kraftwerk im Bezug auf die Turbinenleistung und welchen Wirkungsgrad η_2 hat es insgesamt?

e) Wer tröstet nach dem Spiel mal wieder die bayrischen Spieler?

Lösung

Zur Lösung der ersten drei Teilaufgaben muss jeweils die Energiebilanz für das jeweilige Bauteil aufgestellt werden. In diesen Bilanzen werden die unbekannten Größen so eingesetzt, als ob sie in das System hinein gehen würden. Deswegen werden alle Größen, deren Ergebnis ein positives Vorzeichen haben, tatsächlich hinein gehen und die mit einem negativen Vorzeichen werden abgegeben. Bei a) geht es um den Kessel, dem ein Wärmestrom zugeführt wird:

$$0 = \dot{m}(h_1 - h_2) + \dot{Q}_K \quad \Rightarrow \quad \dot{Q}_K = \dot{m}(h_2 - h_1) = 271{,}71\,\text{MW} \ .$$

Bei b) geht es um die Turbine, die eine Leistung abgibt:

$$0 = \dot{m}(h_2 - h_3) + P_T \quad \Rightarrow \quad P_T = \dot{m}(h_3 - h_2) = -72{,}0\,\text{MW} \ .$$

Bei c) geht es um den Wärmestrom, der für die Rasenheizung abgezogen wird:

$$0 = \dot{m}(h_3 - h_4) + \dot{Q}_H \quad \Rightarrow \quad \dot{Q}_H = \dot{m}(h_4 - h_3) = -73{,}8\,\text{MW} \ .$$

Damit kann Aufgabe d) bearbeitet werden. Einmal wird nur die Turbinenleistung als gewünschtes Ergebnis behandelt

$$\eta_1 = \frac{|P_T|}{\dot{Q}_K} = 0{,}2650$$

und einmal wird zur Berechnung des Wirkungsgrades die Summe aus der Turbinenleistung und dem Heizwärmstrom verwendet:

$$\eta_2 = \frac{|P_T| + |\dot{Q}_H|}{\dot{Q}_K} = 0{,}5366 \ .$$

Der Aufgabenteil e) ist zu schwierig, auf eine Lösung wird daher verzichtet.

Aufgabe: 26   Kapitel: 9.2.2.3   Schwierigkeitsgrad: $S^{irr} > 0$

Es soll ein Stirling-Motor behandelt werden, bei dem die expandierte Luft im kalten Zylinderraum bei 20 °C ein Volumen von 3 l einnimmt und dann im selben Raum auf 0,5 l verdichtet wird. Der Motor läuft mit 2000 Umdrehungen pro Minute. Die maximale Temperatur, die bei dem Kreisprozess auftritt, beträgt 800°C. Der Stirling-Motor kann als idealer Stirling-Prozess behandelt werden!

a) Wie groß ist der höchste Druck in der Anlage, wenn die Maschine eine Leistung von 50 kW abgeben soll?

b) Welchen thermischen Wirkungsgrad hat der Prozess?

Lösung

Für Teilaufgabe a) erinnern wir uns zuerst: Die Zustandsänderungen des Stirling-Prozesses sind entweder isotherm (Expansion und Kompression) oder isochor (Erwärmung und Abkühlung mit Hilfe des Regenerators). Dann sammeln wir erst mal die Daten, die wir haben:

*   Zustand 1: (Luft ist verdichtet, heißester Zustand): $V_1 = 0{,}5$ l, $t_1 = 800$ °C
*   Zustand 2: (Luft ist expandiert, aber immer noch heiß): $V_2 = 3$ l, $t_2 = 800$ °C
*   Zustand 3: (expandierte Luft, jetzt aber kalt): $V_3 = 3$ l, $t_3 = 20$ °C
*   Zustand 4: (verdichtete Luft, immer noch kalt): $V_4 = 0{,}5$ l, $t_4 = 20$ °C

Während einer Umdrehung der Kurbelwelle um 360° durchläuft die Luft alle vier Zustandsänderungen des Stirling-Prozesses. Danach geht alles wieder von vorne los. Deswegen reicht es, diesen Zeitraum zu betrachten. Bei der gegebenen Drehzahl dauert eine Umdrehung

$$\Delta \tau = \frac{60}{2000\,\mathrm{s}^{-1}} = 0{,}03\,\mathrm{s} \ .$$

In der Zeit $\Delta\tau$ müssen alle Wärmen übertragen und die mechanischer Arbeit muss abgegeben sein. Im Aufgabentext ist nur die mittlere *Leistung* gegeben, aber die technische *Arbeit* kann berechnet werden

$$W_t = -50\,\text{kW} \cdot 0,03\,\text{s} = -1500\,\text{J} \ .$$

Die Arbeit hat ein negatives Vorzeichen bekommen, weil wir wissen, dass sie abgegeben wird. Der erste Hauptsatz für den stationären Motor lautet

$$0 = mq_{12} - mq_{34} - W_t$$

und für die beiden hier beteiligten isothermen Zustandsänderungen kann das zu

$$W_t = mRT_{12}\ln\!\left(\frac{V_2}{V_1}\right) - mRT_{34}\ln\!\left(\frac{V_4}{V_3}\right) \ .$$

umgeschrieben werden. In dieser Gleichung ist außer dem Produkt $m{\cdot}R$ alles bekannt und das rechnen wir jetzt aus:

$$mR = \frac{-W_t}{T_{12}\cdot\ln\!\left(\dfrac{V_2}{V_1}\right) - T_{34}\cdot\ln\!\left(\dfrac{V_4}{V_3}\right)} = \frac{-1500\,\text{J}}{1073,15\,\text{K}\cdot\ln\!\left(\dfrac{0,5}{3}\right) - 293,15\,\text{K}\cdot\ln\!\left(\dfrac{3}{0,5}\right)}$$

$$= 0,6127\,\frac{\text{J}}{\text{K}} \ .$$

Damit kann das ideale Gasgesetz angewendet werden und zwar für den Zustand 1, an dem der höchste Druck auftritt:

$$p_1 = \frac{m\cdot R\cdot T_1}{V_1} = \frac{0,6127\,\dfrac{\text{J}}{\text{K}}\cdot 1073,15\,\text{K}}{0,0005\,\text{m}^3} = 13,15\ \text{bar} \ .$$

Das ist ein ziemlich hoher Druck für ein ideales Gas. Da in der Aufgabenstellung aber von einem „idealen Stirling-Prozess" die Rede war, kann als thermische Zustandsgleichung trotzdem das ideale Gasgesetz angewendet werden[177]. Der Wirkungsgrad (Teilaufgabe b) kann ganz leicht berechnet werden

$$\eta_{th} = 1 - \frac{T_{12}}{T_{34}} = 1 - \frac{293,15\,K}{1073,15\,K} = 0,727 \ .$$

Aufgabe: 27   **Kapitel: 9.2.3.1**   **Schwierigkeitsgrad: $S^{irr} > 0$**

---

[177] Man sollte, wenn man mit dem idealen Gasgesetz rechnet, natürlich immer sehen, wie hoch der Druck in etwa ist. Wenn man über 10 bar kommt, dann sollte man nachsehen, ob irgendwo ein Hinweis zu finden ist, dass man das ideale Gasgesetz trotzdem verwenden darf oder ob vielleicht doch eine andere thermische Zustandsgleichung gegeben ist.

Ein Otto-Motor hat ein Hubvolumen von 1,6 *l* und arbeitet mit einem Verdichtungsverhältnis $\varepsilon = 10$. Er saugt brennbares Gasgemisch von 20 °C und 1,013 bar im Zustand 1 an und verdichtet das dann reversibel und adiabat (Zustandsänderung 1→2). Anschließend wird das Gemisch gezündet und verbrennt bei konstantem Volumen (Zustandsänderung 2→3), wobei ein Druck von 30 bar erreicht wird. Dann expandiert das Gas reversibel und adiabat bis zum Zustand 4. Die Verbrennung und das Ausschieben der Abgase durch den Auspuff werden durch Wärmezufuhr bzw. Wärmeentzug bei jeweils konstantem Volumen ersetzt.

Für das arbeitende Gemisch, egal ob vor, während oder nach der Verbrennung, können in erster Näherung die Eigenschaften der Luft $\kappa = 1,4$ und $c_V = 0,7171$ kJ/kgK angenommen werden. Und weil wir großzügig sind, darf auch davon ausgegangen werden, dass die spezifische Wärmekapazität konstant ist.

a) Wie groß sind im Zustand 2 der Druck p_2 und die Temperatur t_2 und im Zustand 4 die Temperatur t_4?

b) Welche Verbrennungswärme wird bei jedem Arbeitszyklus frei und welche Wärme wird am unteren Totpunkt entzogen?

c) Welche theoretische Arbeit leistet die Maschine bei jedem Arbeitszyklus?

Lösung

Zuerst müssen die Volumen im unteren Totpunkt (Zustände 1 und 4) und oberen Totpunkt (Zustände 2 und 3) berechnet werden. Dabei hilft uns das Verdichtungsverhältnis

$$\varepsilon = \frac{V_{Hub} + V_2}{V_2} = 1 + \frac{V_{Hub}}{V_2} \quad \Leftrightarrow \quad V_2 = \frac{V_{Hub}}{\varepsilon - 1}$$

und wir bekommen für den oberen Totpunkt

$$V_2 = V_3 = \frac{1,6\,l}{9} = 0,178\,l$$

und für den unteren Totpunkt

$$V_1 = V_4 = V_{Hub} + V_2 = 1,6\,l + 0,178\,l = 1,778\,l\ .$$

Dann müssen (mal wieder) die Gleichungen für die Zustandsänderungen rausgesucht werden, die bei diesem Otto-Prozess ablaufen (1→2: isentrop, 2→3: isochor, 3→4: isentrop, 4→1: isochor). Um auf den Druck im Zustand 2 zu kommen, bietet sich die Zustandsänderung 1→2 an, da im Zustand 1 Druck und Temperatur bekannt sind. Für die isentrope Zustandsänderung gilt:

$$p_2 = p_1 \cdot \left(\frac{V_1}{V_2} \right)^{\chi} = 1,013\,\text{bar} \cdot \left(\frac{1,778}{0,178} \right)^{1,4} = 25,4\,\text{bar} \; .$$

Die Temperatur im Zustand 2 kann genauso leicht berechnet werden:

$$T_2 = T_1 \cdot \left(\frac{V_1}{V_2} \right)^{(\chi-1)} = 293,15\,\text{K} \cdot \left(\frac{1,778}{0,178} \right)^{0,4} = 736,03\,\text{K} = 462,88\,°\text{C} \; .$$

Um an die Temperatur im Zustand 4 zu kommen, muss man einen etwas längeren Weg gehen. Zuerst wird die Temperatur im Zustand 3 berechnet und zwar mit Hilfe des idealen Gasgesetzes für die Zustände 1 und 3:

$$p_1 V_1 = m R T_1 \quad \text{bzw.} \quad p_3 V_3 = m R T_3 \; .$$

Weil der Ausdruck mR in beiden Gleichungen vorkommt, kann man gleichsetzen und hat dann

$$T_3 = \frac{p_3 V_3}{p_1 V_1} \cdot T_1 = \frac{30\,\text{bar} \cdot 0,178\,l}{1,013\,\text{bar} \cdot 1,778\,l} \cdot 293,15\,\text{K} = 869,14\,\text{K} = 595,99\,°\text{C} \; .$$

Dann können wir uns weiter zum Zustand 4 hangeln und haben dann

$$T_4 = T_3 \cdot \left(\frac{V_3}{V_4} \right)^{(\chi-1)} = 869,14\,\text{K} \cdot \left(\frac{0,178}{1,778} \right)^{0,4} = 346,17\,\text{K} = 73,02\,°\text{C} \; .$$

Im Aufgabenteil b) geht es um Wärmen. Daher brauchen wir als Erstes die Wärmekapazität des Arbeitsgases im Motor

$$R = c_P - c_V = c_V \cdot (\kappa - 1) = 0,7171\,\text{kJ/(kgK)} \cdot 0,4 = 0,2868\,\text{kJ/(kgK)}$$

und dazu auch dessen Masse

$$m = \frac{p_1 V_1}{R T_1} = \frac{1,013 \cdot 10^5\,\text{N/m}^2 \cdot 0,001778\,\text{m}^3}{286,8\,\text{J/(kgK)} \cdot 293,15\,\text{K}} = 2,14 \cdot 10^{-3}\,\text{kg} \; .$$

Dann können die Wärmen

$$Q_{23} = m c_V (T_3 - T_2) = 2,14 \cdot 10^{-3}\,\text{kg} \cdot 0,7171\,\text{kJ/(kgK)} \cdot (869,14\,\text{K} - 736,03\,\text{K})$$
$$= 204,3\,\text{J}$$

und

$$Q_{41} = m c_V (T_1 - T_4) = 2,14 \cdot 10^{-3}\,\text{kg} \cdot 0,7171\,\text{kJ/(kgK)} \cdot (293,15\,\text{K} - 346,17\,\text{K})$$
$$= -81,4\,\text{J}$$

berechnet werden. *Beide* Wärmen wurden beim Aufstellen der Energiebilanz als in den Motor hinein gehend angenommen. Deswegen bedeutet das negative Vorzeichen, dass die Wärme Q_{41} in Wahrheit *aus* dem Motor geht.

Um die (vermutlich abgegebene) Arbeit zu berechnen (Aufgabenteil c) wird der erste Hauptsatz für einen kompletten Arbeitszyklus aufgestellt und zwar wieder unter der Annahme, dass alle Energien in den Motor rein gehen:

$$0 = W_t + Q_{23} + Q_{41} \ .$$

Damit wird die Arbeit

$$W_t = -Q_{23} - Q_{41} = -204{,}3\,\text{J} - (-81{,}4\,\text{J}) = -122{,}9\,\text{J}$$

berechnet. Diese hat ein negatives Vorzeichen, also haben wir *abgegebene* Arbeit.

Aufgabe: 28   **Kapitel: 9.2.4.1**   **Schwierigkeitsgrad:** $S^{irr} > 0$

Es wird jetzt ein Dampfkraft-Prozess betrachtet, der wie folgt abläuft: Siedendes Wasser des Zustandes 1 wird adiabat und reversibel auf $p_2 = 160$ bar verdichtet. Anschließend wird bis zum Zustand 3 isobar Wärme zugeführt. Der dann vorliegende überhitzte Dampf wird in einer Turbine ($\eta_{s,T} < 1$) adiabat auf den unteren Prozessdruck $p_1 = 0{,}03$ bar entspannt. Würde die Turbine isentrop arbeiten, läge am Turbinenaustritt (Zustand 4') gerade trocken gesättigter Dampf vor. Im Kondensator des Prozesses wird isobar so lange gekühlt, bis das Wasser gerade vollständig kondensiert ist. Die Temperatur, bei der die Wärme abgegeben wird, liegt 15 K über der Umgebungstemperatur. Alle Informationen zu diesem Prozess sollen in einem T,s-Diagramm dargestellt werden.

Lösung

Es ist „nur" ein Diagramm gefordert. Das kommt in Prüfungsaufgaben oft vor und meistens als erste Teilaufgabe. Man sollte solche Diagramme daher am besten im Schlaf zeichnen können. Folgendes Vorgehen hat sich dabei gut bewährt:

- Zuerst werden die Achsen gezeichnet und beschriftet.
- Dann wird bei einem Clausius-Rankine-Prozess das Nassdampfgebiet eingezeichnet. Dabei sollte man wissen, wo der kritische Punkt liegt und wo die Siedelinie und die Taulinie zu finden sind. Wenn ein Prozess dargestellt werden soll, bei dem z.B. ein ideales Gas verwendet wird, dann kann und sollte man das Nassdampfgebiet natürlich komplett weg lassen.
- Dann kann man die gegebenen Zustandspunkte einzeichnen. Hier stecken Informationen zur Lage der Punkte oft in so Worten wie „gerade eben siedende Flüssigkeit", „gesättigter Dampf" oder „bei Umgebungsdruck"

- Weitere Zustandspunkte kann man dann anhand der Angaben über die Zustandsänderungen einzeichnen. Dazu muss man das Diagramm um Isobaren (wenn eine Zustandsänderung isobar ist), Isothermen (wenn eine Zustandsänderung isotherm ist) und so weiter ergänzen. Bei Kreisprozessen kommen zum Beispiel oft zwei Isobaren vor. Dann ist es wichtig zu wissen, welche Isobare die mit dem höheren Druck ist.
- Daher muss man sich vorher einmal hingesetzt haben und sich fragen, ob man in der Lage ist, in allen möglichen Zustandsdiagrammen zu erkennen, welche von zwei Isobaren (gilt genauso für Isothermen, Isentropen, usw.) die mit dem größeren Wert des Druckes (der Temperatur, der Entropie, usw.) ist. Wenn nein: Schluss machen für heute, oder den inneren Schweinehund überwinden, hinsetzen und entweder die Zusammenhänge verstehen oder auswendig lernen!

Wenn man das alles beachtet, dann sieht das T,s-Diagramm für den in der Aufgabe beschriebenen Prozess so aus:

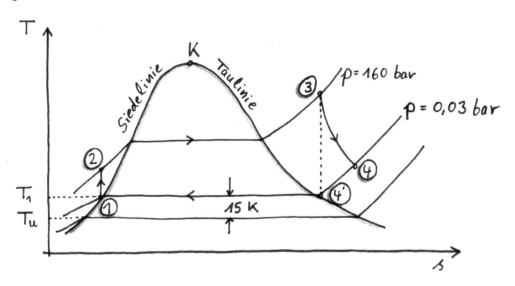

13.7 Aufgaben zu Gemischen

Aufgabe: 29   **Kapitel: 10.2**   **Schwierigkeitsgrad: $S^{irr} = 0$**

Trockene Luft ist ein Gemisch aus N_2, O_2, Ar, CO_2 und Ne, deren Molanteile y_i und spezifische Wärmekapazitäten $c_{p,i}$ (bei 25 °C) in der Tabelle angegeben sind, sowie einiger anderer Gase (Kr, He, H_2, Xe, O_3) in vernachlässigbar kleiner Menge. Gesucht sind die Molmasse M, die Gaskonstante R, die Mischungsentropie ΔS und der Isentropenexponent χ der Luft bei 25 °C.

	N$_2$	O$_2$	Ar	CO$_2$	Ne
y_i	0,78084	0,20948	0,00934	0,00032	0,00002
$c_{p,i}$ in kJ/(kg/K)	1,0397	0,91738	0,5203	0,8432	1,0299
M_i in kg/kmol	28,0134	31,998	39,948	44,010	20,179

Stoffdaten der Bestandteile von Luft

Lösung

Zuerst kommt die Molmasse des Gemisches „Luft" dran. Zu deren Berechnung mit Hilfe der Molmassen der Komponenten und der Zusammensetzung haben wir folgende Gleichung:

$$M = \sum_{i=1}^{j} M_i \, y_i = 28,9645 \, \text{kg/kmol} \ .$$

Die Berechnung der Gaskonstante ist schnell gemacht:

$$R = \frac{\overline{R}}{M} = \frac{8,314}{28,9645} \frac{\text{kJ}}{\text{kgK}} = 0,2870 \frac{\text{kJ}}{\text{kgK}} \ .$$

Die spezifische Mischungsentropie ist ganz allgemein

$$\Delta s = \frac{\Delta S}{m} = \sum_{i=1}^{j} \frac{m_i}{m} \cdot \left(c_{p,i} \ln \frac{T}{T_{i,1}} - R_i \ln \frac{p_{i,2}}{p_{i,1}} \right) = \sum_{i=1}^{j} \xi_i \cdot \left(c_{p,i} \ln \frac{T}{T_{i,1}} - R_i \ln \frac{p_{i,2}}{p_{i,1}} \right) \ .$$

Da wir hier alle Komponenten bei 25 °C mischen, ist die Temperatur des Gemisches gleich der Temperatur aller Komponenten. Damit wird der erste Logarithmus in der Klammer schon mal zu Null. Der Zweite hat das Verhältnis der Partialdrücke nach und vor dem Mischen als Argument, was durch y_i ersetzt werden. Dann wird aus der Gleichung oben:

$$\Delta s = -\sum_{i=1}^{j} \xi_i R_i \ln y_i = -\sum_{i=1}^{j} \xi_i \frac{\overline{R}}{M_i} \ln y_i \ .$$

Für die Massenanteile ξ_i gilt

$$\xi_i = \frac{M_i}{M} y_i \ ,$$

und damit haben wir

$$\Delta s = -\sum_{i=1}^{j} y_i \frac{\overline{R}}{M} \ln y_i = -R \cdot \sum_{i=1}^{j} y_i \ln y_i = 0,1627 \frac{\text{kJ}}{\text{kgK}} \ .$$

Für den Isentropenexponenten müssen die Gaskonstante und die isobare Wärmekapazität des Gemisches bekannt sein. Die Gaskonstante des Gemisches haben wir schon, also fehlt nur noch dessen isobare Wärmekapazität. Dazu müssen wir als erstes die Massenanteile berechnen. Die Gleichung steht schon oben und dann folgt:

$$\xi_{N_2} = 0{,}7552, \quad \xi_{O_2} = 0{,}23142, \quad \xi_{Ar} = 0{,}01288,$$

$$\xi_{CO_2} = 0{,}00049 \quad \text{und} \quad \xi_{Ne} = 0{,}00001.$$

Damit wird die isobare Wärmekapazität

$$c_P = \sum_{i=1}^{j} \xi_i \cdot c_{P,i} = 1{,}0047 \frac{kJ}{kgK}$$

berechnet und als letztes auch der Isentropenexponent

$$\chi = \frac{c_P}{c_V} = \frac{c_P}{c_P - R} = \frac{1{,}0046}{1{,}0046 - 0{,}2870} = 1{,}4 \ .$$

Aufgabe: 30	Kapitel: 10.2	Schwierigkeitsgrad: $S^{irr} > 0$

Ein adiabater Verdichter mit dem isentropen Wirkungsgrad $\eta_{s,V} = 0{,}910$ soll Synthesegas von $p_1 = 1{,}02$ bar, $t_1 = 30\,°C$ auf $p_2 = 6{,}75$ bar verdichten. Das Synthesegas besteht aus H_2 und CO (Molanteil $y_{CO} = 0{,}333$) und hat im Normzustand ($p_n = 1{,}013$ bar, $t_n = 0\,°C$) den Volumenstrom $\dot{V}_n = 100000$ m³/h. Der Verdichter wird durch eine adiabate Dampfturbine ($\eta_{s,T} = 0{,}875$) direkt angetrieben. Dampf steht mit 4,6 bar und 260 °C ($h = 2983{,}2$ kJ/kg, $s = 7{,}3518$ kJ/(kgK)) zur Verfügung. Er expandiert in der Turbine auf 0,08 bar.

a) Wie groß ist die erforderliche Verdichterleistung $P_{V,12}$ wenn die spezifischen isobaren Wärmekapazitäten von H_2 und CO konstant sind?

b) Wie groß muss der Dampfmassenstrom $\dot{m}_D$ sein? Zur Berücksichtigung von mechanischen Reibungsverlusten wird für die Berechnung der Turbinenleistung der Ausdruck $P_{T,12} = P_{V,12}/\eta_m$ mit $\eta_m = 0{,}97$ verwendet.

Komponente	M / kg/kmol	c_p / kJ/(kgK)
H_2	2,016	14,435
CO	28,011	1,044

Stoffdaten des Synthesegases

p / bar	t / °C	h' / kJ/kg	h'' / kJ/kg	s' / kJ/(kgK)	s'' / kJ/(kgK)
0,080	32,898	173,9	2577,1	0,5925	8,2296

Stoffdaten von Wasser

<hr>

Lösung

In Aufgabenteil a) wird nur der Verdichter betrachtet. Dazu müssen zuerst die Molmasse und die Gaskonstante des Synthesegases berechnet werden:

$$M = \sum_{i=1}^{j} M_i \, y_i = 0{,}333 \cdot 28{,}011\,\text{kg/kmol} + 0{,}667 \cdot 2{,}016\,\text{kg/kmol}$$

$$= 10{,}678\,\text{kg/kmol} \,.$$

Und damit haben wir auch dessen individuelle Gaskonstante

$$R = \frac{8{,}314\,\text{kJ/(kmolK)}}{10{,}678\,\text{kg/kmol}} = 0{,}7786\,\frac{\text{kJ}}{\text{kgK}} \,.$$

Jetzt kommt der Massenstrom des Gases im Normzustand dran:

$$\dot{m} = \dot{V}\rho = \frac{\dot{V}p_n}{RT_n} = \frac{27{,}778\,\text{m}^3/\text{s} \cdot 1{,}013 \cdot 10^5\,\text{N/m}^2}{778{,}6\,\text{J/(kgK)} \cdot 273{,}15\,\text{K}} = 13{,}231\,\text{kg/s} \,.$$

Da ein isentroper Wirkungsgrad gegeben ist, wird der Verdichter auch erst mal so behandelt. Soll heißen, die Entropie des idealen(!) Synthesegases bleibt beim Verdichten konstant

$$s_2 - s_1 = 0 = c_p \ln\frac{T_{2'}}{T_1} - R\ln\frac{p_2}{p_1} \,.$$

Damit kann die Temperatur $T_{2'}$ berechnet werden, die sich im reversiblen Fall im Verdichteraustritt ergeben *würde*. Vorher muss die isobare Wärmekapazität

$$c_P = c_{P,CO} \cdot \xi_{CO} + c_{P,H_2} \cdot \xi_{H_2} = c_{P,CO} \cdot \frac{M_{CO}}{M} y_{CO} + c_{P,H_2} \cdot \frac{M_{H_2}}{M} y_{H_2}$$

$$= 1{,}044\,\text{kJ/(kgK)} \cdot \frac{28{,}011}{10{,}678} \cdot 0{,}333 + 14{,}435\,\text{kJ/(kgK)} \cdot \frac{2{,}016}{10{,}678} \cdot 0{,}667$$

$$= 2{,}73\,\text{kJ/(kgK)}$$

bestimmen und wir bekommen

$$T_{2'} = T_1 \cdot e^{\left(\frac{R}{c_p}\ln\frac{p_2}{p_1}\right)} = 303{,}15\,\text{K} \cdot e^{\left(\frac{0{,}7786}{2{,}687}\ln\frac{6{,}75}{1{,}02}\right)} = 519{,}67\,\text{K} \,.$$

Jetzt kann endlich die Realität mit Hilfe des isentropen Wirkungsgrades zurückkehren und wir berechnen die Verdichterleistung

$$P_{V,12} = \frac{1}{\eta_{s,V}} \cdot \dot{m} \cdot w_{t,12} = \frac{1}{\eta_{s,V}} \cdot \dot{m} \cdot c_p (T_{2'} - T_1)$$

$$= \frac{1}{0,91} \cdot 13,231\,\text{kg/s} \cdot 2,73\,\text{kJ/(kgK)} \cdot (519,67\,\text{K} - 303,15\,\text{K}) = 8,595\,\text{MW} .$$

Im Aufgabenteil b) wird die Turbine behandelt. Auch hier ist ein isentroper Wirkungsgrad gegeben. Um die Enthalpie im Austritt für die reversibel arbeitende Turbine zu bestimmen, muss der Dampfgehalt x bestimmt werden:

$$x = \frac{s - s'}{s'' - s'} = \frac{7,3518 - 0,5925}{8,2296 - 0,5925} = 0,88506 .$$

Für den reversiblen Fall ist damit die spezifische Enthalpie im Austritt
$$h_{D,2'} = x \cdot h'' + (1 - x) \cdot h' = 0,85506 \cdot 2577,1\,\text{kJ/kg} + (1 - 0,85506) \cdot 173,9\,\text{kJ/kg}$$

$$= 2300,88\,\text{kJ/kg}$$

und jetzt kommen wir über die Energiebilanz der Turbine

$$P_{T,12} = \frac{P_{V,12}}{\eta_m} = \dot{m}_D \cdot \eta_{s,T} \cdot (h_{D,1} - h_{D,2'})$$

zum gesuchten Dampfmassenstrom

$$\dot{m}_D = \frac{P_{V,12}}{\eta_m \cdot [\eta_{s,T} \cdot (h_{D,1} - h_{D,2'})]} = \frac{8595\,\text{kW}}{0,97 \cdot [0,875 \cdot (2983,2\,\text{kJ/kg} - 2300,88\,\text{kJ/kg})]}$$

$$= 14,84\,\text{kg/s} .$$

Aufgabe: 31	Kapitel: 10.2.4	Schwierigkeitsgrad: $S^{irr} > 0$

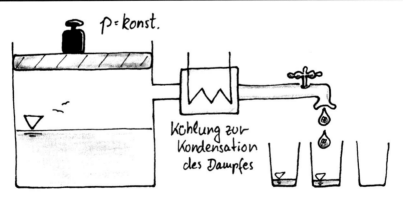

Mit einem binären, idealen Gemisch wird eine fraktionierte Destillation durchgeführt. Der Begriff der Destillation ist hoffentlich klar. Das ist, wenn ein Gemisch, normalerweise durch Erwärmen, soweit wie möglich[178] in seine reinen Komponenten getrennt wird. Fraktioniert läuft das Ganze dann ab, wenn man den Vorgang, wie hier im Bild zu sehen ist, in einem geschlossenen Behälter durchführt, der so gebaut ist, dass der Druck im Inneren konstant bleibt und man dann die einzelnen so genannten Fraktionen aus der Dampfphase abzieht. Eine Fraktion ist eine sehr kleine Menge an Stoff, deren Entnahme die Verhältnisse im System nicht merklich ändert.

Bei der hier durchgeführten Destillation wird insgesamt dreimal eine kleine Menge Destillat abgenommen. Die erste Entnahme findet unmittelbar nach dem Siedebeginn statt und die letzte am Ende des Siedevorganges. Die Temperaturerhöhung zwischen der ersten und der zweiten Abnahme ist genauso groß wie die Temperaturerhöhung zwischen der zweiten und der dritten Abnahme. Der Vorgang dieser Destillation ist in einem T,xy-Diagramm darzustellen.

Lösung

Die Lösung ist eigentlich ganz einfach. Zuerst brauchen wir ein T,xy-Diagramm für eine ideale, binäre Lösung und dann müssen nur noch die drei Punkte eingezeichnet werden, an denen Destillat entnommen wird. Laut Aufgabenstellung muss der Abstand zwischen der Temperatur T_1 bei der ersten Entnahme zu Siedebeginn und der Temperatur T_2 bei der zweiten Entnahme genauso groß sein, wie der Abstand zwischen T_2 und T_3, der Temperatur am Ende des Siedevorganges. Dann können im Diagramm auch die Zusammensetzungen der Destillat-Phasen zu allen Zeitpunkten abgelesen werden. Beim Siedebeginn (Zustand 1, nur Flüssigkeit im Behälter) hat die entnommene Dampfphase die Zusammensetzung y_1, im Zustand 2 Zusammensetzung y_2 und im Zustand 3 (alles im Behälter ist gerade gasförmig), die Zusammensetzung y_3.

---

[178] Die Zerlegung in 100% reine Reinstoffe geht allerdings nicht.

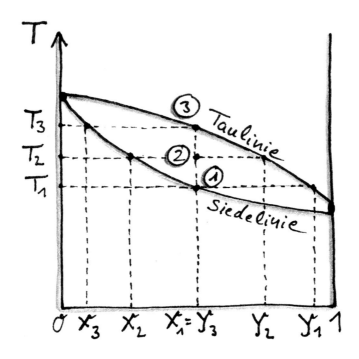

13.8 Aufgaben zu feuchter Luft

Aufgabe: 32 **Kapitel: 11.3.1** **Schwierigkeitsgrad: $S^{irr} = 0$**

Feuchte Luft mit der relativen Feuchte $\varphi_1 = 0{,}50$ wird von $p_1 = 1{,}02$ bar, $t_1 = 20$ °C auf $p_2 = 4{,}55$ bar adiabat verdichtet und dann isobar abgekühlt.

a) Bei welcher Temperatur $t_{3,a}$ beginnt Wasserdampf zu kondensieren, wenn mit der Antoine-Gleichung für den Dampfdruck gerechnet wird?

$$\log_{10}\left[\frac{p_S}{\text{bar}}\right] = 5{,}19625 - \frac{1730{,}630}{233{,}426 + t/_{°C}}$$

b) Bei welcher Temperatur $t_{3,b}$ beginnt Wasserdampf zu kondensieren, wenn mit den Stoffdaten aus der Tabelle und linearer Interpolation gerechnet wird?

t / °C	20	25	30	31	32	33	34	35
p_s / mbar	23,30	31,58	42,32	44,81	47,43	50,18	53,07	56,09

Dampfdruck von Wasser

Lösung

Beide Teilaufgaben haben denselben Lösungsweg, nur dass die verwendeten Stoffdaten unterschiedliche Quellen haben. Einmal haben wir eine Gleichung und einmal muss in einer Dampftafel interpoliert werden. Es geht hier also letztlich um den Vergleich der linearen Interpolation mit einer Gleichung. Zuerst werden die Sättigungspartialdrücke des Wasserdampfes bei 20 °C ausgerechnet. Diese sind bei Verwendung der angegebenen Antoine-Gleichung

$$\log_{10}\left[\frac{p_{1a}}{\text{bar}}\right] = 5,19625 - \frac{1730,630}{233,426 + 20} \quad \Leftrightarrow \quad p_{1a} = 23,2977 \text{ mbar}$$

und bei Verwendung der Dampftafel

$$p_{2a} = 23,30 \text{ mbar}.$$

Wir können die Wasserdampfbeladung jeweils für den Zustand 1 ausrechnen und bekommen die folgenden Ergebnisse:

$$x_{W,D,1a} = 0,622 \cdot \left(\frac{\varphi \cdot p_S}{p - \varphi \cdot p_S}\right) = 0,622 \cdot \left(\frac{0,5 \cdot 0,0232977}{1,02 - 0,5 \cdot 0,0232977}\right) = 0,0071856$$

$$x_{W,D,1b} = 0,622 \cdot \left(\frac{0,5 \cdot 0,02330}{1,02 - 0,5 \cdot 0,02330}\right) = 0,0071863 \quad .$$

Kondensation in dem Augenblick ein, wenn durch die Abkühlung der Partialdruck des Wasserdampfes gleich dem Sättigungspartialdruck geworden ist. Das

329

ist der Zustand 3. Die Wasserdampfbeladung ist unverändert, aber jetzt ist $\varphi = 1$ und die beiden letzten Gleichungen können jeweils zu

$$0,622 \cdot \left(\frac{p_{S,3a}}{4,55 \, \text{bar} - p_{S,3a}} \right) = 0,0071856 \quad \text{und}$$

$$0,622 \cdot \left(\frac{p_{S,3b}}{4,55 \, \text{bar} - p_{S,3b}} \right) = 0,0071863$$

umgeschrieben werden. Am Ende bekommt man dann die Werte

$$p_{S,3a} = 51,96 \, \text{mbar} \quad \text{und} \quad p_{S,3b} = 51,97 \, \text{mbar}$$

für den Partialdruck des Wasserdampfes. Daraus wird jetzt zuerst die Temperatur für den Fall a) berechnet

$$\log_{10}\left[\frac{0,05196}{\text{bar}} \right] = 5,19625 - \frac{1730,630}{233,426 + t_{3a}/_{°C}} \quad \Leftrightarrow \quad t_{3a} = 33,62 \, °C$$

und dann die Temperatur für den Fall b)

$$t_{3b} = 33\,°C + \frac{51,97 \, \text{mbar} - 53,07 \, \text{mbar}}{50,18 \, \text{mbar} - 53,07 \, \text{mbar}} \cdot (34\,°C - 33\,°C) = 33,38\,°C \ .$$

Die Ergebnisse unterscheiden sich erst hinter dem Komma, also im Bereich von Zehntel Grad. Auch wenn die Methode der linearen Interpolation im Computer-Zeitalter etwas altbacken wirkt: Man kann dieses Verfahren ruhig anwenden und bekommt auch meistens akzeptable Resultate dabei.

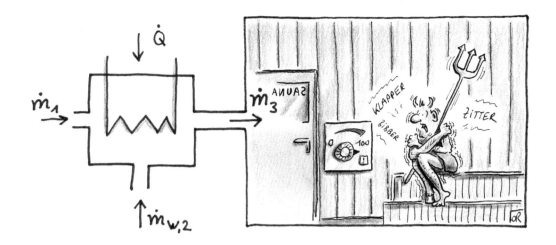

Zur Beheizung einer finnischen Sauna (das sind die für Rücklichtreparierer und Saisonkennzeichenfahrer) wird gesättigte feuchte Luft mit den Daten $t_1 = 20{,}0$ °C, $p_1 = 990$ mbar und dem Volumenstrom $\dot{V}_1 = 180$ m³/h in eine beheizte Mischkammer geleitet, in die auch Wasser mit $t_2 = 35{,}0$ °C einströmt. Aus der Mischkammer soll feuchte Luft mit $t_3 = 60{,}0$ °C, $p_3 = 1013$ mbar und der relativen Feuchte $\varphi_3 = 0{,}9$ für die Sauna kommen. Der Sättigungsdruck von Wasserdampf ist $p_s(t = 20\ °C) = 23{,}30$ mbar und $p_s(t = 60\ °C) = 198{,}72$ mbar.

a) Wie groß sind die Wasserdampfbeladungen x_1 und x_3 der Luftströme?

b) Wie groß sind der Massenstrom $\dot{m}_{W,2}$ des zugeführten Wassers und der Massenstrom $\dot{m}_3$ der abströmenden feuchten Luft?

c) Wie groß ist der Wärmestrom $\dot{Q}$ mit dem die Mischkammer beheizt werden muss?

Stoffdaten	**Wasser**	**Luft**
spezifische isobare Wärmekapazitäten	$c_{p,W,D} = 1{,}852$ kJ/(kg K) $c_{p,W,F} = 4{,}19$ kJ/(kg K) $c_{p,W,E} = 2{,}05$ kJ/(kg K)	$c_{p,L} = 1{,}005$ kJ/(kg K)
Verdampfungsenthalpie bei 0°C	$r_{W,D} = 2502$ kJ/kg	-

Für a) haben wir eine Gleichung, die man auf die Massenströme der Reihe nach anwenden kann:

$$x_{W,D} = 0,622 \cdot \left(\frac{p_{W,D}}{p - p_{W,D}} \right) .$$

Man muss jetzt nur noch wissen, dass beim Zustand 1 der Partialdruck des Wasserdampfes gleich dem Sättigungspartialdruck bei der entsprechenden Temperatur ist, weil es sich dort um gesättigte feuchte Luft handelt. Dann kann man

$$x_{W,D,1} = 0,622 \cdot \left(\frac{23,23 \, \text{mbar}}{990 \, \text{mbar} - 23,23 \, \text{mbar}} \right) = 0,01495$$

schreiben. Für den Zustand 3 kann der Partialdruck des Wasserdampfes mit Hilfe der relativen Feuchte und des Sättigungspartialdrucks ausgedrückt werden:

$$x_{W,D,3} = 0,622 \cdot \left(\frac{0,9 \cdot 198,72 \, \text{mbar}}{1013 \, \text{mbar} - 0,9 \cdot 198,72 \, \text{mbar}} \right) = 0,13336 .$$

Für den Teil b) brauchen wir eine Massenbilanz. Genauer gesagt: Zwei Massenbilanzen, wir können nämlich Wasser und Luft einzeln bilanzieren.

$$\text{Wasser:} \quad \dot{m}_{W,D,1} + \dot{m}_{W,F,2} = \dot{m}_{W,D,3}$$
$$\text{Luft:} \quad \dot{m}_{L,1} = \dot{m}_{L,3} .$$

Das spezifische Volumen der feuchten Luft im Eintritt (Zustand 1) ist

$$v_{1+x,1} = \frac{T_1 \cdot R_{W,D}}{p_1} \cdot \left(0,622 + x_{W,D,1} \right)$$

$$= \frac{293,15 \, \text{K} \cdot 461,5 \, \text{J/(kg K)}}{99000 \, \text{N/m}^2} \cdot \left(0,622 + 0,01653 \right) = 0,872585 \frac{\text{m}^3}{\text{kg}}$$

und damit ist der Massenstrom der Luft im Eintritt

$$\dot{m}_{L,1} = \frac{\dot{V}_1}{v_{1+x,1}} = \frac{0,05 \, \text{m}^3/\text{s}}{0,872585 \, \text{m}^3/\text{kg}} = 0,05730 \, \text{kg/s} .$$

Jetzt kann der Massenstrom des Wasserdampfes

$$\dot{m}_{W,D,1} = x_{W,D,1} \cdot \dot{m}_{L,1} = 0,01495 \cdot 0,05730 \, \text{kg/s} = 0,0008567 \, \text{kg/s}$$

im selben Zustand berechnet werden.

Für den Austritt aus der Mischkammer (Zustand 3) wird ganz ähnlich vorgegangen. Der Massenstrom der trockenen Luft ist ja schon bekannt und damit kann der Massenstrom an Wasserdampf berechnet werden:

$$\dot{m}_{W,D,3} = \dot{m}_{L,3} \cdot x_{W,D,3} = 0,05730\,\text{kg/s} \cdot 0,13336 = 0,00764\,\text{kg/s} \ .$$

Damit gilt für den Massenstrom des im Zustand 2 zugeführten flüssigen Wassers

$$\dot{m}_{W,F,2} = \dot{m}_{W,D,3} - \dot{m}_{W,D,1} = 0,00764\,\text{kg/s} - 0,0008567\,\text{kg/s}$$
$$= 0,00678\,\text{kg/s}$$

und der Massenstrom der feuchten Luft, der in die Sauna geht, ist

$$\dot{m}_3 = \dot{m}_{L,3} + \dot{m}_{W,D,3} = 0,0573\,\text{kg/s} + 0,00764\,\text{kg/s} = 0,0649\,\text{kg/s} \ .$$

Im Aufgabenteil c) muss für die Berechnung des Wärmstromes die Energiebilanz aufgestellt werden. Diese lautet

$$\dot{Q} = H_3 - H_1 - H_2 \ ,$$

wenn man gleich passend umstellt. Die Enthalpien können durch die spezifischen Größen und die Massenströme ersetzt werden

$$\dot{Q} = \dot{m}_{L,3} \cdot h_{L,3} + \dot{m}_{W,D,3} \cdot h_{W,D,3} - \dot{m}_{L,1} \cdot h_{L,1} + \dot{m}_{W,D,1} \cdot h_{W,D,1} - \dot{m}_{W,F,2} \cdot h_{W,F,2}$$

und die *spezifischen* Enthalpien können mit Hilfe von Stoffdaten berechnet werden:

$$\dot{Q} = \dot{m}_{L,3} \cdot c_{P,L} \cdot t_3 + \dot{m}_{W,D,3} \cdot \left(c_{P,W,D} \cdot t_3 + r_{W,D} \right)$$
$$- \dot{m}_{L,1} \cdot c_{P,L} \cdot t_1 - \dot{m}_{W,D,1} \cdot \left(c_{P,W,D} \cdot t_1 + r_{W,D} \right) - \dot{m}_{W,F,2} \cdot c_{P,W,F} \cdot t_2 \ .$$

Dann wird aus der letzten Gleichung

$$\dot{Q} = 0,05730\,\text{kg/s} \cdot 1,005\,\text{kJ/(kgK)} \cdot 60\,^\circ\text{C}$$
$$+ 0,00764\,\text{kg/s} \cdot \left(1,852\,\text{kJ/(kgK)} \cdot 60\,^\circ\text{C} + 2502\,\text{kJ/kg} \right)$$
$$- 0,05730\,\text{kg/s} \cdot 1,005\,\text{kJ/(kgK)} \cdot 20\,^\circ\text{C}$$
$$- 0,0008567\,\text{kg/s} \cdot \left(1,852\,\text{kJ/(kgK)} \cdot 20\,^\circ\text{C} + 2502\,\text{kJ/kg} \right)$$
$$- 0,00678\,\text{kg/s} \cdot 4,19\,\text{kJ/(kgK)} \cdot 35\,^\circ\text{C}$$
$$= 19,1\,\text{kW}$$

und „schon" haben wir den zur Beheizung der Sauna erforderlichen Wärmestrom berechnet. Der Wärmestrom ist positiv, also war unsere Annahme richtig, dass er in die Mischkammer hinein geht.

Eine <u>nicht</u> gemischte Sauna mit $t = 60\ °C$ und $\varphi = 0,6$ wird versehentlich durch einen Elektrotechnik-Studenten betreten. Dessen Brille hat in dem Augenblick, wo die Saunatür von innen zugemacht wird, eine Temperatur von 25 °C und beschlägt folgerichtig sofort. Wie lange dauert es, bis der „männliche"[179] Saunierer wieder freie Sicht hat und seinen *Fehler* erkennen kann, die Brille mit der Masse $m_B = 0,05$ kg und der mittleren Wärmekapazität des Brillenmaterials $c_B = 500$ J/(kgK) also nicht mehr beschlagen ist? Die Wärmeaufnahme der Brille kann für die ersten 5 Minuten nach dem Betreten der Sauna mit $\dot{Q} = 3$ W als konstant angenommen werden. Der Sättigungsdruck von Wasserdampf soll mit der Antoine-Gleichung

$$\log_{10}\left[\frac{p_S}{\text{bar}}\right] = 5{,}19625 - \frac{1730{,}630}{233{,}426 + t/°C}$$

berechnet werden.

---

[179] ...über die Männlichkeit von E-Technikern lässt sich diskutieren.

Zuerst muss für die Luft in der Sauna die Taupunkttemperatur berechnet werden, denn das ist genau die Temperatur, welche die Brille erreichen muss, damit sich das auf dem Glas kondensierte Wasser wieder verflüchtigt. Dazu wird zuerst der Partialdruck des Wasserdampfes in der Sauna bei den gegebenen Werten mit Hilfe der Antoine-Gleichung berechnet:

$$p_{W,D} = \varphi \cdot p_S(t = 60\,°C) = 0{,}6 \cdot 10^{\left(5{,}19625 - \frac{1730{,}630}{233{,}426+60}\right)} = 119{,}23\,\text{mbar} \ .$$

Dieser Druck wird dann wieder in die Antoine-Gleichung eingesetzt um die Taupunkt-Temperatur

$$T_T = 49{,}36\,°C$$

zu berechnen. Jetzt wird die Energiebilanz für die Brille aufgestellt (erster Hauptsatz für ein instationäres System):

$$\frac{dU}{d\tau} = \dot{Q}$$

und dann die thermische Zustandsgleichung für die Brille eingesetzt:

$$\frac{dU}{dt} = m_B \cdot c_B \ .$$

Wenn man dann noch umsortiert, dann haben wir die Temperaturänderung mit der Zeit, die wegen des (laut Aufgabenstellung) konstanten Wärmestroms auch konstant ist:

$$\frac{dt}{d\tau} = \frac{3\,\text{W}}{500\,(\text{J/kgK}) \cdot 0{,}05\,\text{kg}} = 0{,}12\,\frac{\text{K}}{\text{s}} \ .$$

Daraus wird dann

$$d\tau = \frac{49{,}36\,°C - 25\,°C}{0{,}12\ \text{K/s}} = 203{,}03\,\text{s} \ .$$

Hinter der letzten Umformung steckt übrigens ein einfaches Integral über einen konstanten Wert. Die Erkenntnis kommt unserem E-Techniker also frühestens nach 3 Minuten und ca. 23 Sekunden, sofern sich nicht vorher schon irgendwelche Auffälligkeiten ergeben haben, die dann aber ohnehin nicht Gegenstand der Thermodynamik wären.

13.9 Aufgaben zur Verbrennung

In einem Behälter befindet sich ein Gemisch aus 1 kg Methan CH_4 und 5 kg Sauerstoff O_2. Das Gemisch wird gezündet.

a) Wie lautet die Reaktionsgleichung?

b) Welche Masse Sauerstoff ist notwendig, um 1 kmol Methan zu verbrennen?

c) Wie viel Sauerstoff bleibt übrig, wenn das 1 kg des Methans im Behälter vollständig verbrennt?

Gegeben: $M_{CH_4} = 16$ kg/kmol, $M_{O_2} = 32$ kg/kmol

Lösung

Um bei a) die Reaktionsgleichung hinschreiben zu können, muss man die Chemie der Verbrennung der chemischen Elemente des Methans (Kohlenstoff und Wasserstoff) kennen:

$$C + O_2 \longrightarrow CO_2$$

$$H_2 + \frac{1}{2}O_2 \longrightarrow H_2O$$

Dann können wir versuchsweise einmal Folgendes hinschreiben:

$$1 \, mol \, CH_4 + n_1 \, mol \, O_2 \longrightarrow n_2 \, mol \, CO_2 + n_3 \, mol \, H_2O \ .$$

Die n_i sind die noch unbekannten stöchiometrischen Koeffizienten der Reaktionsgleichung, die wir durch eine Bilanz für jedes beteiligte chemische Element (oder durch Ausprobieren) rausbekommen. Chemisch korrekt lautet die Reaktionsgleichung

$$CH_4 + 2O_2 \longrightarrow CO_2 + 2H_2O \ .$$

Aufgabenteil b) ist jetzt easy: Die Reaktionsgleichung sagt uns, dass zur Verbrennung von 1 kmol Methan genau 2 kmol Sauerstoff erforderlich sind. Damit wird die erforderliche Sauerstoff- Masse zu

$$m_{O_2} = 2 \, kmol \cdot M_{O_2} = 64 \, kg \ .$$

Aufgabenteil c) ist auch ganz entspannt zu machen. Im Behälter ist 1kg Methan, also ist dessen Stoffmenge

$$n_{CH_4} = \frac{1 kg}{M_{CH_4}} = \frac{1}{16} kmol \ .$$

336

Laut der Reaktionsgleichung wird dafür die doppelte Menge an Sauerstoff benötigt. Daher ist die Masse an Sauerstoff, die nach der Verbrennung übrig bleibt

$$m_{O_2,Rest} = 5\,\text{kg} - \frac{1}{8}\,\text{kmol} \cdot 32\,\frac{\text{kmol}}{\text{kg}} = 1\,\text{kg} \ .$$

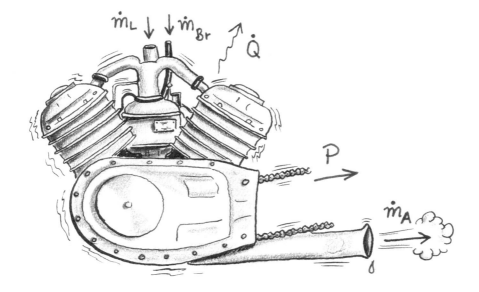

In einem Verbrennungsmotor wird Benzin (Elementaranalyse: $x_C = 0,855$, $x_{H2} = 0,145$, Heizwert: $h_u = 43,5$ MJ/kg) beim Luftverhältnis $\lambda = 1$ verbrannt. Die Motorleistung ist $P = 62,5$ kW, der Brennstoffmassenstrom beträgt $\dot{m}_{Br} = 5,75$ g/s. Der Brennstoff und die Luft werden bei $t_{Br} = t_L = 25\ ^\circ$C zugeführt. Das Abgas verlässt den Motor mit $t_A = 900\ ^\circ$C. Man berechne den Wärmestrom $\dot{Q}$, der durch Kühlwasser oder Kühlluft abgeführt wird.

Die mittlere spezifischen isobaren Wärmekapazitäten $\tilde{c}_p$ des stöchiometrischen Verbrennungsgases stehen in der folgenden Mini-Tabelle.

t / °C	$\tilde{c}_p$ / kJ/(kgK)
25	1,0595
900	1,1835

Als Erstes bitte den ersten Hauptsatz für den Verbrennungsvorgang aufstellen. Dann haben wir

$$\dot{Q} = \dot{m}_{Br}\left[c_{P,B}\left(t_B - t_0\right)\right] + \dot{m}_{Br}\lambda L_{min}\left[c_{P,L}\left(t_L - t_0\right)\right] - \dot{m}_A\left[c_{P,A}\left(t_A - t_0\right)\right] + \dot{m}_{Br}h_u - P$$

für den abgehenden Wärmestrom. Jetzt können wir uns ein paar von den Größen in der Gleichung besorgen. Zuerst die Massenströme. Der stöchiometrische Sauerstoffbedarf ist

$$\overline{O}_{min} = \left(\frac{x_c}{12} + \frac{x_{H_2}}{4}\right) = \left(\frac{0,855}{12} + \frac{0,145}{4}\right) = 0,1075\ \frac{kmol\,O_2}{kg\,Br}$$

und daraus kann die erforderliche Sauerstoff*masse* berechnet werden

$$L_{min} = 0,1075\frac{kmol\,O_2}{kg\,Br}\cdot\frac{32\dfrac{kg\,O_2}{kmol\,O_2}}{0,232} = 14,83\ \frac{kg\,Luft}{kg\,Br}$$

und ebenso der Luftmassenstrom

$$\dot{m}_L = \dot{m}_{Br}\cdot\lambda\cdot L_{min} = 5,75\frac{g}{s}\cdot 14,83 = 85,26\frac{g}{s}\quad.$$

Mit einer einfachen Massenbilanz um den stationär arbeitenden Motor bekommen wir dann auch den Abgasmassenstrom

$$\dot{m}_A = \dot{m}_{Br} + \dot{m}_L = 91,01\ \frac{g}{s}\quad.$$

Dann nehmen wir uns die Wärmekapazitäten für das Abgas vor:

$$\tilde{c}_{P,A} = \frac{\tilde{c}_P\big|_{0\,°C}^{900\,°C}\cdot 900\,°C - \tilde{c}_P\big|_{0\,°C}^{25\,°C_1}\cdot 25\,°C}{900\,°C - 25\,°C} = 1,1870\ \frac{kJ}{kgK}\quad.$$

Als Bezugstemperatur nehmen wir natürlich $t_0 = 25\ °C$ und damit wird die Bilanz etwas einfacher:

$$\begin{aligned}
\dot{Q} =\ & \dot{m}_{Br}h_u - P - \dot{m}_A\left[c_{P,A}\left(t_A - t_0\right)\right]\\
=\ & 5,75\cdot 10^{-3}\frac{kg}{s}\cdot 43,5\cdot 10^3\frac{kJ}{kg} - 62,5\frac{kJ}{s}\\
& -91,01\cdot 10^{-3}\frac{kg}{s}\cdot\left[1,1870\frac{kJ}{kgK}\cdot\left(900\,°C - 25\,°C\right)\right]\\
=\ & 93,1\,kW\quad.
\end{aligned}$$

Der Wärmestrom wurde in der Energiebilanz als vom Motor abgegeben angesetzt und das positive Vorzeichen des Ergebnisses bestätigt unsere Annahme.

Der adiabaten Brennkammer einer Gasturbinenanlage wird Gasöl als Brennstoff mit $\dot{m}_B = 0,975$ kg/s und $t_B = 20$ °C zugeführt. Die zur Verbrennung benötigte Luft ($R_L = 0,2871$ kJ/(kgK), $\dot{m}_L = 50,0$ kg/s) wird mit $t_1 = 20$ °C und $p_1 = 1,01$ bar aus der Umgebung angesaugt und in einem adiabatem Verdichter ($\eta_{s,V} = 0,877$) auf $p_2 = 12,5$ bar verdichtet. Die Temperaturabhängigkeiten des Heizwertes des Gasöls $h_U = 42,9$ MJ/kg und der Wärmekapazität $c_B = 2,05$ kJ/(kgK) können im Temperaturbereich zwischen 0 °C und 100 °C vernachlässigt werden. Der stöchiometrische Luftbedarf für die Verbrennung ist $L_{min} = 14,527$. In der ersten Tabelle stehen die spezifischen Entropien der als ideales Gas zu behandelnden Luft .

t / °C	20	300	320	340
s_L / kJ/(kgK)	6,8473	7,5299	7,5658	7,6007

Spezifische Entropie von Luft bei 1,01 bar

Die mittleren spezifischen Wärmekapazitäten von Luft und dem stöchiometrischen Verbrennungsgas (beides ideale Gase) sind in der folgenden Tabelle zusammengefasst.

t / °C	20	300	350	400	1000	1050	1100
$\widetilde{c}_{P,L}$ / kJ/(kgK)	1,0041	1,0192	1,0237	1,0286	1,0910	1,0956	1,1001
$\widetilde{c}_{P,A,\text{stöch.}}$ / kJ/(kgK)	1,0537	1,0901	1,0973	1,1047	1,1916	1,1979	1,2041

Spezifische Wärmekapazitäten von Luft und Abgas

a) Wie groß ist die Leistung P_{12} des Verdichters?

b) Wie groß ist die Celsiustemperatur t_2 der Luft beim Eintritt in die Brennkammer?

c) Wie groß ist das Luftverhältnis λ der Verbrennung?

d) Mit welcher Temperatur t_A strömt das Verbrennungsgas aus der Brennkammer? Tipp: Wähle $t_0 = 0$ °C als Bezugstemperatur für die Aufstellung der Energiebilanz der Brennkammer.

Im Aufgabenteil a) wird zuerst nur der Verdichter betrachtet. Da wir einen isentropen Wirkungsgrad gegeben haben, müssen wir zuerst einmal die Temperatur im Austritt bestimmen, die die Luft *hätte*, wenn der Verdichter reversibel *wäre*. Weil wir davon ausgehen dürfen, dass die Entropie gleich bleibt, können wir für die Luft als ideales Gas

$$s_2 - s_1 = 0 = c_P \cdot \ln\frac{T_2'}{T_1} - R_L \ln\frac{p_2}{p_1}$$

schreiben. Der erste Term auf der rechten Seite stellt die Temperaturabhängigkeit der Entropie der Luft dar. Zahlenwerte für die Entropie der Luft in Abhängigkeit von der Temperatur stehen in der ersten der beiden Tabellen. Wir müssen dann zusätzlich noch die Druckabhängigkeit beachten. Dann können wir auch

$$s_1(t_1, p_1) = s_2(t_2', p_2) = s_2(t_2', p_1) - R_L \ln\frac{p_2}{p_1}$$

schreiben. In der letzten Gleichung ist genau auf die Indices von Druck und Temperatur zu achten! Jetzt alles einsetzen, was schon bekannt ist und wir haben mit

$$s_2(t_2', p_1) = 6,8473\frac{kJ}{kgK} + 0,2871\frac{kJ}{kgK}\ln\frac{12,5}{1,01} = 7,56958\frac{kJ}{kgK}$$

eine Gleichung, mit deren Hilfe wir t_2' durch lineare Interpolation in der ersten Tabelle berechnen können. Man muss dazu mit Hilfe der Entropie eine Temperatur ermitteln. Das ist von der Vorgehensweise her zwar etwas ungewöhnlich, geht aber genauso gut wie die umgekehrte Bestimmung der Entropie, wenn man die Temperatur kennt! Die lineare Interpolation ergibt

$$t_2' = 322,17\,°C\ .$$

Für die Energiebilanz brauchen wir die mittlere Wärmekapazität der Luft. Auch hier muss an einer Stelle linear interpoliert werden, dieses mal aber in der zweiten Tabelle:

$$\tilde{c}_{P,L}\Big|_{t_1}^{t_2'} = \frac{\tilde{c}_{P,L}\Big|_{0°C}^{t_2'} \cdot t_2' - \tilde{c}_{P,L}\Big|_{0°C}^{t_1} \cdot t_1}{t_2' - t_1}$$

$$= \frac{1,0212\,kJ/(kgK)\cdot 322,17\,°C - 1,0041\,kJ/(kgK)\cdot 20\,°C}{322,17\,°C - 20\,°C}$$

$$= 1,0223\,kJ/(kgK)\ .$$

Dann lautet der erste Hauptsatz, umgestellt nach der vom Verdichter abgegebenen Leistung:

$$P_{12} = \frac{1}{\eta_{s,V}} \cdot \dot{m}_L \cdot \tilde{c}_{p,L}\Big|_{t_1}^{t_2'} \cdot (t_2' - t_1) = \frac{1}{0{,}877} \cdot 50\,\frac{kg}{s} \cdot 1{,}0223\,\frac{kJ}{kgK} \cdot (322{,}17\,°C - 20\,°C)$$

$$= 17{,}61\,MW.$$

Für Aufgabenteil b), die Berechnung der realen Temperatur im Verdichteraustritt, wird die Definition des isentropen Wirkungsgrades

$$\eta_{S,V} = \frac{w_{t,12,rev}}{w_{t,12}} = \frac{h_2' - h_1}{h_2 - h_1} = \frac{\tilde{c}_{P,L}\Big|_{t_1}^{t_2'} \cdot (t_2' - t_1)}{\tilde{c}_{P,L}\Big|_{t_1}^{t_2} \cdot (t_2 - t_1)}$$

verwendet. Umstellen nach der Temperatur t_2 und Einsetzen von allem, was bekannt ist, ergibt:

$$t_2 = \frac{\tilde{c}_{p,L}\Big|_{t_1}^{t_2'} \cdot (t_2' - t_1)}{\eta_{S,V} \cdot \tilde{c}_{P,L}\Big|_{t_1}^{t_2}} + t_1 = \frac{1{,}0223\,kJ/(kgK) \cdot (322{,}17\,°C - 20\,°C)}{0{,}877 \cdot \tilde{c}_{P,L}\Big|_{t_1}^{t_2}} + 20\,°C$$

$$= \frac{352{,}2331\,kJ/kg}{\tilde{c}_{P,L}\Big|_{t_1}^{t_2}} + 20\,°C.$$

Hier muss iterativ gearbeitet werden und dabei auch noch interpoliert werden (ächz). Die Vorgehensweise ist dabei die Folgende: Es wird zuerst ein Startwert für t_2 geraten[180], dann wird damit die mittlere Wärmekapazität berechnet, dann damit eine neue Temperatur, dann damit eine neue mittlere Wärmekapazität und so weiter.

t_2 in °C	$\tilde{c}_{P,L}\Big|_{t_1}^{t_2}$ in kJ/(kgK)
322,17	1,0223
364,55	1,0251
363,60	1,0250
363,63	1,0250

---

[180] Wirklich geraten wird hier nicht, denn es wird einfach die Temperatur als Startwert genommen, die für den Austrittsquerschnitt des isentrop arbeitenden Verdichters berechnet wurde.

Hier wird die Iteration abgebrochen, denn die Wärmekapazität „steht" im Rahmen unserer Genauigkeit und damit auch die Temperatur. Also ist $t_2 =$ 363,6 °C.

Ab Aufgabenteil c) geht es dann endlich auch mal um Verbrennung. Zur Berechnung des Luftüberschusses λ haben wir die folgende Gleichung:

$$L = \frac{\dot{m}_L}{\dot{m}_B} = \lambda \cdot L_{min} \; .$$

Umstellen und Einsetzen ergibt

$$\lambda = \frac{\dot{m}_L}{L_{min} \cdot \dot{m}_B} = 3{,}53 \; .$$

Jetzt kommt im Aufgabenteil d) der krönende Abschluss, die Berechnung der adiabaten Verbrennungstemperatur, denn das ist im nach außen adiabaten Idealfall die Temperatur, mit der das Abgas die Brennkammer verlässt. Dazu stellen wir die Energiebilanz für die stationär arbeitende Brennkammer auf:

$$0 = c_{P,B} \cdot t_B + \lambda \cdot L_{min} \cdot \tilde{c}_{P,L}(t_L) \cdot t_L$$
$$- (\lambda - 1) \cdot L_{min} \cdot \tilde{c}_{P,L}(t_A) \cdot t_A - (1 + L_{min}) \cdot \tilde{c}_{P,A,\text{stöch.}}(t_A) \cdot t_A + h_u \; .$$

Zuerst ist hier zu sagen, dass durch die *äußerst* geschickte Wahl der Bezugstemperatur $t_0 = 0$ °C die Berechnung der temperaturabhängigen Wärmekapazitäten *deutlich* einfacher wurde, denn die Werte können jetzt direkt aus der zweiten Tabelle genommen werden.

Außerdem ist hier wichtig, dass in der zweiten Tabelle die Wärmekapazitäten des stöchiometrischen Verbrennungsgases gegeben sind, also des Abgases, das bei einer Verbrennung mit $\lambda = 1$ entstehen würde. Da die Brennkammer aber mit Luftüberschuss gefahren wird, muss auch der unverbrannte, aber natürlich auch erwärmte Anteil der Luft am Abgas (λ-1) mit betrachtet werden. Jetzt, alles was wir kennen in die Gleichung rein werfen, und wir haben:

$$0 = \quad 2{,}05 \, \text{kJ/(kgK)} \cdot 20\,°C + 51{,}28031 \cdot 1{,}0250 \, \text{kJ/(kgK)} \cdot 363{,}6\,°C$$
$$- 36{,}75331 \cdot \tilde{c}_{P,L}(t_A) \cdot t_A - 15{,}527 \cdot \tilde{c}_{P,A,\text{stöch.}}(t_A) \cdot t_A + 42900 \, \text{kJ/kg} \; .$$

Umstellen nach der gesuchten Abgastemperatur t_A ergibt dann

$$t_A = \frac{62052{,}66 \, \text{kJ/kg}}{36{,}75331 \, \text{kJ/(kgK)} \cdot \tilde{c}_{P,L}(t_A) + 15{,}527 \, \text{kJ/(kgK)} \cdot \tilde{c}_{P,A,\text{stöch.}}(t_A)}$$

und wir können, auch wenn es langsam langweilig wird, wieder prima interpolieren (gleich zweifach!) und iterieren:

t_A in °C	$\widetilde{c}_{P,L}$ in kJ/(kgK)	$\widetilde{c}_{P,A,\text{stöch.}}$ in kJ/(kgK)
1050,00	1,0956	1,1979
1054,12	1,0984	1,1984
1052,14	1,0958	1,1982
1053,92	1,0960	1,1984
1053,75	1,0960	1,1984

Ab hier „stehen" beide Wärmekapazitäten und damit auch die Temperatur. Die Iteration wird abgebrochen und das Ergebnis lautet t_A = 1053,75 °C.

Herzlichen Glückwunsch!

Wer diese Aufgabe (ohne Hilfe!) bis zum Ende rechnen konnte, braucht sich wegen einer Thermo-Prüfung *eigentlich* keine allzu großen Sorgen mehr zu machen. Das Einzige, was einen dann noch gefährden kann, ist ein totaler Blackout[181] in der Prüfung.

Aus unserer Erfahrung ist es aber trotzdem extrem sinnvoll, auch noch Aufgaben aus alten Klausuren (vom selben Prof natürlich) unter Klausurbedingungen (also zum Beispiel mit Blick auf die Uhr und nur unter Verwendung der zugelassenen Hilfsmittel) zu rechnen. Das hilft einem, die Eigenarten des Prüfers besser kennen zu lernen und ist außerdem der ultimative Prüfstein für den Stand der eigenen Vorbereitungen!

---

[181] Bitte nicht verwechseln mit einer Blackbox! Eine Blackbox ist ein extrem nützliches Werkzeug in der Thermo-Prüfung, ein Blackout ist extrem hinderlich.

Literaturverzeichnis

[1]   H. D. Baehr, S. Kabelac: *Thermodynamik. Grundlagen und technische Anwendungen*, Springer, Berlin, Heidelberg, New York, 14. Aufl., 2009, ISBN 978-3-6420-0555-8

[2]   H. D. Baehr, K. Stephan: *Wärme- und Stoffübertragung*, Springer, Berlin, Heidelberg, New York, 7. Aufl., 2010, ISBN 978-3-6420-5500-3

[3]   H. D. Baehr: *Vorlesungsmitschrift Technische Thermodynamik I und II*, 1990/1991, Universität Hannover, Institut für Thermodynamik

[4]   A. Baer, A. Neumark: *Zippo Feuerzeuge*, Heel Verlag, Königswinter, 2002, ISBN 978-3-8936-5793-3

[5]   F. Bosnjakovic, K. F. Knoche: *Technische Thermodynamik Teil I*, Steinkopff-Verlag, Darmstadt, 8. Aufl., 1998, ISBN 978-3-7985-1114-9

[6]   I. N. Bronstein, A. K. Semendjajew, G. Musiol, H. Mühlig: *Taschenbuch der Mathematik*, Verlag Harri Deutsch, Frankfurt, 7. Aufl., 2008, ISBN 978-3-8171-2007-9

[7]   S. Carnot, R. Mayer, R. Clausius: *Betrachtungen über die bewegende Kraft des Feuers*, Verlag Harri Deutsch, Frankfurt, 2003, ISBN 978-3-8171-3411-3

[8]   P. Fette: *Stirlingmotor Forschung und Programmentwicklung*, URL: http://home.germany.net/101-276996/fette.htm

[9]   E. Hering, R. Martin, M. Strohrer: *Physik für Ingenieure*, Springer, Berlin, Heidelberg, New York, 10. Aufl., 2008, ISBN 978-3-5407-1855-0

[10]   H. Herwig: *Was ist Entropie? Eine Frage - Zehn Antworten*, Forschung im Ingenieurwesen, Vol. 66, No. 2, 2000, Seite 74-78

[11]   S. Kabelac: *Thermodynamik der Strahlung*, Vieweg, Wiesbaden, 1994, ISBN 978-3-5280-6589-8

[12] S. Kabelac: *Vorlesungsmitschrift Technische Thermodynamik I und II,* 1995/1996, Universität Hannover, Institut für Thermodynamik

[13] G. Keller: *Der grüne Heinrich,* Insel Verlag, Frankfurt, 11. Aufl., 2003, ISBN 978-3-4583-2035-7 (das hat zwar nichts mit Entropie und Co. zu tun, ist aber ein schönes Buch!)

[14] W. Kümmel: *Technische Strömungsmechanik,* Teubner Verlag, Wiesbaden, 3. Aufl., 2007, ISBN 978-3-8351-0141-8

[15] D. Labuhn: *Die Bedeutung der Strahlungsentropie zur thermodynamischen Bilanzierung der Solarenergiewandlung,* Shaker Verlag, Aachen, 2001, ISBN 978-3-8265-8393-3

[16] A. Luke: *Thermodynamik I und II - Vorlesungsbegleitende Übungsaufgaben,* Universität Hannover, Institut für Thermodynamik

[17] C. Lüdecke, D. Lüdecke: *Thermodynamik. Physikalisch-chemische Grundlagen der thermischen Verfahrenstechnik,* Springer, Berlin, Heidelberg, New York, 1. Aufl., 2000, ISBN 978-3-5406-6805-3

[18] I. Müller, W. Weiss: *Entropy and Energy. A Universal Competition. Interaction of Mechanics and Mathematics,* Springer, Berlin, Heidelberg, New York, 2005, ISBN 978-3-5402-4281-9

[19] I. Müller, P. Strehlow: *Rubber and Rubber Balloons. Paradigms of Thermodynamics,* Springer, Berlin, Heidelberg, New York, 1. Aufl., 2004, ISBN 978-3-5402-0244-8

[20] A. Ries: *Rechnung auff der linihen vnd federn,* Erfurt, 1522

[21] O. Romberg, N. Hinrichs: *Keine Panik vor Mechanik!,* Vieweg, Wiesbaden, 7. Aufl., 2009, ISBN 978-3-8348-0646-8

[22] K. Schaber: *Vorlesungsunterlagen zur Vorlesung Technische Thermodynamik für Chemieingenieure und Verfahrenstechniker I und II,* Universität Karlsruhe, Institut für Technische Thermodynamik und Kältetechnik

[23] P. Stephan: *Vorlesungsunterlagen zur Vorlesung Technische Thermodynamik I und II,* Technische Universität Darmstadt, Fachgebiet Technische Thermodynamik

[24] P. Stephan, K. Schaber, K. Stephan, F. Mayinger: *Thermodynamik. Grundlagen und technische Anwendungen. Band 1: Einstoffsysteme*, Springer, Berlin, Heidelberg, New York, 18. Aufl., 2009, ISBN 978-3-5409-2894-2

[25] J. Strybny: *Ohne Panik Strömungsmechanik!*, Vieweg, Wiesbaden, 4. Aufl., 2009, ISBN 978-3-8348-0644-4

[26] VDI Gesellschaft (Hrsg.): *VDI Wärmeatlas: Berechnungsblätter für den Wärmeübergang,* Springer, Berlin, Heidelberg, New York, 10. Aufl., 2006, ISBN 978-3-5402-5504-8

[27] Wikipedia: *Die freie online Enzyklopädie unter GNU-Lizenz für freie Dokumentation*, URL: http://de.wikipedia.org/wiki/Hauptseite

[28] J. H. W. Whitelaw, F. Payri, J.-M. Desantes (Hrsg.): *Thermofluiddynamic Processes in Diesel Engines,* Springer, Berlin, Heidelberg, New York, 1. Aufl., 2001, ISBN 978-3-5404-2665-3

Sachregister

Printed in the United States
By Bookmasters